心育的力量
——教师心育探索与实践集

主编 南 玲
 贾真琦
 苗路霞

中国文联出版社

图书在版编目（CIP）数据

心育的力量：教师心育探索与实践集 / 南玲，贾真琦，苗路霞主编. -- 北京：中国文联出版社，2025. 5.
ISBN 978-7-5190-5927-9

Ⅰ．G444

中国国家版本馆CIP数据核字第20255Q3V99号

主　　编	南　玲　贾真琦　苗路霞
责任编辑	刘　雷　牛亚慧
责任校对	秀点校对
装帧设计	姜　磊

出版发行　中国文联出版社有限公司
社　　址　北京市朝阳区农展馆南里10号　　邮编　100125
电　　话　010-85923025（发行部）　010-85923091（总编室）
经　　销　全国新华书店等
印　　刷　廊坊佰利得印刷有限公司

开　　本　710毫米×1000毫米　1/16
印　　张　19.75
字　　数　360千字
版　　次　2025年5月第1版第1次印刷
定　　价　78.00元

版权所有．侵权必究
如有印装质量问题，请与本社发行部联系调换

《心育的力量——教师心育探索与实践集》 编委会

主　编：南　玲　贾真琦　苗路霞
副主编：罗红燕　杨　雪　王　聪
　　　　张　璐　郭金焕　田　洁

推荐序

学生的健康成长是每一位教师的责任，更是教育的首要目标。世界卫生组织把健康定义为：健康乃是一种在身体上、精神上的完美状态，以及良好的适应力，而不仅仅是没有疾病和衰弱的状态。可见，健康不仅包括躯体健康，还包括心理健康、社会适应良好和道德健康。近年来，中小学生的心理健康教育成了国家教育平台中的一项重要任务，2023年5月，教育部等十七部门联合印发《全面加强和改进新时代学生心理健康工作专项行动计划（2023—2025年）》，特别强调了"坚持健康第一的教育理念，切实把心理健康工作摆在更加突出位置"。

学生的身心健康是其全面发展的前提，学生心理健康教育应贯通大中小学各学段，贯穿学校、家庭、社会各方面。中小学的心理健康教育不仅可以帮助当前阶段的学生健康成长，更有利于学生走进大学乃至迈向社会后的健康与幸福生活。在这个过程中，中小学学校心育工作起着非常重要的实践与引领作用。一方面，中小学学校是贯通各学段的主体，也是贯穿各方面的核心。另一方面，中小学学校积极发挥引领作用，为教师提供平台和机会，鼓励教师大胆创新、积极实践，使每位中小学教师认识心理健康教育的重要性和必要性，从而探索学科融合，改善教育教学，主动贯彻心理健康教育相关理念，最终使中小学心理健康教育完成从心理教师单一主体向全校教职工共同致力、积极探索的多主体融合方向的转变。本书就是中小学学校在促进这一转变、关注学生心理健康教育工作方面的重要尝试，也可以给其他正在探索和尝试中的学校提供借鉴和参考。

教师们在日常的教育教学工作中，坚持不懈投身于心育探索与实践中。心育，这一教育理念，其精髓远不止于理论层面的阐述，它更是一种植根于深厚情感与关怀之中的教育实践活动。本书中，老师们以细腻的文笔、深挚的情感，慷慨地分享了各自在心育实践中积累的宝贵财富与深刻洞见。这些生动的实践经验总结，不仅彰显了教师们对心育事业的热爱与执着，更为我们提供了一个个鲜活的心育范本，启示我们在未来的教育道路上，应如何更加细腻、更加深刻地践行心育的真谛。

多主体开展学生的心理健康教育离不开学科融合，这也是现有政策提倡的五育并举促进心理健康教育的重要举措之一。不少学科教师对待学科融合的态度是矛盾的,一方面,他们关心学生的健康成长,渴望在学科中渗透心理健康教育内容;另一方面,他们担心学科之间的壁垒导致他们在融合实践中画虎不成,最后不仅没有渗透心理健康教育工作,反而影响了学科教学的节奏。也有些教师担心自己从事心理健康教育的胜任力不足,又无暇从头学起,因此不敢去尝试。对于这些顾虑,本书的心育教学部分给出了积极的答案,从这部分课例中可以看出,学科融合是非常灵活的,学科教师结合日常对任教年级学生的观察,可以与学校的心理教师开展合作备课,通过学生的学情分析和学生的成长诉求,结合学科课程标准,设计课堂教学内容,这样的设计在本书的课例中几乎包含了小学学段所有的学科,对渴望尝试的读者是很好的参考。除课程内容外,教师的教学反思也是促进进一步学科融合的重要体现,尤其是在课例中难以呈现的课堂师生互动,这部分在教学反思中均有体现,可以更好地帮助读者理解教学的过程,而不仅仅是课程设计。

心育辅导是本书的又一项重要内容。尽管中小学的心理辅导对专业性有要求,但教师也有天然的优势,如更容易通过同龄人的横向比较评估学生的心理状态;更容易接触到家长,做好家校合作;更容易充分协调和利用学校资源,给学生提供支持。在本书的辅导案例中,读者也会发现,与技术相比,辅导教师对学生的用心和对学生生活的深入了解,更能够促进学生问题的有效解决。此外,学校是最遵守时间规则的地方,学生上学的设置保证了师生互动的稳定,教师的职业素养和职业热情保证了师生关系的良性发展,这些都给学生提供了充足的安全感,也为问题解决提供了可能。本书的心理辅导案例融合心理辅导和班主任心育的双重特点,不仅能让心理教师获益,也可以帮助班主任读者们探索新的专业成长路径。

心育故事总是最有吸引力的,中小学教师的育人优势是可以全方位地观察学生在校情况,及时提供支持和帮助。每个育人故事都离不开教师对学生成长需求的敏感发现,以及日常接触中以关爱学生为出发点的洞察力。读者在阅读时会发现每个育人故事都鲜活出色,主角就像自己班级里的某个孩子,他们的小烦恼就像是我们在教育教学中遇到的困惑,而故事中教师的教育智慧也会让读者眼前一亮,学生的转变更是给人峰回路转的惊喜感,其实很多学生在被老师真正地看到、听到的那一刻,他的很多心理困扰就有了积极的答案。正是故事的这种真实性才更有吸引力,也能让读者们感受到爱学生的真谛。

在我从事中小学心理健康教育的十几年来，我与编撰本书的学校有过多次接触，学校的教育理念总是能抓住学生的需求和教育改革的动向，先进又灵动；教师们学习的热情和实践的精神也时常让我看到教师们智慧的具象化。我经常钦佩他们面对学生问题、班级管理、家校沟通时表现出来的创造性和专业性。因此，当他们请我为本书写序时，这种信任让我备受鼓舞！我也借此提前一览书稿全貌。开卷是又一次学习的过程，释卷是又一次感动的体验，我也期待这本书给正在探索中小学心理健康教育的读者朋友们带去新的感动、新的视角，激发新的开始。

为了孩子们的健康，我们同路前行！

林雅芳
2024年11月

心育的力量

教师心育探索
与实践集

目 录

心育探索

1. 罗红燕 /003
2. 南　玲 /012
3. 张　可 /015
4. 陈笑笑 /019

心育辅导

1. 刘小磊 /139
2. 贾真琦 /144
3. 王洪岩 /149
4. 郭金焕 /153
5. 陈　星 /158
6. 杨　萍 /162
7. 王　彭 /166
8. 侯　敏 /171
9. 邓写烩 /175
10. 杨　雪 /180
11. 杨　帆 /184
12. 彭秀兰 /189
13. 李海龙 /194
14. 梁莎莎 /199
15. 尉馨丹 /204
16. 田　洁 /209
17. 郭新影 /214
18. 姜　曦 /218
19. 刘　燕 /223

心育教学

1. 苗路霞 /027
2. 史常慧 /034
3. 祁榕睿 /042
4. 张玉龙 /048
5. 吕　婵 /056
6. 田　甜 /064
7. 康庆贺 /070
8. 吴业臻 /076
9. 张　璐 /083
10. 王　聪 /089
11. 刘沫荣 /095
12. 罗绍忧 /102
13. 程　琼 /108
14. 黄一放 /115
15. 穆　晴 /123
16. 刘　琳 /131

心育故事

1. 李鹏举 /231
2. 于　涵 /234
3. 孟　茜 /238
4. 张　硕 /242
5. 白　歌 /246
6. 张丽云 /249
7. 王启迪 /252
8. 高亚慧 /255
9. 李海霞 /259
10. 陈丽华 /262
11. 王华颖 /265
12. 刘晓微 /269
13. 丁　晨 /273
14. 张海东 /276
15. 付　雪 /280
16. 岳泽光 /283
17. 刘　洁 /286
18. 陈　述 /289
19. 孙冬君 /291
20. 王明玉 /294
21. 杨立文 /298

心育探索

003　基于"有层次无淘汰"办学理念下的学校心理健康教育构建　罗红燕

012　适性绽放　心向阳光
　　　——教师心育能力提升管理　南　玲

015　心理学效应在初中毕业年级学生教育中的运用　张　可

019　心理剧：初中生心理健康教育的创新路径　陈笑笑

心育教学

027　合作实验室　苗路霞

034　争做勇敢的小青蛙
　　　——以唱歌课《小青蛙找家》为例　史常慧

042　掌舵情绪之船：我们的喜怒哀乐　祁榕睿

048　让我们做朋友吧　张玉龙

056　体育教学中情绪管理与团队合作实践探索
　　　——寓体于乐，强化学生情绪管理能力　吕　婵

064　在色彩中感受情绪
　　　——透过色彩实现艺术舒缓情绪的学科联动　田　甜

070　强"心"健体，从统计看生命的律动
　　　——小学数学跨学科心育融合教学课例　康庆贺

076　乐助善行　快乐生活
　　　——以小学英语五年级上Unit2为例　吴业臻

083　"跳跳"的快乐秘密　张　璐

089　学做"快乐鸟"　王　聪

095　勇于创新，绽放自我
　　　——以美术课"纪念辉煌　设计展演——虎头帽"为例　刘沫荣

102　收纳改变生活，劳动收获快乐　罗绍忱

108　百分数之光照亮心理健康之路　程　琼

115　Colorful World　黄一放

123　让"冰山"浮出水面
　　　——以习作课为例，运用冰山模型挖掘学生情绪背后的需求　穆　晴

131　正视情绪的两面，直面升学压力
　　　——以在阅读《鲁滨逊漂流记》一书中运用情绪ABC理论进行情绪调适为例　刘　琳

心育辅导

139 "路慢慢"变形记　刘小磊

144 从"标签"到"光芒"
　　——积极心理学助力小Z绽放自我　贾真琦

149 家校携手，特别的爱给特别的你　王洪岩

153 踩点出拳，"智"服"小霸王"　郭金焕

158 行为养成与自信重建：少年的成长之旅　陈星

162 "爱"的润色，从孤单到融入的成长之旅　杨萍

166 "小哭包"不再哭了　王彭

171 用爱与包容，点亮闪耀的他　侯敏

175 家校共育，让爱滋养生命　邓写焓

180 "焦点"美化心灵，促进入学适应
　　——焦点解决方法促进小S适应一年级学习生活的个案分析　杨雪

184 健美操精灵的蜕变传奇　杨帆

189 后现代主义视角下青少年的规则教育
　　——厘清"尊重"与"纵容"　彭秀兰

194 从"社恐"到自信
　　——小A的转变之旅　李海龙

199 是"润物无声"还是"狂风暴雨"？　梁莎莎

204 重新　从心
　　——一位"霉运"男孩的转运之旅　尉馨丹

209 阳光重现　爱心重归心　田洁

214 乘风破浪　为爱护航　郭新影

218 用画笔打开心灵
　　——关于唐氏综合征学生的教学案例　姜曦

223 请相信"相信的力量"　刘燕

心育故事

231 心灵绘卷
　　——害羞男孩的觉醒之旅　李鹏举

234 师生一场，成为彼此的光　于涵

238　在美术的星球上遇见小精灵们　　孟　茜

242　情绪马拉松，友谊向前冲　　张　硕

246　我和我的搭子　　白　歌

249　双向奔赴在"迟缓"之路上　　张丽云

252　音符间的温暖蜕变
　　　——年年与音乐课的故事　　王启迪

255　于"色彩"和"光影"中的心灵休整　　高亚慧

259　令人烦恼的"小英雄"　　李海霞

262　走近你，走进你　　陈丽华

265　万花丛中的一抹绿　　王华颖

269　从"画"中走出的女孩　　刘晓微

273　"尖子生"的礼物　　丁　晨

276　从"无所谓"到"有所为"
　　　——小车的寻找自我之旅　　张海东

280　从笑声到掌声：引导学生以积极行动赢得关注　　付　雪

283　从"猴王"到"悟空"
　　　——为小A戴上"文化"的紧箍咒　　岳泽光

286　遇见更好的自己
　　　—— 一名数学老师的心理成长与心育实践　　刘　洁

289　发怒的班长　　陈　述

291　携手破霾，心向暖阳
　　　——借助团队的力量干预心理危机个案　　孙冬君

294　"小霸王"变形记　　王明玉

298　我的"小跟班儿"　　杨立文

心育探索

001—024

基于"有层次无淘汰"办学理念下的学校心理健康教育构建

北京市第一七一中学　罗红燕

中学生身处人生身心发展的关键期,生理发展迅速而心理发展相对缓慢的差异导致其身心发展不平衡,各种心理问题随之而来。与此同时,现代社会生活节奏较快,学业竞争压力倍增,中学生心理问题日益普遍、复杂。在此背景下,中学心理健康教育的重要性愈加凸显。北京市第一七一中学注重对师生积极心理品质的建构和培养。学校以"有层次无淘汰"为办学理念,注重对学生因材施教,根据学生心理发展特点实施素质教育。学校心理健康教育坚持全体性原则、发展性原则和预防性原则,从全面性和个性化两方面定位,从局部发展到全面发展的横向发展,由普及性教育到专业化个性教育的纵向发展,形成以课题为引领、以专业教师为骨干、班主任参与心理健康教育、兼顾家长、惠及全员、培养学生健全人格的心理健康教育体系。本文从心理健康教育的组织管理、条件保障和教育实施三大维度深描学校心理健康教育管理模式,旨在总结学校心理健康教育工作经验,探索中学心理健康教育管理模式创新路径。

一、引言

我国心理健康教育自20世纪80年代首次提出后发展迅速。20世纪90年代,随着理论研究和实践活动的发展,学校心理健康教育开始得到国家的重视,相关政策陆续出台,政策体系初步形成。1999年,教育部颁布《关于加强中小学生心理健康教育的若干意见》,首次将中小学心理健康教育作为进一步加强素质教育的重要指标。2012年,教育部修订后公布的《中小学心理健康教育指导纲要(2012年修订)》从指导思想、基本原则、主要内容、途径方法和组织实施五个维度为我国中小学心理健康教育提供具体指引，使中小学心理健康教育工作有规可循。2014年，教育部提出创设中小学心理健康教育特色学校，旨在树立典范，进而带动心理健康教育整体水平的提升。2015年，教育部文件要求中小学加强心理辅导室和活动室的硬件建设，为高质量开展心理健康教育做好保障。在此时代背景下，北京市第一七一中学高度重视学校心理健康教育工作，不断完善领导机制和制度建设，提升各项基础保障，丰富心理健康教育的内容和形式，基于学校"有层次无淘汰"的办学理念，形成了特点鲜明、较为成熟的心理健康教育管理模式。

二、心理健康教育的组织领导

（一）心理健康教育的领导机制

北京市第一七一中学由校领导明确格局定位，引领心理健康教育工作；德育主任带领年级组长、班主任、心理教师组成心理健康教育工作专业团队，形成"逐级上报、层层解决"的工作模式，真正做到全员育人、全程育人、全方位育人。

（二）心理健康教育的制度建设

近年来，北京市第一七一中学已形成一套专业、细致、成体系的心理健康教育工作制度，包括心理健康教育骨干队伍组织管理制度、心理健康课程体系建设制度、心理测评制度、心理咨询室管理制度、心理辅导规范制度、心理危机干预应急预案、心理危机与应对培训方案、转介学生家校沟通守则、中小学危机干预指南（教师篇、家长篇）等，涵盖心理健康教学、心理测评、心理辅导、危机干预、家校合作等各个方面，为学校心理健康教育的高效高质量开展奠定了坚实基础。

三、心理健康教育的条件保障

（一）师资保障

队伍建设方面，学校现有四位专职心理教师，与班主任和年级组长组成强大的心理健康教育专业团队；专业成长方面，学校通过课题引领推动专职心理老师专业素养，提高班主任科研能力。学校在注重对教师学生积极心理品质的建构和培养的同时,以科研课题研究作为引领,全面提高教师的科研能力。在德育副校长罗红燕的提议和策划下,组织班主任对一学期工作进行创意总结,使其更加直觉觉察自身的成长和发展。此外,学校邀请北师大性健康课题组专家刘文利教授为班主任开展性健康教育讲座培训。同时,心理教师利用全体班主任会专门进行积极心理培训——自我觉察能力提升。

学校已申报多项国家级、市级德育心理研究课题,包括国家级尊重教育课题、市级性健康课题、市级社会主义核心价值观课题、市级安全教育课题等。尊重教育课题自"十一五""十二五"到"十三五"连续开展以来,从培养学生宽容品格途径和方法、小组合作学习和谐关系建立,到善意人际沟通运用研究,历经7年的实践与发展,不仅获得了很多项荣誉,也积累了丰富的教育案例、课例,开展多项学生活动并取得丰硕成果,培养了一批积极参与尊重教育课题研究的班主任。性健康课题自2009年承办以来,多次受到市级课题组高度评价,已完成《北京市第一七一中学班主任性健康教育培训手册》《北京市第一七一中学班主任性健康教育班会工作指导手册》《中学生家庭性健康教育指导探索》研究成果,填补以班主任为研究主体和研究视角的、较为系统的性健康教育相关研究的空白,为教育行政部门制订培训方案、学校自主开展性健康教育交流研讨,以及一线班主任开展性健康教育提供参考依据。

(二)硬件保障

学校目前设有心理活动室、心理辅导室和心理减压室,总面积超过50平方米,配备心理沙盘、心理测评设备、心理活动卡牌、按摩椅等活动道具和心理书籍等资料,为开展高质量、多元化的心理健康教育奠定了坚实的物质基础。

四、心理健康教育的教育实施

(一)心理教育活动形式多样,内容紧贴师生需求

1.各种课程形式普及心理健康知识和理念

为实现心理健康教育从局部发展到全面发展的横向发展,使心理健康理念和方法普及更多学生中去,学校开设了心理课程和心理讲座。

对于非毕业年级而言,初一年级开设心理必修课,高一年级开设生涯规

划必修课，同时根据年级需求开展形式不同的心理健康教育讲座和班会。例如初一年级在入学之初进行"中学生活学习适应"情况调查，并且开展"适应中学生学习生活"心理讲座，包括让记忆高效、做个掌控时间高手、面对学习压力讲座。初二年级开展"青春期异性交往"学生和家长讲座，针对逆反心理增强、人际沟通问题，班主任经学校统一培训后做"人际和谐沟通"的班会活动。针对高一年级在学习适应、心态调适方面遇到瓶颈，开展"悲观乐观"心态调适心理讲座。高二年级伴随着学习压力增加，学生出现倦怠情绪，班主任经学校统一培训后，做出详尽的班会活动方案，为学生做"目标坚持"心理拓展活动。

对于初高三毕业年级而言，备考期间初高三教师团队统一思想，打牢课堂根基，注重课堂实效，调动学生备考积极性，形成奋力拼搏、勇攀高峰的精神状态。学校每周进行一次心灵驿站广播，宣传心理健康知识，帮助学生进行认知情绪和调控情绪，以更好的状态迎接考试。学校心理咨询室每天中午开放，学生放学后可以自主预约心理辅导，与心理老师交流心理问题和心理压力。心理老师运用专业方法帮助学生放松，缓解学生的压力。对于《重点关注学生月报表》上的学生，班主任和心理教师实施一对一帮扶，给学生送去心理支持和心理安慰。班主任或心理老师对全体学生宣讲心理压力缓解的方法，鼓励学生在自己内心的焦虑无法排解时进行宣泄倾诉，不要闷在心里，找到其信任的老师、同学、家人，把苦恼说出来。班会时间，班主任老师组织有关心理调节方法、考试压力应对的主题班会，引导学生疏导备考压力，正确对待压力。

为了给毕业年级同学加油打气，非毕业年级全体同学给毕业年级同学录制寄语和鼓励的视频，在5·25心理健康节上于学校大屏幕播放。同学们写出对毕业同学的祝福语，在学校一层大厅以展板的形式展出，祝福、鼓励初高三同学取得好成绩。学校橱窗展出心理健康知识、心理调节的小方法、心理自测题目，帮助备考学生了解自身心理健康状况。午休期间，学校广播播放缓解压力的轻音乐。

与学生一样，教师同样是学校的宝贵财富。学校关注教师心理健康，定期组织教师进行情绪疏导和教职工社团活动，帮助教师减压，为有需要的教师提供心理疏导。

2.心理社团活动影响、辐射更多同学关注心理建设

学生心理社团在各项活动中走在学校各社团前面，成为带动有心理学爱好、致力于影响改变自己和其他学生的课余心理学实践平台。"心健文件夹"

社团，取意于新建文件夹，寓意心理健康社团从2008年稳定运行以来，吸纳了大批社团活动积极分子，培养学生探究心理学、心理健康的科学素养，深入社会回报社会的实践能力。社团由老师指导，学生自己组建，聘任社长和各部部长，制定规章制度，每周固定时间活动。

心理社团专业职业前探团活动，邀请学校毕业学生回校讲座，讲解关于大学、专业、就业的知识和技能。组织策划"我和校长的'座谈会'——非常倾听"活动，调查学生最想和校长聊的那些事，比如食堂问题、作业量问题、校服问题等。校长倾听并回答学生们的问题，并对同学们提出殷切的希望。在社团开放日活动中，心理社团借助北师大讲师团的研究生力量，协助社团组织开放日和日常交流，获得开放日展示二等奖。

除了心理社团的引领带动，学校各班级推选一名心理委员，负责班级心理健康维护和促进工作。协助班主任开展心理班会，为全校学生印发了心理健康报。学校对心理委员进行团队建设培训、助人态度与技巧培训。

（二）心理测评全面深入，心理档案完整翔实

1. 心理测评覆盖全体学生

为了便于学校和年级全面准确地把握学生心理发展动向，为全体学生实施心理健康教育提供参考依据，为个别学生心理咨询的诊断分析提供依据，2014年9月，时任校长陈爱玉提出全面排查学生心理健康状况，建立学生心理档案。每个年级每学年至少进行一次全体学生心理健康调研。学校参考北京大学心理健康教育与咨询中心心理健康测评管理系统，从中选择五个调查量表，采取家长、教师、学生自评多维度评价学生心理健康，多角度客观全面了解学生心理状况，进而对有需要的学生提供心理支持和帮助。

心理测评完成之后，各年级统一把各班心理问题学生名单反馈给心理教师。心理教师结合学生的心理测试结果，对学生进行初访谈，并及时向班主任和年级反馈结果。对有中度、重度心理问题的学生约见家长，实施心理干预，由家长带着孩子在校外接受专业心理辅导和心理治疗。

2. 预警学生初访谈，建立心理档案

与以往仅以心理测评数据作为学生心理档案的方式不同，考虑到心理测评可能出现的偏差，对测评结果达预警水平的学生进行初始访谈。从学生的情绪状态、认知信念、学习习惯与水平、同伴师生关系、亲子关系等方面对学生进行了解分析。针对可能存在自杀风险的学生，学校还会进一步对其进行自杀风险评估。访谈结束后，学生心理健康档案基本建立。心理健康教师

会根据测量与访谈结果与班主任或家长沟通联系。

在访谈中，我们发现各年级学生不良心理状况与学业、家庭教育、人际交往有很大关系，针对测试结果异常学生的家长心理老师会进行面谈，并具体指导家庭教育方法和亲子沟通方法。在明确心理异常学生的具体问题后，组织团体心理辅导活动（对学生称为心理社团），在提高学生人际交往能力的同时，使其学会主动调节自己的情绪，训练一些学习管理的方法。

（三）心理辅导由普及化走向专业化、个性化

为了将心理健康教育从普及性教育到专业化个性纠偏纵向发展，学校聘请北京师范大学心理学专业研究生讲师团来学校，开展心理辅导活动。对心理预警学生、班主任老师推荐的学生实施心理辅导、心理干预，每周一次、每次1.5小时，一个学期共计开展9次活动。

在对心理预警学生的后测中，异常率由100%降为20%，这也从科学数据角度说明团体心理辅导活动对这些学生的心理健康的改善效果是非常明显的。经招募报名参加学习管理团体辅导小组中，学生在学习心理方面有了很大提高，调查反馈显示学生满意度为100%。

（四）家校社三方合力，全员守护学生心理健康

我们深知，学校的教育不单纯是教育学生，更是教育、指导父母，因为家庭是孩子成长的沃土，孩子的教育离不开家庭教育的土壤。优质的家庭教育，应该是给孩子提供最适合的教育方式和环境，渗透先进的教育理念，让孩子在安全、健康、自信、愉快的氛围中成长，而不是在忽视、溺爱、过度批评、放纵等不良教育环境中畸形发展，使孩子在快乐中学习，在学习中获得快乐，培养他们良好的创造能力、社交能力、适应能力，以及健全的人格品质。可以说，我们的教育不仅是教育孩子，更要教育父母，引导父母如何教育孩子，以及如何教育自己。这是一个系统工程，也是北京师范大学心理学教授沃建中提出的，给孩子创造一个良好的教育生态环境的理念在学校运用和实施。

为了贯彻落实学校"有层次无淘汰"的办学理念，学校持续不断地开展旨在推动学校、家庭、社会"三结合"的教育网络活动，提高家庭教育质量，弘扬"以德育人"的家教理念。学校各年级组、班级组以"以德育人"的家教理念作为引领，在教育处的具体指导下，组织召开形式多样、内容丰富的家长学校、家长委员会、家长交流会等。在促进家长与孩子的沟通、加

强家庭教育等工作中取得了显著效果。按照学年初制订的家长学校教学计划，学校各年级组均建立家长委员会，并定期组织家长委员会开展家委会活动。同时，结合家庭开展教育的需要，教育处年级组邀请专家开展内容紧凑的家长讲堂和家长讲座。

1. **家委会——与千名家长沟通的重要桥梁**

家委会成员是经过各年级班主任推荐和自荐，关心学校教育发展，热心年级发展，愿意为沟通家校出谋划策，有思想、有能力、有资源，又热心的家长代表，是学校宝贵的财富，是学校与千名家长沟通的一个重要桥梁。每学年各年级至少召开一次家委会会议，会议的主题围绕"家校携手创和谐教育促学生身心两健"开展。

家委会会议由副校长或级部长主持并发言，各年级家委会建立微信群，级部长和年级组长在群中与家长积极互动、解答问题。家委会除了向家长们介绍学校近期学校举办的文体活动、年级活动、学科活动等，还向家长们介绍学校教育教学工作。伴随中高考改革发展趋势，教育教学、学生学习领域发生很大变化。学校指导家长传递非智力因素对学习成绩的影响，培养孩子专注的意志品质，用积极的评价导向鼓励孩子，培养孩子在学业上的自信。年级组记录并协调解决家长们提出的各种疑问和合理化建议。

家长们表示，家委会会议不但增进了家长对学校的教育教学情况的了解，而且通过学校对家庭教育的智慧分析和点拨，解决了自己在家庭教育中的一些困惑。

2. **家长学校（家长讲堂）——学习家教知识、传递家教方法，让更多家长受益**

初中、高中非毕业年级每学年至少举办一次家长学校或者家长交流会活动。每学期参加讲座的家长超过1000人次。聘请大学教授、专家来学校为家长进行教育讲座，讲座内容根据不同年级学生特点和家长需求开展。为高中年级的家长会聘请知名校外专家对现今中高考形式变化、自主招生、学业规划等开展讲座和交流。家长学校结束后发放调查问卷，调查家长的满意度及对讲座的意见和建议。

学校先后邀请北京教育学院朝阳分院荆承红博士主讲《认识孩子青春期》《原生家庭与家庭教育》《亲子关系和沟通技巧》，郭丹梅老师做《爱与交流——非暴力沟通在家庭教育中的运用》的讲座，首都师范大学张玫玫教授给初中家长做《让孩子幸福一生的教育——与关心孩子的家长们探讨性教育》的讲座，北京师范大学沃建中教授给高中家长做《帮助孩子规划高中生活》的讲座。

听完荆承红博士的讲座,有的家长说:"这样的心理学讲座应该从孩子出生的时候定期地听,这样就会少走很多弯路。现在我明白了与孩子心理沟通首要的是情绪,其次才是内容,情绪层面梳理好了对于沟通起到事半功倍的作用。"家长参加完非暴力沟通讲座后说:"我先管好自己的情绪,不否定孩子,不指责不批评,过去我的教育方法是错的,我应该好好学习非暴力沟通。"家长们对讲座的满意度达到99%。

在非暴力沟通讲座后,应家长要求每个学期举行4次到8次非暴力沟通家长读书沙龙,家长活动结束前穿插一次学生活动。这些活动有针对性地解决了家长与孩子沟通的问题和困惑。家长反馈说:"非暴力沟通为我们生活工作交往中遇到的问题提供了很好的解决思路。"

3. 全体家长会——渗透教育方法和教育理念

全体家长会通常由主管校长主持并发言,注重家长对学生非智力因素的培养,如培养孩子专注的意志品质,用积极的评价导向鼓励孩子,培养孩子"与自己比进步就好"的学业自信和学业效能感;向家长宣传心理健康教育理念、亲子沟通技巧、青春期异性交往指导,印制知识单,发放到每个家长手中。学校设计发放家长调查问卷,了解孩子在家中的作业情况、与家长沟通情况,将结果反馈给年级,转变教育教学方法,落实学校教育理念。

4. 小型家长交流会——针对孩子的具体问题讲落实方法

在家委会、家长学校、全体家长会上,家长们与学校和老师积极互动,解决家长们关心和困惑的教育教学问题。各班级班主任定期举行班级小型家长交流会,对班级学生具体问题有针对性的指导。班主任细致地总结学生问题,把问题归类,采取有效方法指导家长解决学生问题。班主任邀请有示范作用的优秀学生家长为有相同困惑的家长支招解决问题。

五、结语

近年来,我国青少年心理问题和由此导致的极端事件频发,中学生心理健康教育任重而道远。组织管理方面,学校完善的领导机制和制度建设是心理健康教育工作开展的基石。条件保障方面,学校强大的专业师资队伍和硬件设施为心理健康教育提供了良好支持。教育实施方面,学校多姿多彩的心理健康课程、全面多维的心理测评、逐级深入的心理辅导,以及紧密的家校社合作是心理健康教育工作的核心举措。做"有层次无淘汰"的心理健康教育，一七一中学还在路上。

参考文献

[1] 吴爱铧.中小学生心理健康教育探微[J].大众心理学,2011(12):18-19.
[2] 中华人民共和国教育部.中小学心理健康教育指导纲要（2012年修订）[J].中小学心理健康教育,2013(1):4-6.
[3] 王娟.中小学心理健康教育衔接实践研究[D].南昌：南昌大学,2014.
[4] 朱丹霞.江西省中小学心理辅导室建设现状调查与分析[D].南昌：南昌大学,2015.

适性绽放　心向阳光
——教师心育能力提升管理

北京市第一七一中学　南　玲

善为师者，既美其道，又慎其行。教师的心态与修养影响学生的成长。身心健康的老师，以德感人，以身育人，会成为学生的楷模。

面对生源样态多样化，北京一七一中学教育集团（以下简称"集团"）坚持"让优秀生更优，让普通生成优，让潜质生向优"的"三优"培养目标，倡导"与自己比进步就好"的积极心理价值取向，致力于让每一个学生绽放光彩，让每一位老师收获职业的成就感。

基于此，集团注重教师心育能力提高，通过多种方式帮助教师们主动调试心理健康状况，提升自我关怀能力，能以积极的心态投入工作。

一、理念引领，营造氛围——增强自我认同感

集团的办学目标是"惠师、惠生、惠民"，将教师置于首位，将离学生最近的教师培养成最优秀的人，树立起学生身边的精神丰碑。

我们提倡教师做十种人，即为人师表的高尚人、团结谦让的开明人、淡泊名利的大度人、扶正压邪的正直人、全面质量的明白人、学术研究的带头人、开拓创新的聪明人、立足本行的实干人、身心愉悦的健康人、品味生活的现代人，并以做"十种人"为导向，打造充满生机活力的教师文化。

二、职责明晰，建设队伍——激发育人使命感

（一）心理教师专业引领

集团有多名专职心理教师，在维护教师的心理健康方面发挥核心引领作

用。心理教师通过问卷调查、访谈等方式，了解教师在心理健康方面的需求和困惑，并据此制定培训计划、培训目标、内容及时间安排。通过讲座、案例分享、小组讨论等多种形式，帮助教师们调试心理状态。

心理教师还担任项目导师，开展专题讲座，传经送宝，指导教师顺利开展工作。包括对个体进行个性化指导，解决个别教师工作中的困惑，并提供解决困惑的建议和方案等。

（二）班主任队伍强化培训

班主任每年接受至少两次专业的心理健康教育培训，学习心理健康基本知识、学生心理问题的识别方法以及干预策略。通过共享工作案例、多方交流、集体诊断与个别纠偏，提升班主任心理健康水平、心理素质，以便更好地为学生提供心理健康支持和服务。

指导班主任建立良好的师生关系，关注学生的日常行为和情绪变化，及时发现并应对学生的心理问题。设立班主任重点关注台账制度，每月统计、整理重点，并上报关注学生，制订指导方案。每学期集团通过班会、年级活动、班级活动等方式，营造良好、积极、健康的班级氛围，培养学生的积极心态和抗挫折能力。

（三）学科教师素质提升

建立教师心理健康小组，鼓励教师相互支持，共享资源和经验。通过团队建设活动与角色扮演等方式，增强教师间的合作与沟通能力。集团倡导"小成功靠个人，大成功靠团队"，鼓励教师相互关心、支持，建立良好的同事关系，共同应对工作压力。鼓励教师自主学习，阅读心理健康教育相关书籍和文章。利用在线资源如教育平台、专业网站等进行自我学习与能力提升。教师在日常教育教学中实践心理健康教育理念和方法，并进行反思与总结。通过教学日志、案例分析等方式，记录自己的成长和进步。

集团实行全员导师制，心育能力是导师制工作中非常重要的教育指导能力，情绪管理、积极乐观心态、自我调节、良好认知、沟通技巧是重要培训内容。通过师徒结对，经验丰富的教师带领年轻教师，缓解年轻教师初入教坛的焦虑和压力，使其能积极、幸福地工作。

三、科研助力，提升能力——强化教育责任感

设立心理健康教育专项课题，鼓励教师进行研究和实践，不断探索与创新心理健康教育的方法和手段。每学期邀请心理健康教育领域的专家或经验丰富的教师进行授课和指导，帮助教师形成"问题—研讨—交流—成长"的课题研究方式，提高教师的心育能力。

教师们积极参与，分享经验和心得，进行研究和实践，不断探索和创新心理健康教育的方法和手段，形成良好的心育学习氛围。

四、个性辅导，拓宽路径——提升工作幸福感

集团随时为教职工提供心理支持和关怀，帮助他们解决工作和生活中遇到的心理困扰。对有咨询需求的教师，提供集团内心理咨询和集团外北京市师生网络心理咨询服务平台。每位心理老师每学期接待10余位教师，进行一对一心理疏导，得到了老师们的认可。

为教师订阅心理健康杂志、普及心理健康知识、组织团体心理沙盘活动，帮助教师放松身心。通过心理测评与追踪，帮助教师了解自身的心理健康状况，掌握科学的减压方法，提升自我调适的能力，始终保持积极向上、健康乐观的心理状态。增强工作的幸福感，发挥最佳教育效果。

未来我们将继续按照《东城区中小学校学生心理健康工作实施方案（2023—2025年）》的精神，全程关注并强化心理健康教育的实效，构建全员参与的心育工作格局，支持班主任教师和心理健康教育教师参加校级、区级培训，提升心育能力。

同时，引入专业心育科研资源，借助区级心理研修机构、中国科学院心理研究所等专业力量，建立教研培训科学机制。发挥心理教研组示范作用，依托市区级心理健康教育课题和项目，深化巩固心理健康教育工作实效，并将研究成果应用于实践创新。

教师心理健康教育能力的提升是一个系统性工程，通过班主任、学科教师、集团内外资源的协调作用，心理健康教育能力各有侧重点，又互相补充，形成合力。

未来，我们将继续多方学习、提高认识、调整身心，以积极乐观的心态与温暖的教育情怀，传递正能量，奏响教育的主旋律。

心理学效应在初中毕业年级学生教育中的运用

北京市第一七一中学 张 可

在初中阶段，学生的生理和心理都经历着快速的发展。到了初三年级，面对中考的现实压力，不同层次的学生呈现出不同的心理状态。作为班级管理者，班主任应及时准确地把握学生心理状态的变化，了解不同学生的所思所想，才能有针对性地分层做好毕业年级学生的心理建设，进而提升学生的学习内驱力，帮助所有学生圆梦中考，留下初中阶段校园生活的美好记忆。在毕业年级学生教育和班级管理中，运用经典心理学效应往往能够取得事半功倍的效果，以下结合我在实践中运用的三个经典心理学效应做以说明。

一、宝剑锋从磨砺出——"淬火效应"帮助学生学会冷静与坚韧

"淬火效应"原本是指金属工件加热到一定温度后，浸入冷却剂中，经过冷却处理，工件的性能会更好、更稳定。心理学上借用这一概念将其定义为"淬火效应"。

到了初三年级，许多成绩优秀的同学都有一种"大局已定，我最优秀"的心态。他们从初一开始就不断受到各学科老师的表扬，几乎每天都享受着同学们的赞美和羡慕。我班的小成同学就是这样一个习惯了老师的热捧和同学们艳羡目光的"学霸"。在一次数学习题课上，老师带领大家一起探究一道难题。他胸有成竹，第一个举手，说出了自己的解题思路。听完他的回答，老师微微点头表示赞同，随后又叫了一位成绩中等的同学，这位同学的解题思路却非常巧妙，得到了老师的大力赞扬。老师号召大家向他学习，面对难题积极思考、勇往直前。

小成因为未受到表扬而倍感失落，下课后向我倾诉心中的不满。一方

面，我对他进行了安慰和鼓励，告诉他老师认为他是高水平的学生，解出这道题理所当然。另一方面，我也反思了自己平时的教育教学工作：我在班级中确实有意树立努力学习、成绩优异的学生典型，并与各学科老师合力打造"学霸"榜样，却忽视了这些学生的心理状态，纷至沓来的表扬、称赞、奖励，难免让他们"飘飘然"起来，心灵无法承受一丝忽视，哪怕赞美的程度不够都足以使他们黯然神伤。

面对成绩优秀的学生，有时对他们的成绩"视而不见"，对他们的优秀"泰然处之"，甚至寻找合适的教育契机，针对具体行为进行批评指正，可能对他们的内心成长才更有益处。运用"淬火效应"，让"红红火火"的优秀生遇冷淬炼，才能让他们清醒地认识自己的位置，理性面对得失，成长为更稳定、更坚韧、可堪大用的时代栋梁。

二、天生我材必有用——"霍桑效应"用关注为学生建立自信

20世纪20—30年代，美国研究人员在芝加哥西方电力公司霍桑工厂进行了一项关于工作条件、社会因素和生产效益关系的实验。在第二阶段的实验中，研究者发现，在客观的工作条件相同的情况下，生产效率的提高主要是缘于被实验者在心理上的巨大变化。参加实验的工人被置于专门的实验室并由研究人员领导，受到各方面的关注，从而形成了参与实验的感觉，他们觉得自己是公司中重要的一部分，进而从社会角度被激励，促进了产量的上升。这一效应被称为"霍桑效应"。

这个实验给我们的教育启示是，当学生感觉到被关注时，会更有存在感和参与感，进而期待自己有更好的表现，产生更强的学习动力和更高的学习效率，达到更好的学习效果，建立自信，投入更积极的学习情绪当中，逐步进入良性循环。

在学校和班级中，中等生往往数量最多但又最容易被忽视。到了初三，所有学生都非常努力，优等生的努力被树为学习标杆，潜质生的努力被演绎为励志传奇，而中等生的努力却常常波澜不惊。我班的小君就是一位"小透明"般的中等生，她遵章守纪、学习态度认真，但上课几乎从不发言，平时与班里同学沟通较少，班级活动也很少露面。在一次与家长的沟通中，我得知她在校外研习京剧多年，已经有非常高的表演水平。

一天,她来办公室看语文小测成绩,临走时我叫住她说:"小君,我昨天晚上刷到一个京剧视频,《红灯记》选段,唱得特别好,我看好像表演者是你呀?你看,这是你吗?"她看了一眼视频,不好意思地说:"老师,这您都能认出来呀?这是我……""你还有这样高端的才艺哪?!我也特别喜欢京剧,我得好好关注着你了!"她说了句"谢谢老师!"就匆匆离开了。

就是这两句简单的交谈后,我感到小君变得不一样了:上我的课时,她开始与我有了眼神交流,甚至有几次主动举手回答问题,表现非常精彩。在初三年级的毕业典礼上,她还代表班级表演了京剧,大大方方地登上了校级舞台。

"霍桑效应"让学生被看见,让他们感受到被关注,进而相信自己一定能变得更加优秀。

三、对我来说"so easy"——"登门槛效应"以小要求撬动大改变

"登门槛效应"又称"得寸进尺效应",指一个人一旦接受了他人的一个微不足道的要求,为了避免认知上的不协调,或想给他人以前后一致的印象,就有可能接受更大的要求。

到了初三年级,潜质生的转化成为迫在眉睫但又难于推进的难题。虽然"乾坤未定,你我皆是黑马"这样的话颇有激励效果,但潜质生往往都不认为这话是对他们说的。要鼓舞他们的斗志并非易事。在这样的情形之下,我尝试先通过改变他们的行为,来撬动他们的内心。运用"登门槛效应",为他们设定微小且易于实现的行动目标,在顺利完成后再"得寸进尺",逐步提出更高要求,通过小目标的逐步实现推动大改变的发生。

小霖是我班的一名潜质生,他在语言表达上有一定的障碍,说话不太流利,写作文更是一个让他"痛不欲生"的难题。在初一、初二阶段,小霖的作文总是只能写两三行就无话可说了。到了初三,作文问题依然困扰着他和我。通过观察,我发现他平时与同学沟通、聊天表达相对顺畅,而且他热心班级任务,对班里很多同学的事情都很了解。于是我对他说:"小霖,你看到了,初三我的工作任务重了,进班的时间比原来少了,班级里的事儿也没有那么清楚了,你能不能每天午休之前来找我讲讲班里的事儿,就当帮我个忙了?"小霖一听,似乎觉得这不就是聊天嘛!爽快地说:"So easy(太简单了)!"

小霖真的每天都来找我说班里的事儿。一开始说得不太完整，句子前言不搭后语，但一周之后，我对他的语言表达提出了更高要求："小霖，你讲的事儿对张老师帮助太大了！老师希望你说得更全面，我也就能了解得更全面了。咱们每一句都用'谁＋做了什么＋别人的反应＋你的感受'这样的方式说好不好？你试试？"一开始，小霖经常说得丢三落四，慢慢地逐渐形成了完整的表达习惯。之后，在"登门槛效应"的作用下，我又对他提出了"能不能再多说两句你的感受？""可不可以把这一周最有趣的事写下来，我留作纪念？"等要求。渐渐地，小霖的口头表达开始落在笔头，写作文也有话可说了。用微小易行的任务转化潜质生，"登门槛效应"的运用需要学生的持之以恒，也需要老师的锲而不舍。

结　语

要让教育更有温度，需要我们教育者不断思考和实践。以上三个经典心理学效应在教育中的运用，只是截取毕业年级这一工作时段。此外，还有很多经典的心理学效应，如罗森塔尔效应、角色效应、鲇鱼效应等，在日常教育教学中有很广阔的运用空间。探索心理学效应的应用，能为不同层次的学生注入心理能量，为学生健康成长保驾护航。

心理剧：初中生心理健康教育的创新路径

北京市第一七一中学　陈笑笑

在现代社会的快节奏中，初中生的心理健康问题日益凸显，成为教育工作者和心理健康专家关注的焦点。随着教育理念的更新和心理健康重要性的提升，传统的教育方法已难以满足学生全面发展的需求。心理剧作为一种新兴的心理健康教育手段，以其独特的互动性和体验性，逐渐成为学校心理健康教育的重要组成部分。本文将探讨心理剧在初中生心理健康教育中的应用及其效果，揭示其作为一种创新路径的深远意义。

一、心理剧的起源与发展

心理剧由美国精神病学家雅各布·莫雷诺（Jacob Levy Moreno）于20世纪初创立，旨在通过舞台表演的形式帮助参与者处理心理问题。莫雷诺认为，每个人都有创造和自我教育的天然趋向，心理剧正是通过角色扮演和即兴表演，使个体面对和处理心理问题，从而达到治疗的目的。心理剧不仅是一种心理治疗方法，也是一种团体辅导方法，能够帮助个体宣泄情感、释放压力，并激发解决问题的勇气。

20世纪80年代中后期，心理剧作为心理治疗方法逐渐被介绍到中国，被心理咨询与临床治疗的专家学者了解并开始慢慢认可。当前，有关心理剧疗法的研究大多集中在理论的介绍及应用效果的研究上，而针对真实的治疗过程和团体性质的干预辅导较少，尤其是在学校心理健康领域的实践应用更是凤毛麟角。

二、心理剧的构成要素与治疗过程

心理剧的构成要素包括舞台、主角、导演、辅角和观众。舞台是心理剧演出的场所，可以将过去、未来与现实的感受融合在一起；主角是在某一个特定的时间，想深入探索其个人问题的团体成员；导演是整个剧场的灵魂，协助演出过程，是团体的领导者，也是主角的治疗师；辅角是扮演主角生命中重要他人的任意团体成员；观众则是不在舞台上担任主角、导演或辅角的成员，他们在心理剧的演出过程中发挥着重要的作用。

心理剧治疗过程包括三个部分：暖身、演出、分享。暖身阶段包括一些演出前所必需的准备活动，包括指导者的准备、建立团体的信任感和凝聚力、确定团体的主题、选出主角以及帮助主角尽快投入演出等。演出阶段导演将主角在暖身阶段中呈现出的表面问题和确定的心理剧主题进一步地具体化、深入化。分享阶段是将主角从心理剧的演出中带回现实、团体成员反思并相互整合的阶段。

三、心理剧在初中生心理健康教育中的应用

心理剧通过角色扮演和互动体验，帮助初中生面对和处理抑郁、焦虑等心理问题。研究表明，心理剧能够显著改善初中生的抑郁症状，提高他们的心理健康水平。在实际应用中，心理剧不仅能够帮助学生宣泄情感、释放压力，还能够激发他们的创造力和想象力，使他们在安全的环境中探索自我、理解他人。

案例分析：心理剧在初中生中的成功应用

案例一：小华的心理剧体验

小华是一名初二学生，因家庭变故和学习压力情绪低落，常常感到孤独。在心理剧的暖身活动中，小华通过绘画表达了自己内心的感受，选择了"孤独"作为主题。随后，导演引导小华在舞台上重现与父母的对话场景，表达了对父母离异的失落感。在演出中，小华的辅角扮演了他的父母，通过角色互换的技术，小华体验到了父母的无奈与苦衷，逐渐理解了他们的处境。

在分享阶段，小华表示通过心理剧，他感受到了一种前所未有的释放，仿佛将心中的重担卸下。他的情绪得到了显著改善，学习状态也逐渐回暖。这一过程

不仅帮助小华宣泄了内心的负面情绪，还增强了他的自我调节能力。

案例二：小明的成长之路

小明是一名初三学生，因学习成绩不理想而感到焦虑。在心理剧中，他选择了"学习压力"作为主题。导演让小明回忆起一次重要的考试，重现了当时的紧张情境。通过角色扮演，小明不仅表达了自己的焦虑，还体验到了同学们的支持与鼓励。

在演出结束后，小明与其他同学分享了自己的感受，发现大家都有类似的经历，这让他感到不再孤单。心理剧的参与让小明意识到，面对压力时，寻求他人的支持是非常重要的。这一过程不仅缓解了小明的焦虑情绪，还提高了他的自信心和人际交往能力。

四、心理剧的效果与优势

（一）心理剧对情绪的积极影响：情感宣泄与心灵重塑

心理剧通过给予成员支持、帮助其发泄负性情绪、修正不合理信念等方式，改善情绪体验，缓解躯体不适等症状。研究显示，心理剧干预的心理剧组患者缓解率明显优于对照组。心理剧通过还原其内在生命事件，运用空椅技巧、角色互换等技术，使成员在安全的环境中进行情感的宣泄。当主角表达困难时，替身通过经历主角的情感起伏，表达主角的内部状态，帮助其释放压抑或自我监视的思想和情感。

在这个过程中，心理剧不仅帮助参与者释放了长期积压的负性情绪，还促进了他们的自我认知和情感整合。正如古人所言"心有灵犀一点通"，通过心理剧的参与，学生们能够在角色扮演中找到共鸣，感受到彼此的情感，从而实现情感的宣泄与心灵的重塑。

（二）心理剧促进人际关系的改善：同理心与沟通能力的提升

心理剧不仅关注个体的内心世界，还强调人际关系的建立与维护。通过角色扮演，学生们能够更好地理解他人的感受，增强同理心。这种互动体验促进了学生之间的沟通与合作，改善了班级氛围。例如，在心理剧的分享环节，学生们能够自由表达自己的感受，彼此之间建立了深厚的信任关系。

如同《桃花源记》中所描绘的那样，心理剧为学生们创造了一个理想的交流环境，使他们在这里能够无所顾忌地分享自己的故事，增进了彼此的理解与支持。心理剧的这种人际互动性特征，丰富了心理健康教育的形式，为学生提供了一个安全的宣泄内心不良情绪的场所。

（三）心理剧提升自我认知与接纳能力：从内心出发的成长之旅

心理剧的另一个显著优势在于其能够提升学生的自我认知和接纳能力。在参与心理剧的过程中，学生们通过角色扮演和情景再现，深入探索自己的内心世界，理解自己的情感与需求。研究表明，参与心理剧的学生在自我接纳量表上的得分显著提高，表明他们对自己的认识更加全面和客观。

这一过程如同"自知之明"所强调的，只有真正了解自己，才能更好地面对外界的挑战。心理剧通过引导学生反思自己的经历，帮助他们发现自我价值，增强自信心，进而实现自我接纳与成长。

（四）心理剧的艺术性与创造性：情感的艺术表达与心理的深度探索

心理剧的艺术性和创造性使其在心理健康教育中独树一帜。通过结合音乐、绘画、舞蹈等多种艺术形式，心理剧能够激发学生的创造力，让他们在表演中找到情感的出口。这种艺术表达不仅丰富了心理剧的内涵，也使其成为一种独特的心理治疗方法。

正如"艺术源于生活，高于生活"所言，心理剧通过艺术的形式，将学生的情感体验提升到一个新的层次。在心理剧的舞台上，学生们能够自由地表达自己的情感，探索内心的深处，从而实现情感的艺术表达与心理的深度探索。

五、实践中的挑战与展望

尽管心理剧在初中生心理健康教育中显示出积极的效果，但在实践中也面临一些挑战，如时间限制、活动场地限制等。未来的研究需要进一步探索心理剧在不同教育环境中的应用，并优化其实施效果。此外，心理剧的实施也需要专业的指导和培训，以确保其有效性和安全性。

（一）时间与空间的限制

在实际操作中，心理剧的实施往往受到时间与空间的限制。学校的课程安排和活动时间可能会影响心理剧的开展。因此，教育工作者需要灵活安排心理剧的时间和地点，以确保学生能够充分参与。

（二）专业指导的重要性

心理剧的实施需要专业的心理辅导人员进行指导，以确保活动的安全性和有效性。教育工作者应接受相关培训，掌握心理剧的基本技巧和方法，以便更好地引导学生参与。

结　论

心理剧作为一种创新的心理健康教育方法，通过角色扮演和互动体验，帮助初中生调整心理状态，提升心理健康水平。其独特的互动性和体验性使其成为学校心理健康教育的重要组成部分。通过心理剧，学生能够在安全的环境中探索自我、理解他人，提升自我认识和自我接纳，从而实现心理的健康成长。

参考文献

[1] 田晓莉,杜志瑶.校园心理剧在中小学心理健康教育中的应用与前瞻[J].中小学心理健康教育，2023（22）：63-64.

[2] 王昕.心理剧在初中心理健康教育的运用[J].当代家庭教育，2021（4）：40-41.

[3] 廖颖娜.校园心理剧在初中心理健康教育课中的应用[J].中小学心理健康教育,2021(27)：2.

[4] 赵璇,石茜睿,任思锦,等.心理剧对青少年社交焦虑的改善作用[J].时代报告（奔流），2021（3）：26-27.

025—136
心育教学

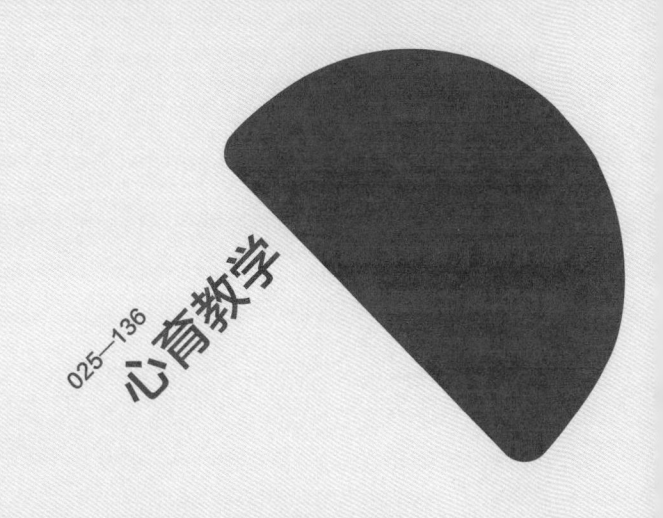

合作实验室

北京市第一七一中学附属青年湖小学 苗路霞

一、教学基本信息

（一）教材：校本教材

（二）授课年级：五年级

（三）教学主题：团队合作能力的体验、探索与习得

（四）指导思想与理论依据

1. 指导思想

根据《中小学心理健康教育指导纲要（2012年修订）》的要求，本课围绕"团队合作能力"这一分主题，旨在帮助学生克服学习困难，积极促进学生的亲社会行为，逐步认识自己与社会、国家和世界的关系。同时，针对五年级学生的学情特点，如同伴交往与同伴团体的形成，以及他们在团队合作中可能遇到的挑战，本课进行了有针对性的设计和引导。

2. 理论依据

社会互动理论特别强调人与人之间的互动的积极意义和作用。在与人互动的过程中可以促进人的心智发展。在本课中，学生通过小组讨论和小组合作的形式进行互动，分享观点、共同解决问题。这个过程有助于培养学生的合作意识和能力，促进学生社会交往能力的发展。

管理学和组织行为学的相关理论认为，一个高效合作的团队需要满足以下条件：共同的目标、智慧的领导者、有效的方法和策略、角色和责任、彼此信任、团队凝聚力、支持性环境等要素。本节课选取前四个要素作为课程活动的探索性内容，帮助学生增强合作意识、练习合作技能。

（五）教学背景分析

1.教学内容分析

根据《中小学心理健康教育指导纲要（2012年修订）》，小学高年级心理课程目标主要包括：扩大人际交往的范围，帮助学生克服学习困难，积极促进学生亲社会行为，逐步认识自己与社会、国家和世界的关系。本课是人际交往主题系列中的"团队合作能力"分主题，围绕"积极促进学生的亲社会行为"这一要求而设计。

2.学生学情分析

对于五年级的学生，同伴交往与同伴团体在此阶段形成。同伴交往是形成行为价值观和态度的独特的社会化方式。合作型学习方式不仅可以提升学习效能感，同时也可以促进学生人际交往能力和环境适应能力。

结合学校学生的实际情况，我做了相关的学情调查，根据学校团体辅导活动和班主任的访谈，会发现五年级学生没有进行过相关学习，他们需要得到科学的引导和帮助。在前测活动中，数据表明：94%的学生都有合作的意愿。在未学习合作相关课程的情况下，在团队合作中，有"分工明确"意识的团队仅占33%、有效决策仅占27%、在团队中自发产生领导者占68%。针对以上问题和相关理论，我设计了本课，加强团队协作和问题解决等方面的引导。

（六）教学目标与重难点

1.教学目标

（1）知道高效合作的积极意义，理解高效合作的条件，建立合作意识。

（2）在体验中练习高效合作的技能，感受合作带来的积极情感体验，感受在人际交往中合作的重要性和价值感。

2.教学重难点

（1）教学重点：通过体验式探究过程，引导学生发现高效合作的条件、体验高效合作、建立合作意识。

（2）教学难点：帮助学生在游戏体验中习得合作技能。

二、教学准备

眼罩24个、2米长的绳子6条、视频资料、课程PPT。

三、教学过程

（一）课程导入：独臂侠的挑战

【活动导入】同学们，欢迎来到心理课堂。我们先用一个小挑战来开启今天的课程"独臂侠的挑战"。1.请学生单手拉开外套拉链。2.半分钟"单手挑战"，请用一只手拉上拉链。询问学生的感受。3.改变游戏规则：找一位伙伴，但仍然只能用各自的一只手来完成任务。

【教师提问】我们会发现，有些事情单凭个人的力量可能难以完成，但当我们携手合作时，就能创造出意想不到的奇迹。这就是我们今天要深入探讨的主题——合作。提到合作，你在以前的学习和生活中完成过哪些合作任务？有什么样的感受？今天我们就来一起在我们班的"合作实验室"里，探究一番合作的真相。

【板书内容】合作实验室

【设计意图】通过"独臂侠的挑战"这一趣味活动，快速吸引学生注意力，活跃课堂氛围。让学生在亲身体验中，直观感受到个人力量的局限性，进而自然引出"合作"这一主题。初步体会合作在生活中的重要性，为后续深入探究合作奠定基础，激发学生的学习兴趣和参与热情，符合心育教学从生活实际出发，引导学生感悟与思考的理念。

（二）主体环节

1.合作初探：体验合作的挑战性、激发学习合作的兴趣

【教师导语】接下来就让我们一起接受一个小挑战，来验证一下你们的合作能力。

【教师活动】每组随机挑选一名学生上台，完成"盲人"方阵游戏。（前测对比）

【学生活动】在一位同学的指挥下，4位"盲人"（佩戴眼罩）将绳子拉成一个最大的正方形。（限时3分钟之内）

【教师提问】你在过程中有什么感受和想法？

【学生回答】着急、紧张……

【教师提问】看来不能打没有准备的仗。今天就让我们来从一些小动物的身上学习一些合作的技巧，建立我们的合作实验室，让团队更好地完成一项任务。

【设计意图】借助"盲人"方阵这一富有挑战性的游戏，让学生初次亲身体验合作过程。在限时且有难度的任务里，学生能切实感受到合作的不易，深刻体会其挑战性。这种体验式学习，能极大激发学生的好奇心与探索欲，催生强烈的学习内驱力，促使他们渴望提升合作能力，契合心育教学中以实际体验引发情感共鸣和学习动力的要求。

2.合作实验室的建立：探究高效合作的必备条件

【活动组织】观看视频《结伴而行》。

【教师提问】通过观看这个视频，你们发现了什么？

【学生回答】都是通过团结合作的方式战胜困难的。

【教师提问】第一个萤火虫的故事，对你有什么启发？

【学生回答】一个人可以走得更快，一群人才能走得更远。

【教师总结】在我们的学习生活中，通过与他人协同合作共同完成任务、攻克难题是非常重要的能力。因为有很多时候靠一个人的力量是不能生存的。刚刚同学们说到，这些小动物都是通过团结合作才克服困难的，具体它们是怎么合作的呢？请同学们分小组进行讨论，找出高效的团队合作都需要哪些必备要素。

【学生活动】以小组为单位，将讨论结果写在"讨论单"上。

【教师活动】将视频中的场景截图打印，提前将图片和"讨论单"放在各小组桌上。教师对各小组讨论结果和视频片段进行总结，最终得出高效合作四要素。

- 团队目标/任务是什么？——共同目标
- 谁是团队的领导者？——组织领导者
- 如何实现这些目标？——高效策略
- 团体成员的分工和责任感——分工明确

【师生互动】师生互动中，引导学生理解高效合作四要素，完成合作"实验室"的建构。

- 确定共同目标：找到具体的目标，如企鹅们的具体目标就是把冰块弄倾斜。
- 决定领导者：在领导者带领下，创造相互信赖的合作氛围，例如蚂蚁队长的指挥。
- 制定策略：合作者应对共同目标、实现途径和具体步骤等，有基本一致的认识。例如螃蟹们需要摆出"阵势"。
- 分工明确：团队成员互相信任、互相支持、团结协作。例如在三个团体中所有的团队都分工明确，互相配合共同完成任务。

【板书内容】共同目标 组织领导者 合作策略 分工明确

【设计意图】播放《结伴而行》视频，以生动画面吸引学生，引导其从动物合作故事中提炼高效合作要素。小组讨论时，给予学生充分思考交流空间，培养团队协作、沟通及分析能力。教师总结引导，帮学生将零散认知系统化，构建对高效合作四要素的清晰理解，完成合作"实验室"建构，为实践提供理论支撑。这一过程符合心育教学理念，助力学生从观察、思考到总结归纳，实现知识内化。

3.合作实验主题升华：习得高效合作技能

【教师导语】刚刚同学们讨论问题的过程，也是一种合作的表现，我发现有主动发起提问的同学，有负责书写的同学，还有负责梳理总结观点的同学，这本身就是一种非常好的合作过程。现在我们已经有了初步合作体验，带着高效合作的几个必备要素，建构了合作实验室，接下来要请同学们在合作实验室中真正进行我们的合作实验了。

【活动组织】"盲人"方阵：4位"盲人"（佩戴眼罩）将绳子拉成一个最大的正方形。（1）每组选择4位同学作为"盲人"，盲人戴上眼罩后只能动，不能说话；（2）组内剩余同学（不戴眼罩者），只能说话，不能动；（3）在活动前每组有3分钟讨论时间，3分钟之后，开始实验（完成"盲人"方阵）；（4）教师先后对完成组的正方形进行验收，宣布用时；（5）邀请完成最快的一组进行展示。

【设计意图】再次开展"盲人"方阵游戏，让学生依据之前总结的高效合作四要素实践。学生在游戏中运用理论知识，借团队沟通协作调整策略，完成任务，深刻体会合作价值，掌握高效合作技能，提升团队协作能力。展示完成最快小组，增强其成就感与自信心，激发其他小组竞争意识，促使学生强化合作技能学习应用，符合心育教学重实践体验与能力提升的原则。

4.合作实验室的收获：鼓励学生对高效合作进行思考

【教师提问】在这次合作任务中，你们小组是如何分工的？你觉得这样的分工合理吗？为什么？

【学生回答】有小组可能回答："我们让力气大的同学负责拉绳子的主要部分，比较细心的同学在旁边帮忙调整绳子的角度，负责指挥的同学声音比较洪亮，能让大家都听到。我觉得这样分工挺合理的，因为每个人都发挥了自己的优势。"另一个小组可能说："我们分工不太合理，大家没有考虑各自的特长，导致在拉绳子过程中有些混乱，影响了速度。"

【教师提问】（针对合作成功的小组）有没有哪些合作策略或方法让你们觉得特别有效？可以分享一下吗？

【学生回答】合作成功的小组可能分享："我们在讨论时制订了详细的计划，先确定正方形的四个顶点位置，然后让'盲人'同学按照我们的指挥慢慢移动绳子，这样很快就完成了。"或者说："我们在指挥过程中，用简单明确的指令，比如'向前一步''向左转一点'，让'盲人'同学能清楚理解，提高了效率。"

【教师提问】（针对没有完成合作任务的小组）这次合作中，你觉得自己在哪些方面做得比较好？哪些方面还有待提高？

【学生回答】没有完成任务的小组同学可能说："我觉得我在鼓励团队成员方面做得不错，大家遇到困难有些沮丧时，我一直给大家加油打气。但我在沟通方面还有待提高，有时候表达不太清楚，让'盲人'同学误解了意思。"还有同学可能说："我积极参与讨论，提出了一些想法，这是好的地方。不过在执行过程中，我没有很好地配合团队，没有严格按照计划行动，以后要改正。"

【设计意图】通过一系列针对性问题，引导学生全面反思合作过程。学生回顾分工、策略及自身表现，认清团队合作优缺点。反思能升华实践经验，加深对高效合作的理解，培养自我认知与总结归纳能力，助力学生在未来合作中优化协作方式、提升合作水平。这是心育教学培养学生反思与成长能力的重要部分。

（三）结束总结

【教师总结】同学们通过这堂课不仅知道了与他人合作的重要性，同时也对怎样进行高效合作有了深入的思考，有共同的目标、优化的方案策略以及优秀的领导者，再加上组员间分工明确，互相支持就可以形成高效的合作。老师希望大家可以把我们通过课堂探究到的高效合作模型使用在自己的生活中，帮助大家更好地在团队合作中解决问题、克服困难。

（四）课后作业

以小组为单位，针对科学课作业《探究漂浮材料漂浮力》实验，填写《合作行动计划表》，练习本节课所学内容，并且实施小组合作的实验任务。

下节课进行小组反思和总结分享。

四、教学反思

本节活动课实现了最初制定的教学目标，五年级的学生能够积极投入课堂中，师生充分地实践了体验式教学，我也被以学生为中心的课堂感动，对体验式教学模式有了新的认识。

教学目标明确，框架清晰。根据学生在前测中所产生的实际问题，有针对性地解决难点。

借用合作"实验室"的建构（发现高效合作四要素）、合作"实验"的进行（在游戏中学习实践）等作为课程的脚手架，逐层引导学生对高效合作的必备条件有所认知和理解，在合作活动中习得高效合作的技能。

认知与实践相互促进，学生投入度高。由认知（高效合作四要素）到体验（在游戏中习得合作技能），实现了认知和行为目标的相互促进。

体验情景式教学，帮助学生体验到参与课堂的主体感，更能激发学生获取知识经验的内在动力，从而高效地实现课程目标。

对本课不足的反思：增加合作案例分享。在合作实验室的收获环节，可以邀请学生分享更多具体的合作案例，让学生从实际经验中学习和借鉴高效的合作策略；注重情感教育的渗透。在强调合作技能的同时，也要注重情感教育的渗透，帮助学生建立积极的合作态度和正确的价值观。

争做勇敢的小青蛙
——以唱歌课《小青蛙找家》为例

北京市第一七一中学附属青年湖小学　史常慧

一、教学基本信息

（一）教材：人音版一年级上册《音乐》

（二）授课年级：一年级

（三）教学主题：歌曲演唱"音"育心 合作表演"乐"育人

（四）指导思想与理论依据

1. 指导思想

本主题以"提高音乐教学质量""促进学生身心全面健康发展"为根本出发点，以"素养导向下的跨学科学习"为主旨，以"歌曲演唱浸润心灵"为核心内容而设计。本主题以歌曲《保护小羊》《小青蛙找家》为学习载体，将音乐与心理健康教育进行深度融合，充分发挥音乐在情感、认知、行为等方面的育人功能，通过审美感知、艺术表现、创意实践、文化理解来提升学生核心素养，通过感悟音乐作品的精神内涵，培养学生积极向上、乐观豁达的心理品质。同时，引导学生在情景剧表演中获得积极情感体验，从而全面提升学生的心理健康水平。

2. 理论依据

（1）《义务教育艺术课程标准（2022年版）》中强调音乐是对学生进行审美教育、情操教育、心灵教育的重要课程，要坚持以美化人、以美润心，引领学生在健康向上的审美实践活动中感知、体验与理解艺术。

（2）《中小学心理健康教育指导纲要（2012年修订）》提出心理健康教育是实施素质教育的重要内容，心理健康教育的形式在小学可以以游戏和活动为主，营造乐学、合群的良好氛围。

（3）美国佛罗里达大学的约翰·科勒教授创立的ARCS动机模型，提出了激发学生学习动机的四大要素，即注意力、贴切性、自信心、满足感。因此，课堂实践活动的各个环节应分别与之进行有效结合，以此增强学生注意力和自信心，提升真实情境问题的解决能力，活跃思维，丰富想象，改善情绪状况。

（五）教学背景分析

1. 教学内容分析

本主题将小学低年级心理健康教育所要求的初步感受学习知识的乐趣与友好交往的品质作为培养学生积极情感的切入点，结合小学一年级歌曲《保护小羊》《小青蛙找家》来进行的一次心理学科的跨学科渗透。

本课《小青蛙找家》是一首说唱交替、情绪丰富饱满，富有儿童情趣的歌曲。第二、三乐句的歌词为"跳跳呱呱"，形象地描绘了小青蛙跳一跳、叫一叫焦急找家的情景。旋律的演唱部分小青蛙生动有趣的叫声贯穿其中，使歌曲更加生动活泼，富有儿童情趣。本曲的最高音是C2，乐曲的第一乐句中两个最高音对应的歌词是"要"，唱出了小青蛙想要回家的急切心情。最后一个乐句的高音以上行音乐推出，表现了小青蛙历尽艰辛，终于回到家的喜悦心情。最后一个音以稳定的主音结束，旋律上的稳定感预示了小青蛙找到家后内心踏实的情感。

2. 学生学情分析

（1）音乐学科素养方面

通过前期的课堂训练，学生已经基本能够准确地感受歌曲的节拍与速度，通过听唱法演唱歌曲，也能快速地唱会歌曲，但是歌曲的情绪感受与表现力以及领会歌曲背后所渗透的育人价值观念的能力还有待加强。

（2）心理健康水平方面

通过问卷调查，学校一年级学生大部分拥有积极健康的心理状态，仍有小部分同学，在面对困难时选择逃避，在他人遇到困难时选择冷漠，同时还有部分学生在课堂中羞于表现，缺乏自信心，时常感到焦虑，并且不愿意参与集体活动，等等。因此，教学中要尽可能地抓住课堂机遇，时刻关注学生健康心理的培养，同时，采用丰富的教学手段，充分发挥音乐育心育人、陶冶情操的功能。

（六）教学目标与重难点

1. 教学目标

（1）通过歌曲的聆听、演唱与表现，帮助学生感受歌曲中小青蛙遇到困难时机智、迎难而上的形象，从而帮助学生塑造健全的人格，树立正确的人生价值观。（审美感知、艺术表现）

（2）通过听唱法、律动法、游戏法、创编法、合唱法、表演法，帮助学生充满自信地演唱歌曲，培养对音乐学习的浓厚兴趣，加深对音乐的理解与感悟。（审美感知、艺术表现、创意实践）

（3）通过师生接龙演唱、二声部合唱、情境表演唱，丰富作品艺术表现形式与艺术魅力，提升学生合作与人际交往能力。（艺术表现、文化理解）

2. 教学重难点

（1）教学重点：用轻声高位的声音准确演唱歌曲。

（2）教学难点：在情境表演唱与合作演唱中提升情感表达与合作能力。

二、教学准备

（一）技术准备

幻灯片、MP3剪切助手、希沃白板。

（二）学生问卷调查

课堂中能否自信地表达和参与展示？		
A.能	B.不能	C.偶尔能

三、教学过程

（一）课程导入：问好

【活动导入】演唱师生、生生问好歌

【设计意图】以声情并茂、热情洋溢的问好歌开始音乐课程的学习，培养学生礼貌友好的交往习惯与品质。

（二）环节一：复习旧知，营造氛围

【教师导语】请同学们戴上动物头饰，律动演唱《保护小羊》吧！

【设计意图】通过律动演唱，营造轻松愉悦的课堂氛围，缓解学生学习的焦虑感，使学生获得积极的情绪体验。

（三）环节二：巧用游戏，导入新课

1. 通过游戏，熟悉律动动作

【教师导语】请同学们和老师一起来玩"请你跟我这样做"的游戏，看谁反应最灵敏。

【学生活动】快速有节奏地重复教师的律动动作。

2. 通过游戏，感受声音的强弱

【教师提问】谁发现了游戏中的两次拍手力度有什么不同？

【学生回答】一次拍手强，一次拍手弱。

3. 通过游戏，熟悉歌曲节奏

【教师导语】游戏继续，这次除了模仿老师的动作，还要读出节奏，并且还要体现动作的强弱特点。

【学生活动】在游戏中，模仿教师有强弱规律地读节奏。

【设计意图】尊重学生的身心发展规律，引导学生在趣味游戏活动中愉悦身心、启迪智慧。

（四）环节三：挑战节奏，尝试创编

1. 结合趣味节奏图谱，准确读出四分音符节奏片段

【板书内容】

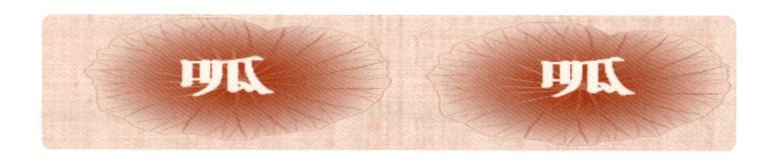

【教师导语】一片荷叶是一拍，请同学们读出节奏片段。

【学生活动】尝试点拍读节奏。

2. 准确读出二八节奏型

【板书内容】

3. 难度加大，准确读出第三乐句节奏

4. 难度继续加大，准确读出第四乐句节奏

【板书内容】

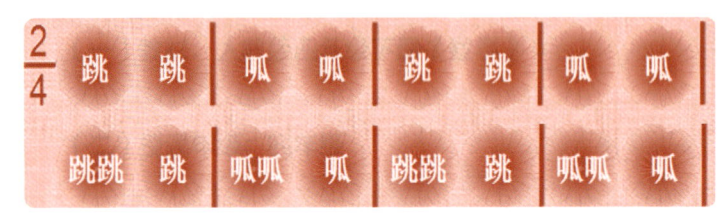

5. 层层深入，完整读出歌曲说唱部分的节奏

6. 完整表现歌曲的说唱部分

【教师导语】请同学们自主选择适合模仿蛙叫与青蛙跳动声音的乐器。

【学生回答】我选双响筒来模仿青蛙跳动的声音。

【学生回答】我选蛙鸣筒模仿"呱呱"的蛙叫声。

【教师导语】请没有拿到乐器的同学，用律动动作来表现青蛙的跳动与鸣叫吧，现在让我们伴随着老师的钢琴伴奏一起完整表现吧。

【设计意图】在层层深入的挑战性音乐学习活动中，以及音乐想象、乐器选择与律动创编活动中，激发学习兴趣，提升解决问题的能力，从而培养积极乐观的学习心态。

（五）环节四：聆听歌曲，讲述故事

1. "着急旋律"学唱

【教师导语】（出示图片）小青蛙好像很着急的样子，到底发生什么事情了呢？（教师演唱"着急旋律"）

【学生回答】迷路了。

【教师提问】小青蛙迷路了，非常着急，你能帮帮它吗？

【学生回答】借手机给它打电话找妈妈；带它去报警；提醒它原地不动等家长……

【教师导语】同学们都具有热心有爱、乐于助人的好品质，老师有一个主意，我们一起学唱"着急旋律"，帮助小青蛙呼喊它的妈妈吧。

【板书内容】

着急旋律

（乐谱：迷路 迷路 着急 着急 / 我 要 回 家）

【设计意图】用故事反思现实生活，提升真实情境问题的解决能力，增强社会适应力，培养善于思考、乐于助人的积极心理品质。

2. 初听歌曲

【教师导语】在我们的帮助下小青蛙有没有找到家呢，让我们去歌声中找找答案吧。

3. 复听歌曲

【教师导语】聆听老师情绪饱满的演唱，然后分小组讨论、分享小青蛙找家的故事。

【设计意图】在音乐故事情境的想象与表述中，增强语言表达能力与表达自信，同时在故事讲述的情感共鸣中，学习小青蛙勇敢、坚持、机智的品质。

（六）环节五：环节学唱歌曲，合作交流

1. 师生接龙演唱

【教师导语】老师演唱第一、四乐句，请同学们接龙演唱歌曲的第二、三乐句。

【学生活动】完整演唱歌曲。

2. 生生分声部合唱

【教师导语】请将"着急旋律"加入第二、三乐句"找家旋律"中，尝试二声部合唱。

【设计意图】学生在师生接龙演唱、二声部合唱中增强人际交往能力，同时，感受"着急旋律"与"找家旋律"在和声碰撞中所刻画的机智、勇敢的小青蛙形象，为学生树立正确健康的审美观。

（七）环节六：情境表演，情感升华

1. 故事情境拓展

【教师提问】小青蛙为什么会迷路呢？

【学生回答】动物捕杀、环境破坏……

【教师提问】那我们应该怎么做呢？

【学生回答】保护动物、爱护环境。

【设计意图】在情境拓展中，丰富学生的艺术想象，同时，培养学生爱护环境、关爱动物的积极心理品质。

2. 情境表演唱

【教师导语】请同学们戴上头饰，在老师旁白的提示下，完整进行情境表演唱。

【设计意图】情境表演唱提升了作品的艺术感染力，有助于学生深入领悟歌曲中的精神内涵，增强学生的情感共鸣，加深师生间的交流互动。

四、教学反思

《黄帝内经》中记载："宫、商、角、徵、羽五音，与人五脏相连，与五行（金、木、水、火、土）有着不谋而合之处，音乐能舒神静性，颐养身心。"可见音乐的产生本就是人的心理对外界的感受，因此，为了培养具有健全人格、良好个性心理品质的新时代儿童，笔者实施了主题为"争做勇敢的小青蛙"的小学音乐与心理健康跨学科融合教育的课例，在课例的设计与实施过程中，进行了如下反思。

（一）以身心特点为抓手，深度挖掘心育元素

《中小学心理健康教育指导纲要（2012年修订）》提出心理健康教育应从不同年龄段学生的身心发展特点出发，有针对性地实施教育。因此，教学中应结合低年级学生学情，充分挖掘教材中蕴含的道德情感元素，对学生进行适时、适恰的心育引导，助力学生建立崇高的理想，健全学生的心理。正如本主题教学中，笔者结合歌曲故事情境，在歌曲学唱中提问：如果你迷路了会怎么做？你能帮助小青蛙找家吗？在二声部合唱中提问：小青蛙在着急的同时还在做什么？在情境拓展想象中提问：小青蛙为什么会迷路？这些问题不仅加深了学生对歌曲的情感体验与表达，更适时地、全方位地对学生进

行了勇敢、机智、乐于助人等品德的教育。

（二）以情感表达为主线，实施多元心育策略

人类情感一旦与音乐作品产生共鸣，就能在作品的表达与理解中更好地品味内涵、领悟精神。因此，教师在进行课程设计时，应采取多元的教学策略，设计有趣味、有梯度的音乐实践活动，来拓宽音乐情感的体验与表达空间，从而提升学生的心理健康水平。如本主题教学中，笔者引导学生在游戏化识读节奏中，增强情感体验；在打击乐伴唱与律动演唱中，丰富情感表现；在情境剧表演唱中，深化情感理解；在二声部合唱中，增进情感交流；在拓展音乐想象中，获得情感升华。

（三）以教师评价为引领，营造和谐心育氛围

小学低年级学生渴望得到教师的肯定与尊重。因此，在教学过程中，笔者围绕学生心理变化的规律来落实评价目标、评价主体、评价方法的多元化，尽可能通过教学评价让学生看到自己的优势和进步，从而建立自信，提高学习兴趣，营造出轻松和谐的课堂学习氛围，时刻让学生感受到教师对于自己的肯定与尊重，使学生在积极乐观的心态下，主动愉快地参与到各项音乐实践活动中，在潜移默化之中接受音乐的感染，进而获得身心全面健康的发展。

"音乐教育的目的不是培养音乐家，而是培养人。"音乐教育是培养学生良好心理素质的有效途径，作为音乐教师，要在传授学生知识、技能，发展智力和创造力的同时，关注学生的心理健康，不断探索学生心理健康的发展规律，增强学生的健康心理素质，努力实现《义务教育艺术课程标准（2022年版）》中所提到的促进学生身心全面健康发展，培养良好品德，满足每个学生终身发展的需求。

掌舵情绪之船：我们的喜怒哀乐

北京市第一七一中学附属青年湖小学　祁榕睿

一、教学基本信息

（一）教材：校本教材

（二）授课年级：六年级

（三）教学主题：体验喜怒哀乐，学会掌控情绪

（四）指导思想与理论依据

1.指导思想

在《中小学心理健康教育指导纲要（2012年修订）》中指出：在小学高年级要引导学生在学习生活中感受解决困难的快乐，学会体验情绪并表达自己的情绪，还要帮助学生克服学习困难，正确面对厌学等负面情绪，学会恰当地、正确地体验情绪和表达情绪。

2.理论依据

世界教育改革的一大趋势是重视社会情感教育，随着心理健康问题的增加，教育改革更加注重学生的社会情感教育，学生不仅需要掌握学术知识，还需要培养健康的人际关系和情绪管理能力。情绪管理是社会情感能力的第一方面，它涵盖了控制自己情绪的能力，以及如何有效地表达自己的情感。一个具有情绪管理的人，不仅能够处理个人的情感问题，还能在他人面前展现自己更好的状态。目前随着社会发展的不确定性增大，学生成长环境的持续变化，如果学生无法适应和调整就会产生一些焦虑、压抑和悲观的消极情绪。如果自己的情绪无法进行合理的调节，就很容易影响身心健康，更严重可能会引发自残、自杀、反社会行为，因此让学生学习情绪调节、做好情绪

（五）教学背景分析

1.教学内容分析

作为六年级的班主任，我观察到进入六年级下半学期以来，一部分同学出现了情绪波动大、易怒的情况。在班内出现过以下几种情况，事例1：小A与小B在讨论游戏，小A一句："你玩起游戏可真菜！"其他同学在旁边起哄，小B突然暴怒，推翻桌椅，上脚踢小A，双方打作一团。事例2：小C和班中两位同学在课上发生了争吵，小D在旁边帮助另外两位同学，导致小C情绪爆发，突然推翻小D的桌椅与小D，导致小D头上碰出一个大包。这两件事情的发生，引起了我的思考，为什么六年级上半学期孩子的情绪波动没有这样大？芝麻大小的问题，为什么会发展为双方动起手来，最终导致同学受伤呢？事后我对几位同学进行了访谈，他们表示非常后悔，不该出手伤害同学。所以，我认为情绪管理的相关课程需提上日程，让学生认识情绪，再学会如何去调节自己的情绪。因此：我又研究了这个年龄阶段学生的特点，以及家庭教育情况。

2.学生学情分析

随着学生进入小学，小学的校园也成了小学生日常生活、交友的主要场所，因此，学习成绩、同伴关系、集体地位、教师评价、同学议论都会成为他们产生各种各样情感的源头。由于小学生知识的局限，自我调节的能力不够强，他们的情绪会波动较大，自我调节和控制能力也比较差，遇到一些事情时往往会表现出激动、热情或者是怒气、怄气甚至打架的情况。

通过对学生日常生活的观察，发现稍有不顺心，就会拳脚相向。而家长在与孩子的交流互动中，对情绪情感方面关注得还不够，当孩子有情绪时，家长多数的要求是抑制负面情绪，比如："别闹了！""不准哭！"这样更难习得情绪调节的正确做法。

（六）教学目标与重难点

1.教学目标

（1）知道情绪调节的方法，了解情绪的多样性和复杂性。

（2）能够理解情绪是一种内心的体验，增强自我调适、自我控制能力，学会调节情绪，能够合理宣泄情绪。

（3）学会调节情绪，保持乐观心态。热爱生活、自信开朗、乐观向上。

2. 教学重难点

（1）教学重点：通过体验交流学会调节情绪，保持乐观心态。

（2）教学难点：知道情绪调节的方法，学会调节情绪，保持乐观心态。

二、教学准备

PPT、笔、音乐、玩偶、校园剧剧本。

三、教学过程

（一）课程导入：击鼓传花

【教师导语】生活中有苦有乐，每个人都希望自己快乐多一点，烦恼少一些，但是生活中我们不可避免会碰到一些烦恼，那么就带着我们的一些情绪，走进我们今天的课堂。

【活动导入】（1）播放背景音乐，音乐响起时将手中的玩偶传递给下一位同学。

（2）音乐停止时，玩偶在哪位同学手中，就请哪位同学上台表演。

【教师提问】同学们，在刚刚的活动当中，大家体验到了什么样的情绪？可以根据下面的提示，想一想。

（1）当玩偶即将传到自己手里时……

（2）当音乐停止，玩偶在其他同学手里时……

（3）当音乐停止，另外一位同学将手中的玩偶迅速扔到我手里时……

（4）当我需要上台表演时……

【学生回答】（1）当玩偶马上传到我手里时，我会紧张，想着音乐千万不要停。

（2）当音乐停止，玩偶在其他同学手里时我感到非常开心。

（3）当音乐停止，另外一位同学将手中的玩偶迅速扔到我手里时，我感到非常的愤怒。

（4）当我需要上台表演时，我感到非常开心，因为我喜欢表演节目，觉得这是一个展示自己的机会。

（5）当我需要上台表演时，我感到非常害怕，害怕同学会嘲笑我。

【教师小结】孩子们，在同样的游戏中，我们产生了紧张、开心、愤怒、害怕这么多的情绪，同学们的情绪真是丰富多彩呀！那么这些情绪哪些是对的，哪些是错误的呢？

其实，我们的喜怒哀乐，这些情绪没有对错之分，都是我们内心的一种体验。

【板书内容】我们的喜怒哀乐

【设计意图】<u>通过玩游戏，让学生感受到情绪没有对错之分，都是我们内心的一种体验。经历不同的事件，就会有不同的情绪产生。</u>

（二）环节一：感受情绪平静的美好

【活动内容】播放舒缓音乐，让大家闭眼聆听。

【教师导语】同学们，请大家一起跟着老师做三次深沉而缓慢的呼吸。老师喊1时吸气，喊2时呼气。1——2——，1——2——，1——2——，现在请感受一下身体与桌椅的接触、脚与地面的接触，慢慢感受一下周边的声音，慢慢睁开眼睛。你现在是怎样的感觉？

【学生回答】我感觉非常放松。我感觉静下来了。

【教师小结】同学们的感觉非常棒，平静的情绪就像风吹过树叶，树叶轻轻摇摆，感觉一切都是慢慢的，很轻松。

【设计意图】<u>通过听音乐感受平静情绪带来的轻松和平静。</u>

（三）环节二：根据具体事例，感受不良情绪的影响

1. 校园小剧场

【教师导语】生活中平静的情绪会让人感到轻松自在，但是我们的生活中情绪也不总是处于平稳的状态，有时会因为一些事情让我们有很大的情绪波动，比如我们刚刚的游戏，我们会害怕、开心、愤怒，但是别担心，这些都是正常的情绪。接下来，请大家欣赏校园情景剧。

情景剧一：下课了，小刚在认真完成作业，小明路过他身边时说："你个笨蛋，怎么还在写，我早就写完了，你可真慢！哈哈哈哈……"这一笑，也引起了其他同学的围观，小晨也马上凑到了小刚的桌子前："我也早就写完啦！"还有几位调皮的同学也一起嘲笑起了小刚，小刚最终按捺不住，挥拳打了过去，小明感觉莫名其妙，认为小刚无理取闹，便与小刚扭打起来。扭打过程当中，小明后脑勺磕到了旁边的桌子上，马上后脑勺鲜血一片，小明手捂后脑勺倒在了地上。

情景剧二：下课了，小刚在认真完成作业，小明路过他身边时说："你

个笨蛋，怎么还在写，我早就写完了，你可真慢！哈哈哈哈……"这一笑，也引起了其他同学的围观，围观的几位同学看到这一幕，纷纷谴责小明："小明，你这样说可不对，小刚写作业非常认真，虽然他速度慢，但是他正确率高。"小刚也严肃地对小明说："小明，老师说过，尊重别人也是尊重自己，所以请不要总是挖苦或讽刺别人。"小明听到同学们的话，也红了脸，赶紧道歉。教室中又恢复了往日的和谐。

【学生回答】前一个情景剧是双输的局面，小明受伤，小刚也因为太冲动，需要承担责任。我发现旁观者在事件的发展中也起到了重要的作用，第一个情景据中同学的起哄，导致小刚情绪爆发，而第二个中，旁观同学及时制止了小明的错误行为，让事情圆满结束。

【教师小结】同学们分析得太透彻了，在前两天咱们班就发生了类似的事情，幸亏同学没有受到严重的伤害。其实在生活中，我们难免会遇到一些不开心的事情，有一些不良的情绪也是正常的，我们要学会理智地处理不良情绪。

【设计意图】通过对于同一件事的不同处理办法，让同学们感受到遇到不良情绪时要学会处理不良情绪，那么事情的结果就会有不同。

2. 从阅读材料中了解情绪的影响

【教师活动】出示材料。材料一：《三国演义》中的周瑜才华出众、机智过人，但诸葛亮利用他气量狭小的弱点，巧设计谋，气得他在风华正茂时断送了性命。

材料二：《儒林外史》中的范进，多年考不中举人，直到50多岁时，终于金榜题名，最后"喜极而疯"。

【教师提问】他们的情绪反应适度吗？不良情绪会带给我们怎样的影响呢？

【教师总结】就像同学们所说，不良的情绪不仅会影响到我们的身体健康，还会影响我们与同学的交往。不良情绪的产生是正常的，但是我们一定要学会调节情绪，而不是让情绪控制我们自己。

（四）环节三：交流讨论，如何调节情绪

【教师提问】谁能来分享一下你自己调节情绪成功的例子呢？

【学生回答】（1）有一次我与好朋友吵架，我非常生气，最终是我深呼吸，让情绪平复下来。

（2）因为考试成绩非常不理想，但是也不想与爸爸妈妈说，我就自己写一写日记，然后哭一哭，就好很多。

（3）我特别生气的时候会边听音乐边搭积木，这样会让我更加舒服。

【教师追问】那么大家认为我们应该如何去调节情绪呢？

【学生回答】（1）通过这堂课我知道了情绪是很正常的一种内心体验，我们需要调节不良情绪。

（2）我们要利用正确的方法调节不良情绪，比如深呼吸、发泄、找其他人倾诉等。

（3）我们要学会调节不良的情绪，保持一种乐观的状态。

【教师总结】同学们都非常棒，用自己的例子告诉大家让情绪平静的办法，咱们一起总结一下：第一类是转移注意力法，比如搭一搭积木、散散步、做一些自己喜欢的事情。第二类是冷静法，比如深呼吸。第三类是合理宣泄，可以打一打枕头、哭一哭，不过一定要不伤人、不伤己、不损坏贵重物品。第四类是倾诉法，可以找同学、爸爸妈妈、老师、朋友说一说，把自己的委屈、不快说出来，有情绪是非常正常的情况，一定要注意调节情绪的方式，千万不能冲动。

（五）课堂收获

【教师提问】通过这节课的学习你有什么收获吗？

【教师小结】我们知道人的喜怒哀乐都是正常的情绪，每个人都会有不良情绪的产生，一旦产生不良情绪就要学会采取适当的方法进行调节，及时加以排解，否则会对身体和心理产生影响。

四、教学反思

（一）通过课堂中活动的开展，让学生认识情绪

让学生知道我们生活学习中的喜怒哀乐都是正常的，也让学生知道不良情绪对自身健康的危害，引导学生当遇到不好的情绪时，要学会采取积极的方式及时调节，而不是一味发泄。

（二）在课堂中我先让同学通过击鼓传花感受情绪的产生，再感受到平静的情绪的美好

通过情景剧分析同一件事，两种不同处理方式，最终结果产生差异，最后通过名著中的事例加以巩固，使同学们认识到情绪产生后，要学会采取适合的方法调节。

让我们做朋友吧

北京市第一七一中学附属青年湖小学　张玉龙

一、教学基本信息

（一）教材：北师大版一年级上册《心理健康》

（二）授课年级：一年级

（三）教学主题：人际交往能力的体验、探索与习得

（四）指导思想与理论依据

1. 指导思想

通过运用心理健康教育的原则和技巧，教师可以协助学生尽快建立崇高的道德观念、正确的友情观念，并且培育出优秀的心理适应性，从而推动他们在身心上实现全面的平衡发展。通过学习"如何交友"，推动学生在学业上的进步，塑造健康的心态，最后实现幸福的人生。

2. 理论依据

孩子的心理成长是分阶段且持久的，每个年纪的孩子都有各自独特的心理属性和需求。教案针对一年级学生的心理特点，设计了适合他们的活动和内容，如通过故事绘本引导学生理解友谊的重要性，通过角色扮演等活动培养学生的交往能力。在社交过程中，每个人都有各种各样的需求，例如对宽容、掌控以及情绪的需求。教案通过角色扮演等活动，帮助学生满足这些需要，建立积极的人际关系。

人际交往实际上是一种交换过程，人们通过交换资源、情感等来满足自己的需要。教案中的友谊卡片制作等活动，就是鼓励学生通过分享自己的信息和感受，与他人建立联系和友谊。

（五）教学背景分析

1.教学内容分析

本课参考了《中小学心理健康教育》一书中对于"人际关系的教育与辅导"的相关章节。引导学生初步感知交友技巧，即倾听、换位思考、眼神。我将这些技巧转化为一个个的趣味活动，引导学生在活动中发现自己在与他人交友过程中所采取的行为是否合适，并借助视频、听故事等方式帮助学生理解正确的、合适的交友方式。

2.学生学情分析

当孩子从幼儿园升入小学后，会发现有些小朋友出现了不适应的问题，例如不会用合适的方式与别人交朋友，从而体会到被拒绝后不舒服的情绪感受。本课旨在让小朋友学会在肢体和语言上，做一些什么，说一些什么，可以让自己顺利地交到新朋友。

学生在与他人交往时，或多或少都会展现出一些受他人欢迎的行为或是不受欢迎的行为。通过这次课程不一定所有的同学马上改掉所有不受欢迎的行为，但是可以让学生学会区分受他人欢迎的行为和不受欢迎的行为，并增加自己受欢迎的行为进而让学生更好地与他人相处，处理好自己和同学、老师及家长之间的关系。了解自己，以及他人眼中的自己。

因此，在本课程的教学过程中，我着眼于学生的长期成长，指导他们学会一些简单有效的方法，以便结交新朋友。此外，每个班级中都可能存在在与同学交往时遇到困难的孩子，他们同样渴望与他人建立友谊。我期望在这节课上能够协助他们，使他们能够愉快地融入集体。

（六）教学目标与重难点

1.教学目标

（1）增进学生间对彼此的了解，认识到主动热情地与人交往能结交到朋友。

（2）引导学生与同学交往，懂得结交朋友的基本技巧与方法。

（3）体验与同学交往的乐趣，为尽快建立友好人际关系与适应小学校园生活奠定基础。

2.教学重难点

（1）教学重点：通过活动引导学生与同学交往，学习结交朋友的基本技巧与方法。

（2）教学难点：运用结交朋友的基本技巧与方法到日常生活中。

二、教学准备

PPT、情景故事、照片、舒缓的音乐、《找朋友》视频、《找朋友》音乐。

三、教学过程

（一）课程导入

【活动导入】同学们，在我们正式开始今天的新课之前，老师想先让大家猜一首歌的名字，我在放歌的时候大家一定要仔细地听哟！好，准备（放《找朋友》的儿歌）。

【学生反馈】这是《找朋友》。

【教师导语】我听到很多同学已经说出来了，那大家一起说吧，这首歌叫——《找朋友》。真棒！大家都猜出来了，快给自己鼓鼓掌吧（和学生一起鼓掌）。这也是我们今天这堂课的主题。

【教师提问】同学们都听过这首歌，那你们喜欢交朋友吗？

【学生回答】喜欢、很喜欢。

【教师导语】哇，真好，老师也和你们一样喜欢交朋友，今天这节课我们要学习的是"让我们做朋友吧"。如果你想要交到新朋友，你会怎么做呢？你觉得认识新朋友最困难的是什么呢？我们这节心理课就来学一学让自己认识新朋友的好方法。

【设计意图】通过播放学生熟悉的《找朋友》儿歌，激活学生关于"朋友"的先前经验，降低对新主题的陌生感，同时利用音乐的情感属性（节奏轻快、歌词积极）引发学生的愉悦情绪，增强课堂参与动机（情感心理学）。教师提问"你喜欢交朋友吗？"，引导学生表达对交友的积极态度，利用群体一致性效应（社会心理学）强化学生对"交友是值得追求的行为"的集体认同，为后续教学奠定心理基础。

（二）主体环节

1.交友初探：体验握手游戏，激发学习合作的兴趣

【教师导语】认识新朋友，首先要学会主动向对方介绍自己，告诉对方你的名字叫什么，然后认真听对方向你介绍他的名字叫什么。

【教师活动】我们现在试着做一下自我介绍吧，你可以试着练习这样说：

"你好，我叫_____，请问你的名字叫什么？"来试一试吧！

【学生活动】学生练习互相问候，介绍自己名字，询问他人名字。

【教师活动】嗯，小朋友说得真棒！接下来，让我们一起来玩这个"握手游戏"吧：就是伸出你的右手和对方握握手，并且按照刚才介绍自己的句式，互相向对方介绍自己，现在开始吧！（播放舒缓音乐）

【学生活动】学生进行"握手游戏"。

【教师导语】现在你已经很棒了，相信等小朋友来到学校班级里，就可以用这样的方式，与班级里的同学有礼貌地握握手，互相介绍自己，看看到时候你能记住几个新朋友的名字！可以与父母分享。那么在认识新朋友时，你觉得最难的是什么呢？

【学生回答】还有些不好意思，一次性要记住的名字太多了。

【设计意图】通过握手游戏和自我介绍模板，提供结构化社交技能训练（如眼神接触、礼貌用语），帮助学生克服社交焦虑（行为主义理论）。握手作为肢体接触行为，能传递友好信号（非语言沟通理论），结合舒缓音乐营造安全环境，降低学生的社交压力（环境心理学）。通过重复练习"记住对方名字"，强化工作记忆能力（认知心理学），同时为后续班级互动提供实践基础。

2. 视频故事：探究交友的必备条件

【教师导语】看到大家都学会了这个交朋友的好方法，老师为你们点赞。我们可爱的小萤火虫也喜欢交朋友呢！快看，他来了。快和他打声招呼吧！

【学生回答】你好，萤火虫。

【教师提问】同学们猜猜看看他在干什么呢？

【学生回答】找朋友、找食物、旅游。

【教师活动】我们来问一问吧，萤火虫，你在干什么呢？原来，他在找朋友，我们一起来看看他是怎样找朋友的吧。（播放《找朋友》视频前半段）

【学生活动】观看视频。

【教师提问】原来萤火虫是这样找朋友的，同学们你们认为萤火虫能找到朋友吗？为什么呢？

【学生回答】没有礼貌，说的话让人听着不舒服……

【教师活动】萤火虫，你明白了吗？听了大家的话，萤火虫也做出了改变，让我们再一起去看看这回的情况吧。（播放《找朋友》视频后半段）

【教师提问】所以这回萤火虫找到朋友了吗？

【学生回答】找到啦！

【教师提问】同学们，萤火虫这次是怎么找到朋友的？

【学生回答】有礼貌、帮助别人。

【教师导语】原来，想要成为他人的朋友，不能只想着自己的事情，也要想着对方，除此之外，我们还要在力所能及的情况下帮助他人，这是我们要想成为他人的朋友，在行为上所要注意的地方了，除此之外还有哪些要注意的呢？我们来看看下面的例子。

【设计意图】通过萤火虫前后行为的对比，学生观察"礼貌"与"互助"的正向结果（找到朋友），形成对社交行为的积极预期（班杜拉的社会学习理论）。提问"萤火虫为什么成功/失败？"，引导学生站在他人角度思考（心理理论），培养共情能力，理解"换位思考"在交友中的重要性。

3.情境创设：习得有效交友技能

【教师活动】为学生展示案例一。这天小Q的班里来了4名新同学，教师展示了4位学生画像（其中2位学生是微笑表情，2位学生是严肃表情），我们快一起去看看吧。

【教师提问】观察图片，请你说一说，你更愿意与谁交朋友呢？为什么？

【学生回答】（1）我愿意和第一位同学交朋友，因为她看起来很友善，她是微笑着的。

（2）我愿意和第二位交朋友，因为他笑得很开心，和他在一起我也会很快乐。（提取学生回答的关键词并板书）

【教师活动】为学生展示案例二。我们来看看下面这个例子，我现在找几名同学来扮演一下，其他同学要仔细地听他们都说了什么。

中午用餐时，班上的小Q同学走路时被绊倒了，将盘子里的食物弄撒了，弄脏了旁边同学的桌椅和衣服。此时班上的同学……

学生A：你看你看，都沾到我桌子上了，快！帮清理干净！

学生B：（冷漠地说）她撒了一地的饭关我什么事。

学生C：（对着大叫）哎呀，小Q你怎么又把饭弄撒了，你走路就不能小心点。（并和同学讨论小Q）

学生D：你没事吧？有没有磕到哪里？我送你去医务室。

学生E：这我待会帮你弄干净，别担心。

学生F：啊！这是我最喜欢的一件裙子，你把它弄脏了！

【教师提问】这几位同学表演得怎么样？让我们用掌声谢谢他们。通过这个小的情景剧，请大家想一想如果你是小Q，你更愿意和谁成为朋友呢？原因是什么呢？

【学生回答】我觉得几位同学表演得很好。如果我是小Q，我更愿意和学生D成为朋友，因为他关心我的身体健康情况，还愿意陪我去医务室；我还愿意和学生E成为朋友，因为他愿意帮助我清理卫生，并且没有责怪、嫌弃我。

【教师导语】大家说得都很有道理。看来想要成为他人的好朋友，不仅要注意我们前面所讲到的，需要注意我们在行为上要帮助他人，还要注意我们在说话时、在表达时要注意我们所说的内容、语气是不是伤害到了对方。

【教师提问】那我们在交朋友的时候，是否注意到了这些呢？

【学生回答】没注意。

【教师导语】大家都说自己喜欢交朋友，那在班里一定有你的好朋友，接下来我们来一起做个游戏吧。

【设计意图】通过图片案例和情景剧，模拟真实社交冲突（如弄撒食物），帮助学生识别"友善行为"与"攻击性语言"的差异（社会信息加工理论）。学生分析"谁更值得交朋友"时，教师提取关键词（微笑、关心、帮助），将"友善""同理心"等抽象价值观具象化（道德发展理论），促进道德判断能力的初步发展。

4. 游戏活动：寻找好朋友

【教师导语】现在老师会放一段音乐，音乐开始的时候请你坐在自己的座位上，用自己的眼睛在班里找一找自己的好朋友，并向他（她）打个招呼吧。（放《找朋友》的音乐）。

【学生活动】学生跟随音乐，与好朋友挥手打招呼。

【教师提问】好的，大家都找到自己的好朋友了吗？

【学生回答】找到啦。

【教师提问】很好，我相信你之所以选择他（她）做你的朋友，一定是因为他（她）的言语或者是某些行为感动过你，你能分享一下他（她）的哪些言语或者是某些行为感动过你吗？原来想要成为他人的朋友并不是一件容易的事，不仅要注意我们所说的话，还要注意我们的行为，让我们来一起总结一下，想要成为他人的朋友我们在说话和做事上应该注意哪些吧。

【学生回答】要有礼貌、要真诚、友善、乐于助人。

【设计意图】通过音乐互动与"向朋友挥手"，强化学生对班级社群的归属感（马斯洛需求层次理论），减少孤立感。分享"朋友感动你的行为"，引导学生关注人际互动中的积极体验（积极心理学），巩固对"有效交友行为"的认知，同时增强感恩意识。

（三）结束总结

【教师总结】今天我们这堂课讲了如何与他人成为好朋友，大家也都说了自己认为交到好朋友所要注意的地方。让我们感受到拥有朋友是多么美妙的事情！在欢笑中，朋友们与你共享喜悦；在悲伤时，他们分担你的忧愁；在遇到困难时，他们伸出援手。朋友能够为我们的生活增添欢乐，赋予我们勇气，坚定我们的信心。我们的班级宛如一个温馨的大家庭，在这个家庭中，同学们既是亲密的朋友，也是情同手足的兄弟姐妹。因此，同学们应当多加交流，经常聚在一起游戏，我相信，在你们的积极努力下，定能结识更多挚友，享受更多的快乐时光。请伸出你的手，主动去结识新伙伴，让我们一同快乐地歌唱、欢快地舞蹈。播放音乐《找朋友》，让我们一起参与活动（与新朋友手拉手、一起跳跃等），教师需注意引导，确保每位同学都能融入其中，避免任何同学被孤立。在音乐中结束本堂课活动。

【设计意图】总结"朋友的意义"时，教师通过语言描绘友谊的多元价值（分享喜悦、分担困难），帮助学生将零散技能升华为对人际关系的深层理解（建构主义学习理论）。集体活动"与新朋友手拉手"将课堂技能迁移至真实互动场景，通过肢体协同动作（牵手、跳跃）增强班级凝聚力（群体动力学），确保每位学生获得参与感，避免社交排斥。再次突出重点，回顾课程所讲的内容，对同学提出希望。

（四）课后作业

（1）在接下来的一周内，每天尝试完成一个"交友小行动"（例如主动和新同学打招呼、帮助同桌整理文具、对朋友说一句赞美的话），并用简单文字或图画记录在《友谊行动卡》上（教师提前发放模板）。

（2）周末时，向家人介绍自己完成的行动，并分享："哪个行动让你感到最开心？为什么？"

【设计意图】通过每日打卡任务，将课堂学习的社交技能（如主动问候、帮助他人）转化为持续的实际行动，利用行为主义理论中的"连续强化"，帮助学生建立正向交友行为的习惯。记录"最开心的行动"，引导学生关注社交互动中的积极情绪体验（积极心理学），增强对友善行为的内部动机（如"帮助他人让我快乐"），而非仅依赖外部奖励。家庭分享环节邀请家长参与，通过复述行动和感受，巩固学生的语言表达能力，同时借助社会支持系统（家庭反馈），强化学生对交友行为的认同感。允许学生用图画或简单文字记录，符合一年级学生的认知特点（皮亚杰具体运算阶段），将抽象的交友技能具象化为可观察、可操作的行为，同时激发创造力。任务设计覆盖学校（与新同学互动）和家庭（分享感受）场景，促进课堂技能的泛化应用（迁移理论），帮助学生理解"交友行为"适用于多种人际关系。

四、教学反思

（一）师生对话，激发兴趣

本节课精心设计了一系列适时的提问，循循善诱地引导学生进行回答。例如，在课程开始时，通过心理游戏进行导入，并及时进行提问，从而激发了学生的学习兴趣，活跃了课堂氛围，点燃了学生的参与热情。

（二）生生对话，合作探究

通过参与多种游戏活动，学生们获得了亲身体验，并与同伴们共同沉浸在这些体验中。随后，教师引导学生进行反思和讨论，这种互动方式提升了开放性问题在教学中的重要性。教师将解决问题的主动权交予学生，让他们自主探索，从而彰显了学生的主体性，并为学生之间创造了交流对话的机会，进一步体现了这门学科的开放性特征。

（三）情景激疑，辅助理解

重点攻破自然而然、水到渠成。巧妙地设置情景，顺利地过渡到情景体验的活动中，为学生展示自己、表达自己的意愿提供了一个很好的平台。让学生在一个个情境中了解交友的要点和注意事项，将老师讲授的知识内化为自己思考后总结出的经验，更有利于学生理解。

体育教学中情绪管理与团队合作实践探索
——寓体于乐，强化学生情绪管理能力

北京市第一七一中学附属青年湖小学　吕　婵

一、教学基本信息

（一）教材：人教版水平一全一册《体育与健康》

（二）授课年级：一年级

（三）教学主题：在运动和游戏中，感知情绪、调节和管理情绪

（四）指导思想与理论依据

1.指导思想

坚持以"立德树人"为根本任务，并紧密结合《义务教育体育与健康课程标准（2022年版）》，始终遵循"健康第一"的指导思想，致力于发展学生的核心素养，增进学生的身心健康，将心理健康教育与体育教学深度融合。在教学过程中，密切关注学生的心理健康状态，培养学生积极参与的态度，提升学生应对困难的能力。通过教师的精心引导和丰富多样的小组实践活动，引导学生克服困难、坚持到底，与同伴顽强拼搏，正确看待成败。本节课注重在游戏竞赛中引导学生调控自己的情绪、情感，在轻松愉快的氛围中学习，提升自我认知和情绪管理能力。

主教材有效结合心理学科相关知识，巧妙地运用情景教学和游戏诱导、分组活动等多种教学手段。本课参照人教版《体育与健康》水平一跳跃与游戏中的"跳单、双圈与游戏"相关理论知识，通过生动有趣的实践活动，让学生在亲身体验中掌握运动技能，培养运动的兴趣。在教学过程中，教师充分发挥主导作用，为学生创造一个宽松、和谐的教学环境，鼓励学生自主选择、自主练习、自我评价，让学生在合作学习中不断进行自我提升。逐步将课堂教学从"以知识与技能为本"向"以学生发展为本"转变。游戏环节中运用小组合作的形式，培养学生的情绪表达和管理能力，在练习过程中逐步形成团队意识和合作精神。

2.理论依据

本节课深入贯彻《中小学心理健康教育指导纲要（2012年修订）》的核心要求，即"根据学生身心发展的规律和特点，以及心理健康教育的内在规律，科学开展心理健康教育，强调其实践性与实效性，旨在切实提升学生的心理素质和心理健康水平"。以此作为坚实的理论依据，引领课堂设计的方向。

通过本节课的学习，旨在激发学生体育运动的热情，提高学生的情绪调控能力、社会交往能力及乐于助人的品质。注重在运动中帮助学生形成良好的体育品德，为学生的身心健康全面发展奠定坚实基础。

（五）教学背景分析

1.教学内容分析

本课教学选用人教版水平一移动性技能中"跳单、双圈与游戏"作为主要内容。通过情景故事"情绪的感染力"设计教学内容，并结合心理健康知识进行课堂教学，用单踏双落的辅助练习引导学生连续进行单踏双落，用"模拟表情圈"的小游戏引导学生学会适时地表达情绪，培养学生在踏跳的过程中轻巧落地，激发学生参与体育锻炼的兴趣，在运动中帮助学生树立正确的情绪表达和情绪调节能力，并尝试用积极的情绪感染同伴。同时，结合心理健康教育，设计活动，培养学生正确看待成败、尊重同伴、奋发向上的体育精神。

课堂练习部分有效地运用游戏活动的形式，使学生更清晰地配合动作技巧、理解正确的动作方法，采用由浅入深、逐层渗透的原则，充分发挥了学生的主体地位，给予学生充足的练习时间。教学内容丰富，形式多样，着重培养学生快速连续进行单踏双落，运用敏捷圈结合各种不同的表情贴纸尝试不同方式的单踏双落动作，最后过渡到学生自主设计敏捷圈的摆放，进一步发展学生动作的协调性，增强学生的上下肢力量，同时结合一年级学生的实际情况，利用设问和情景故事讲解，启发学生主动思考、善于发现的能力。在游戏环节中，结合小组比赛，培养学生公平竞争、尊重同伴、克服困难的良好体育品德，让学生在游戏中感受情绪的变化，尝试进行情绪调控；通过发展其核心素养，提高反应能力、下肢力量、协调、灵敏等身体素质，强化以学生为主体的概念，从而达到促进学生身心健康全面发展的目的。

2.学生学情分析

小学一年级学生刚刚步入校园，年龄较小，对于基本运动技能掌握还不够完全，在认知方面，处于好奇、好学的阶段，对于新鲜事物有较强的探索意识，但是注意力在课堂中还不能完全集中，在学习的过程中表现为兴趣化和情绪化，不善于管理和表达自己的情绪；在游戏中没有获胜，会出现沮丧、责怪同伴的行为。教师在教学过程中运用情景引入的方式，引导学生积极参与课堂学习，并通过教师示范和引导，让学生在活动中产生更多的积极情绪，更好地学会运动技能，关心尊重同伴，正确看待比赛。同时，利用多样的小组合作形式，让学生学会如何与同伴表达和沟通，学会用积极的情绪感染同伴，对于促进学生身心健康全面发展有着至关重要的意义。

（六）教学目标与重难点

1.**教学目标**

（1）运动能力：能说出单踏双落的具体要求、动作口诀和表示方向变化、节奏快慢的运动术语，能根据节奏调整动作的速度，能够在教师引导下独立完成器械摆放，能连贯地进行单踏双落的动作，在移动性技能练习中保持良好的身体姿态，具有时空意识和安全运动意识，能在运动中与他人保持适当距离。

（2）健康行为：学会2种以上单踏双落的方式和节奏；乐于参与运动中的学练和比赛，在活动中能正确看待比赛结果，保持良好的心态，与同伴友爱互助，文明比赛，不怕困难，努力坚持学练。

（3）体育品德：结合心理学科相关知识，引导学生认识情绪管理的重要性，学会在游戏中调节情绪。激发学生积极参与体育活动的兴趣，在参与体育运动的过程中学会管理自己的情绪，并在遇到困难时，不产生畏惧的心态，积极解决问题、克服困难，在游戏和竞赛中培养学生团结合作、克服苦难的精神。

2.**教学重难点**

（1）教学重点：单踏双落、连续进行。

（2）教学难点：节奏准确、轻巧落地。

二、教学准备

（一）教学器材

敏捷圈40个、标志桶20个、沙包10个。

（二）游戏道具

音箱1台、小组活动记录单、图片若干。

（三）心理辅导资料

与情绪管理相关的图片、故事和视频资料。

三、教学过程

（一）课程导入：模拟表情圈

【活动导入】同学们，我们将要探索一个既有趣又富有挑战性的主题——"通过跳单、双圈与游戏学会情绪管理与团队合作"，我们的第一个挑战任务是"模拟表情圈"。

【活动组织】前后4名学生为一个小组，每名学生拿一个敏捷圈，圈内贴有不同表情的贴纸，摆放好后以单踏双落的形式，跳到哪个表情圈，就做出相应的表情并说出它表达什么样的情绪，并将开心和高兴的情绪通过拍手的形式传达给自己的同伴。每个小组都按照这种方式依次进行，直到最后一名学生完成，该小组活动结束。最后将本组获得的高兴、开心贴纸贴到本组的小组记录单上。

【学生活动】请最先完成的小组分享本组的小组活动记录单。

【教师提问】请问当你跳到开心和高兴的表情时，想到的第一件事是什么？你将开心或高兴等情绪传达给同伴时，你在想什么？你想把什么样的情绪表情贴到你的圈内，你最想把哪个表情贴纸分享给同伴？

【教师总结】通过小组活动，我们发现大家都希望把开心、高兴、快乐的表情分享给自己的同伴。如果比赛中你所在的小组没有获胜，你会出现什么情绪？你会去责怪同伴吗？假如此时你能把积极的情绪传达给自己的同伴，是不是我们都会以积极的心态去面对下一次比赛？

【板书内容】不同的表情代表的含义

【设计意图】通过观察敏捷圈内贴有不同表情的贴纸，并模仿这些表情，可以帮助识别和理解不同的情绪。要求学生说出每个表情所表达的情绪，这不仅能增强语言表达能力，还能深化对情绪本质的理解。活动中特别设计了将"开心和高兴"的情绪通过拍手形式传达给同伴的环节，这有助于学生学会如何有效地传递正面情绪，促进团队成员间的情感共鸣和连接。通过小组内的互动，可以学习如何在团队中发挥自己的作用，以及如何与他人协作以实现共同目标。

（二）主体环节

1.同舟共济游戏：通过游戏的引入，懂得如何看待成败，学会遵守规则、互相尊重

【教师导语】我们接下来一起玩一个小游戏，游戏后请获胜小组分享本组队员的心情和经验。

【教师活动】随机分组，每组4人，每人在右脚踝上套一个敏捷圈，用魔术卡扣将4名学生的敏捷圈左右两边粘在一起。

【学生活动】按照分组站在起点线后，当听到发令后，向前抬起右脚进行单脚跳，最先到终点的小组获胜；第二轮将右脚换成左脚，其他规则不变。共进行两轮比赛。

【教师提问】为什么你们小组会取得胜利？在游戏过程中，是不是离不开小组中每一名组员的共同努力？现在想一想用哪个表情贴纸表达自己的情绪并分享给同伴？

【学生回答】因为我们步伐一致并共同努力，才会取得胜利。我想用激动和高兴的心情表达自己的情绪并分享给我的同伴。

【教师提问】我们请没有获胜的小组分享此时的心情，说一说你想分享给同伴哪个表情贴纸？当你的小组同伴出现了沮丧和伤心的情绪时，你想与他（她）交换贴纸吗？

【学生回答】因为我们在游戏中意见不统一，配合不好，此刻我想把安慰和鼓励的心情分享给我的同伴。

【教师总结】我们在游戏中会想到用什么方法让自己的小组取得胜利？如果没有取得胜利，你是否认为这是同伴的原因？如果你的同伴在游戏比赛中出现失误，你还会将高兴、开心的表情贴纸跟他（她）交换吗？换位思考，如果你在游戏中出现失误，你会期待你的同伴将高兴、开心的表情贴纸跟你交换吗？

【设计意图】通过游戏学会相互配合、调整步伐，培养团队合作精神和协调能力。游戏设置了两轮比赛，且每轮都有胜负之分。这样的设计旨在使学生体验到成功与失败的感受，从而

学会如何以平和的心态看待比赛结果。无论是胜利还是失败，都能从中汲取经验，认识到努力与团队配合的重要性。在游戏过程中，需要严格遵守游戏规则，有助于培养规则意识。同时，由于游戏需要团队成员之间的紧密配合，学会尊重他人的意见和行动，以确保整个团队的顺利前进。

2. 搭房子游戏：通过游戏比赛，培养与他人友好相处、团结合作的集体精神

【活动组织】按人数分成10个小组，每组4人，每人拿2个敏捷圈、2个表情贴纸，每个小组自行设计图案，以单踏双落的形式进行搭"房子"。小组成员轮流按照本组设计的"房子"进行跳房子游戏，每个"房子"里有一种表情，沙包投进哪个圈中，就获得该圈中的一种表情，当小组中所有成员完成一轮，则游戏结束。

【教师提问】当你获得了高兴、开心或快乐的贴纸时，你愿意跟其他同伴进行分享或交换吗？当你的同伴获得的都是难过、沮丧的表情贴纸时，你会把积极的情绪传达给他（她）吗？

【学生回答】我愿意与其他同伴进行交换，当我的同伴获得的是难过、沮丧的表情贴纸时，我会把开心和安慰的表情给他，鼓励他。

【教师总结】我们的学习和生活都是处在一个集体中，当集体中的成员沮丧或难过时，你会把积极的情绪传达给他（她）吗？你会换位思考他（她）的感受吗？

【师生互动】引导学生在学习和生活中学会站在对方角度上去思考问题，多为他人设想，理解、关心同伴。

【设计意图】通过反思和讨论，学会在活动中进行换位思考，尊重同伴的努力和成果，用积极的情绪感染同伴。采用单踏双落的搭房子游戏形式，增加了活动的趣味性和挑战性，使学生在游戏中锻炼身体，提高协调性和平衡感。同时，每个"房子"里设置不同的表情贴纸，当学生投中沙包并获得贴纸时，让学生体验不同的情绪表达，增强对情绪的认知与理解，这一环节巧妙地融入了情感教育。通过教师提问环节，引导学生思考分享与交换的意义，以及同伴间情绪的影响。这不仅能够培养学生的同理心，还能促进他们学会在团队中积极传递正能量，共同营造积极向上的团队氛围。同时，这一环节也鼓励学生反思自己的情绪管理，学会在面对不同情绪时采取积极应对策略。

3. 跳单、双圈结合体育教学中情绪管理：团队合作能力探索

【教师导语】跳单、双圈游戏不仅让我们体验到了运动的乐趣，更重要的是，我们共同探索了团队合作的无限可能。你们在游戏中展现出的默契配合、相互支持与鼓励，正是团队精神的生动体现，现在我们来做一个游戏检测大家的配合能力。

【活动组织】随机组成10个小组，每组4位学生，用绳子将相邻的腿绑在一起，听教师口令统一向前单双脚互换跳；规定2分钟讨论实践，通过讨论让4名学生喊口号向前跳到终点，比比哪组更快。宣布结束后，请最快的组进行展示与分享。

【设计意图】培养学生自主发现与解决问题的能力，通过正向的情绪管理引导，提高小组中的团队合作能力。鼓励学生自主讨论并制订行动方案，提升团队协作能力，激发创造力和解决问题能力。通过比赛的形式，激发学生的竞争意识和集体荣誉感，使他们更加投入地参与到活动中来。最快的组进行展示与分享，旨在让学生从优秀团队中汲取经验，学习合作技巧和团队精神，从而在今后的学习生活中更好地运用这些宝贵经验，促进个人与集体的共同成长。

4. 跳、单双圈与游戏：合作游戏后的反思与分享

【教师导语】在刚才的跳单、双圈与游戏活动中，大家不仅体验了游戏的乐趣，更重要的是在团队合作中展现了不同的风貌。现在，让我们来深入讨论一下团队合作中的收获。

【教师提问】（针对小组分工）在这次跳单、双圈的游戏中，你们小组是如何分工的？比如，谁是领导者，谁是策略制定者，谁又是执行者？你觉得这样的分工对游戏进程有帮助吗？为什么？

【学生回答】我们小组在游戏开始前就迅速分工了。我负责观察对手的动向，以便及时调整我们的策略；小白是队长，他负责协调大家的动作和节奏；其他人则根据我们的计划执行。这样的分工让我们在游戏中更加有序。

【教师提问】（针对成功合作的小组）对于顺利完成任务的小组，你们在游戏过程中有没有采用哪些特别有效的合作策略或方法？能否和大家分享一下？

【学生回答】我们小组在游戏时非常注重沟通。每当有人跳错或者节奏不对时，我们都会立即停下来，重新调整节奏和策略。此外，我们还学会了相互鼓励，即使有人失误，我们也会给予他信心和支持，这让他很快能够调整状态，继续参与游戏。

【教师提问】（针对合作不够顺利的小组）对于在游戏中遇到挑战的小组，你们觉得自己在哪些方面做得比较好？又有哪些方面需要改进呢？

【学生回答】我们小组在游戏开始时配合得还不错，但是到了后半段，可能是体力下降或者心态有些急躁，导致配合出现了失误。我觉得我们在沟通上还需要加强，特别是在关键时刻，要有更加明确和迅速的指令。另外，我们也要学会在压力下保持冷静，不让情绪影响到游戏进程。

【设计意图】鼓励学生分享自己的经验和感受，从而让学生意识到高效合作的重要性，并将这些技能应用到日常学习和生活中。通过情绪管理的引导，帮助学生学会在团队合作中保持积极的心态，克服挑战，共同实现目标。

（三）结束总结

【教师总结】我们学习了如何认识、表达和调控自己的情绪，同时也学会了在团队中如何与他人合作、尊重同伴和为他人着想。通过几个小游戏，我们看到了团队合作的力量，也认识到了尊重同伴和为他人着想的重要性。希望同学们在未来的学习和生活中，能够继续运用今天学到的知识和技能，成为一个能够懂得尊重和理解他人的人。

（四）课后作业

（1）情绪管理日记记录在日常生活中遇到的不同情绪情境，以及如何通过体育活动或其他方式来调节和管理这些情绪。

（2）与家人或朋友一起完成一个小型的合作项目，如一起制作一个体育用品或一起参加一个社区体育活动。

四、教学反思

（一）教学设计特色

（1）教学内容丰富，既有体育技能的学习，又有心理健康知识的渗透，符合一年级学生的身心发展特点。

（2）游戏环节设计巧妙，让学生能够掌握一定的情绪管理和表达能力，有效地激发了学生的兴趣和参与度。

（3）学生普遍能够掌握跳单、双圈的基本技巧，并在游戏中表现出不畏困难、团结合作的精神。

（二）教学反思

（1）部分学生在情绪调控方面仍显得较为薄弱，需要更多的指导和练习。

（2）在教学过程中，对于个别学生的差异化需求关注不够，今后应更加注重因材施教。

（3）进一步加强心理健康教育在体育教学中的融合，提高学生的情绪调控能力。

（4）设计更多具有挑战性和趣味性的游戏，激发学生的学习兴趣和团队合作精神。

（5）关注学生的个体差异，针对不同学生的需求进行个性化教学。

在色彩中感受情绪
——透过色彩实现艺术舒缓情绪的学科联动

北京市第一七一中学附属青年湖小学　田　甜

一、教学基本信息

（一）教材：人美版三年级上册《美术》

（二）授课年级：三年级

（三）教学主题：在"四季如画"中认识色彩与情绪的联动

（四）指导思想与理论依据

1．指导思想

本课程以《义务教育艺术课程标准（2022年版）》为指导思想，培育和践行社会主义核心价值观。

2．理论依据

（1）建构主义：通过引入建构主义，强调学习是一个主动构建知识和意义的过程。以学生已有知识为基础，通过对色彩的感知和应用，引导学生在新的领域建立新的知识框架。通过小组讨论和交流探讨，学生在实践中深化对色彩表达情感的理解。

（2）加德纳的多元智能理论：本课程特别强调视觉——空间智能和内省智能的培养，在学科融合、突出课程综合的教学过程中，引导学生汲取丰富的审美教育元素，传递人与自然和谐共生理念，促进学生身心健康全面发展。

（五）教学背景分析

1.教学内容分析

"四季如画"是人民美术出版社三年级上册《美术》的教学内容，为

"造型表现"领域的色彩课程。我对小学阶段美术教材相关的色彩课程知识技能结构进行了分析，统整教材相关色彩课程，以水彩笔、水粉、国画颜料为主要工具。无论哪种画材，都需要孩子理解颜色的象征意义及其带给自己的直观感受。所以本节课采用色块的形式表现四季，着重对色彩的感知，对后续的色彩课程进行铺垫，对小学美术色彩课程和心理健康教学进行了融合。

2.学生学情分析

三年级学生对色彩有初步认识，对美术课有浓厚的兴趣，愿意尝试用不同工具进行创作。但绝大多数孩子对于抽象表达比较陌生。课前调查显示，授课班级80%的学生没有创作过抽象画。

（六）教学目标与重难点

1.教学目标

（1）理解并使用色彩表达情感：学生用不同色彩表现自己的情感和心理状态，能够掌握色彩的象征意义。如红色通常用来表达热情和怒火，蓝色则能传达平静和沉思。此能力的培养不仅有助于艺术创作，也帮助学生在日常生活中有意识地使用色彩来表达自己的感受和想法。

（2）发展审美能力，增强艺术鉴赏力：学生通过对色彩象征意义的研究，提升色彩选择和搭配的审美。例如，学生将探索中国传统色彩的文化内涵以及现代西方色彩的流行趋势，从而增强跨文化审美理解和鉴赏能力。这不仅有助于艺术欣赏，也提升了他们在设计和日常生活中对色彩的应用技能。

（3）通过艺术创作，提高自我表达和心理调适的能力：在艺术创作过程中，鼓励学生探索个人风格和表达方式。这不仅是技能的培养，更是心理健康的维护。通过表达个人经历和情感，学生可以更好地理解自己的内心世界，提高情绪调节和压力管理能力。艺术创作成为自我探索和治愈的重要工具，帮助他们建立更健康的自我认知和人际关系。

2.教学重难点

（1）教学重点：创设情境，观察感受四季特点，用色彩表达作品，借助美术语言，融合多学科进行艺术创作。从图片中找出四季的颜色，并能够选择具有这个季节特点的色块，完成作品。

（2）教学难点：如何用色彩概括季节，如何用颜色表达情绪。

二、教学准备

PPT、8开纸、胶棒、彩色纸质小色块。

三、教学过程

（一）导入部分

【活动导入】旨在让学生通过观察和分析自然界的色彩，深入理解四季带来的色彩变化及其对人类情绪的影响。

【教师活动】教师使用多媒体资源展示丰富多彩的四季自然风光图片。

【学生活动】观察到春天的嫩绿、夏天的深蓝、秋天的金黄和冬天的洁白，并说出这些色彩在自然界中对应的景物，不同季节用哪些色彩可以概括。

【教师总结】色彩不仅能描绘自然的美，还能传递情感。今天我们将通过色彩搭建一座连接艺术与心灵的桥梁，用色块表达四季的独特魅力，也表达我们内心的情绪。

【板书内容】四季如画

【设计意图】通过视觉刺激，激发学生对色彩与情感关联的直观感知。引导学生探讨色彩与季节之间的关系，以及色彩对人的情绪影响。例如，温暖的色调可能为人带来温馨的感觉，而冷色调可能使人感到清新或冷静。

（二）实践操作

1.感知四季

【教师导语】四季的色彩不仅是自然的馈赠，更是情感的密码。让我们通过色彩，解开密码。

【教师活动】展示不同季节的自然风光照片（如春天的桃花、夏天的蓝天、秋天的枫叶、冬天的雪景），引导学生观察并描述每张图片中的主要色彩。组织学生进交流分享。

【学生活动】学生通过观察和回忆，准确描述四季特点。这一环节锻炼通过视觉信息理解世界的能力，准确描述不同季节的色彩，理解色彩在表达自然和文化意义中的作用。选择一个想要表现的季节，从老师准备好的颜色色块中，选择自己认为符合这个季节特点的色块完成创作，明确不同季节带给人们的不同感受——如春天的生机、夏天的火热、秋天的收获和冬天的静谧。

完成拼贴作品后,学生在小组内展示自己的作品,并分享创作过程中的思考与感受。确保每位学生都有机会分享自己的创作,同时提供反馈和建议,深化学生对色彩表达的理解。

【板书内容】绿=生机→也可能是青涩　蓝=平静→也可能是忧郁　红=热情→也可能是愤怒

【设计意图】通过小组协作与讨论,帮助学生建立"色彩—季节—情感"的认知框架。引入开放性思考,鼓励学生突破常规思维,理解色彩的多元象征意义。

2.感受情绪

【教师活动】设计具体的情境模拟活动,如"考试前夕"的紧张感或"假期即将到来"的兴奋感。根据这些情境,学生选择不同颜色的色块。例如,考试前夕可能使用蓝色或灰色来表达焦虑和不安,而假期情境可能选择明亮的黄色或橙色表达喜悦和激动。

【学生活动】体验如何识别和表达自己的情绪。通过观察同伴作品来理解他人的情感表达,能轻松面对、接纳自己的不同情绪,达到舒缓放松的效果。

【教师活动】引导学生交流分享,确保每位学生都能勇敢地表达自己的直观感受,鼓励学生进一步探索和实验色彩的情感表达力。

【学生活动】每位学生需分享自己选择特定色彩的理由以及创作过程中的体会和感受。这一讨论环节不仅仅是对作品的解读,也是一次情感的交流和共鸣。讨论将帮助学生更深刻地理解色彩与情绪之间的联系。

【设计意图】通过加强学生之间的互动与理解,深化学生对色彩表达情感的认识。通过具体情境的设定,使学生能够将抽象的情绪通过色彩进行表达。

3.情绪色彩创作

【教师导语】请用色彩讲述一个属于你的情感故事。它可以是一次难忘的经历,也可以是对未来的期待。

【教师活动】组织学生展示,教师提供启发式提问并给予评价,引导学生直接互相评价。

【学生活动】尝试使用不同色块表达具体的情绪和感受,如快乐的黄色、平静的蓝色或阴霾的灰色。通过这种方式,不仅练习了如何用色彩表达个人情绪,还了解到不同人对色彩的感受可能有所不同。

【设计意图】这一环节强调了内省智能和人际智能的培养,即理解自己的情感及认识他人情感的能力。活动中,学生将创作一幅抽象画,使用色块表现出具有情绪色彩的画面。这不仅是对前两个活动知识的综合应用,也是一个让学生展现创意和审美能力的机会。通过这一活动，学生能够更深刻地理解和表达情绪。这也是一次展示与互动，学生可以在班级展示自己的作品，还可以学习如何沟通。

（三）评估与反馈

1.评估方法

评估方法将综合学生作品和他们在活动中的互动表现。在作品评估方面，我们不仅关注技术层面的成熟度，更重视学生如何使用色块来表达特定的季节感或特定情境下的情感。这种评估方式体现了建构主义的教育理念，即学习是一个主动构建和意义建立的过程。通过这种方式，教师能够直观了解学生在艺术创作和情感表达上的进步和挑战。

参与度评估则侧重于学生在课堂讨论和团队活动中的积极性，这反映了加德纳多元智能理论中的人际智能——理解和与他人互动的能力。这种互动展示了学生是否能够在社交环境中有效使用色彩知识和情感理解，以及他们如何响应和评价同伴的创作。

2.反馈机制

反馈机制着重于提供具体的建设性建议，以帮助学生进一步发展其艺术技能和情感表达。教师将指导学生如何更精细地选择和搭配色彩，以更好地表达情感；鼓励学生探讨和尝试不同的色彩组合以发现新的表达方式。这种反馈不仅促进了学生的个人成长，也强化了他们对色彩使用的理解和应用。通过这样的评估与反馈，课程不仅是艺术技能的培养，更是一个情感智能和文化认同的建立过程。

在这种教学模式中，我们避免深入探讨文化内涵，而是将焦点集中在色彩作为一种表达工具的基本应用上。通过简单的色块拼贴，学生能够在不被技术细节束缚的情况下，自由地探索和表达自己的情感和创意。这样的教学活动不仅简化了艺术创作过程，也使所有学生都能在平等的起点上开始他们的艺术探索。

通过这种方法，我们能够更加关注学生如何通过色彩来理解和表达自我，而不是仅仅关注他们如何精确地重现或模仿传统艺术形式。这种教学策略旨在培养学生的创新思维和情感表达能力，为他们的未来学习和个人发展打下坚实基础。

（四）扩展活动

情感日记："色彩日记"

为了加深学生对色彩与情绪关系的理解和应用，本课程设计包括持续两周的色彩与情绪日记活动。学生每天记录他们遇到的特定色彩以及这些色彩引发的情绪反应。例如，学生可能观察到在阳光明媚的日子里，蓝天和绿草带给他们的放松和快乐感受；在阴郁的日子，灰色的天空可能让他们感觉低落。通过这种日常的记录和反思，学生能够更加敏锐地识别色彩如何影响情绪，学习如何利用色彩调整自己的情绪状态。教师推出"色彩日记"，让学生尝试用颜色记录每天情绪。这个日记不需要文字，只用色彩。学生可以创造新的色彩组合来表达复杂的情绪。同学之间可以互相交流，通过对方的色彩日记猜测对方所记录的心情。

四、教学反思

在本课程的教学过程中，我深刻感受到色彩不仅是视觉的表达，更是情感的桥梁。学生通过色彩学习表达自己的情绪，这不仅增强了他们的内省智能，也提升了人际间的理解和沟通。通过实践活动，学生能更直观地感受到色彩与情绪之间的微妙联系，这种体验是传统教学难以达到的。我希望未来能进一步优化课程设计，使其更贴近学生的实际需要，同时增加更多互动和探索性学习的机会，让学生在享受创作乐趣的同时，更深入地理解色彩的情感语言。

强"心"健体，从统计看生命的律动
——小学数学跨学科心育融合教学课例

北京市第一七一中学附属青年湖小学　康庆贺

一、教学基本信息

（一）教材：人教版四年级下册《数学》

（二）授课年级：四年级

（三）教学主题：关注身心健康数据，增强健康意识，培养积极心态

（四）指导思想与理论依据

1. 指导思想

本节课的指导思想是以学生发展为中心，注重数学学科与心育教育的融合，通过跨学科融合的教学方式促进学生的全面发展。

2. 理论依据

《义务教育数学课程标准（2022年版）》强调数学课程应以跨学科教学为抓手，充分利用"数学+"模式助力学生综合素质全面发展。《中小学生心理健康教育指导纲要（2012年修订）》指出应当基于不同年龄阶段学生身心发展阶段特征实施教学，其中"学会体验情绪并表达自己的情绪"是小学中年级的重点心理教育内容之一。基于此，本节课将结合"新课标"的要求和"纲要"的精神，以"平均数与条形统计图"内容教学为载体，实施多元化跨学科项目活动，引导学生关注身心健康数据、增强健康意识、培养积极心态，实现数学与心育的有机融合。

（五）教学背景分析

1. 教学内容分析

本节课的教学内容为人教版小学数学四年级下册第八单元"平均数与条形统计图"。平均数是描述数据集中趋势的重要指标，而条形统计图则是一种有效的数据可视化工具，能够帮助学生直观地理解和分析数据。

2. 学生学情分析

四年级的学生在学习数学的过程中，已经具备了一定的数据分析能力，但对平均数和条形统计图的理解和应用还不够深入。此外，他们对身心健康方面的知识了解有限，需要通过教学引导他们关注自身和他人的身心健康。因此，本节课的教学设计应注重理论与实践相结合，通过生动有趣的活动，帮助学生理解和掌握平均数和条形统计图的知识，同时增强他们的身心健康意识。

（六）教学目标与重难点

1. 教学目标

（1）掌握平均数的概念及计算方法，了解条形统计图的特点和作用，学会正确地绘制条形统计图。

（2）培养学生分析数据与解决问题的能力，引导其了解压力对于身心健康的影响，掌握利用心理学知识来调节与缓解紧张、焦虑、害怕状态下的不适情绪的方法。

（3）深化学生对于自我情绪管理重要性的认识，引导学生关注自身和他人的身心健康，鼓励学生在相互合作过程中养成积极心态、树立健康意识。

2. 教学重难点

引导学生从统计的视角关注身心健康，设计有效的数学活动，让学生在掌握数学知识的同时，增强身心健康意识，培养积极心态。

二、教学准备

为了确保"强'心'健体，从统计看生命的律动"这一跨学科心育融合教学课例的顺利实施，教师需要做好以下教学准备工作。

（一）教学资源准备

（1）教学课件制作。

（2）辅助资料收集。

（二）学生课前指导

1.预习指导

提前布置预习任务，指导学生预习"平均数与条形统计图"的相关内容，了解基本概念和知识点，为课堂上的深入学习做好准备。

2.跨学科知识联结

（1）语文知识联结：完成小习作练习——我的心脏怦怦跳。

引导学生收集令自己紧张心跳加速的小事件，为课堂互动交流做准备。

（2）生命健康知识联结：观看科普小视频——心脏的神奇秘密，帮助学生了解心脏的功能和运行机制，理解测量脉搏和维护心脏健康的重要性。为后续探究心理健康知识奠定生命科学知识基础。

三、教学过程

（一）课程导入：情境大猜想

【教师提问】同学们，语文老师最近从一位同学的周记里摘录了一些词语，大家能帮着一起分析一下这位同学最近的心理状态吗？

【学生回答】（1）我觉得这位同学最近可能遇到了一些让他感到紧张、害怕或者焦虑的事情。"不知所措、提心吊胆、心里打起鼓来"这些都说明他内心非常不安。

（2）"心急如焚、胆战心惊、怀里像揣了只兔子"这些描述都说明他感到非常紧张和焦虑。

【教师总结】没错，他甚至还出现了"脸上火辣辣的、汗毛都竖起来了"等生理反应，这也进一步证明了他的心理状态非常紧张。

【教师导语】同学们分析得很到位。这些词语确实反映出了一个人在面对紧张、害怕或者焦虑的情况时的心理状态。那么，我们能不能用数学的方式来描述这种心理状态呢？

【学生回答】比如，我们可以用平均数来表示这位同学最近的心理紧张程度，用条形统计图来展示他不同时间段的心理状态变化。

【教师导语】今天我们一起学习"强'心'健体，从统计看生命的律动"。那么如何用数学的方式来描述和分析这位同学的心理状态？

【板书内容】强"心"健体，从统计看生命的律动

【设计意图】通过语文周记中的关键词汇引入心理健康主题，引发学生的兴趣和共鸣，同时为后续的平均数和条形统计图的教学做好铺垫。

（二）环节一：平均数与条形统计图

1.平均数的概念及计算方法

【教师导语】平均数是一组数据的总和除以数据的个数所得到的数，它可以用来描述这组数据的平均水平。老师结合周记内容与面对面交流结果，利用《心理紧张程度统计表》（如下图）为这位同学最近一周内每天的心理紧张程度进行评级，1—10级制，级别越高心理紧张程度越高，同学们能帮老师计算出这组数据的平均数吗？

心理紧张程度统计表

时间	周一	周二	周三	周四	周五	周六	周日
评级	5	7	8	9	10	2	1

【学生思考】根据教师的讲解，理解平均数的概念，并计算出上述数据的平均数。

【板书内容】平均数：（5+7+8+9+10+2+1）÷7=6

2.条形统计图的特点和作用

【教师导语】条形统计图是一种用条形来表示数据大小和分布情况的图形，它可以直观地展示数据的特征和趋势。比如，我们可以用条形统计图（如下图），来展示这位同学最近一周内每天的心理紧张程度，从而清晰地看到他的心理状态变化情况。

【学生思考】根据教师的讲解，学生了解条形统计图的特点和作用，尝试绘制条形统计图。

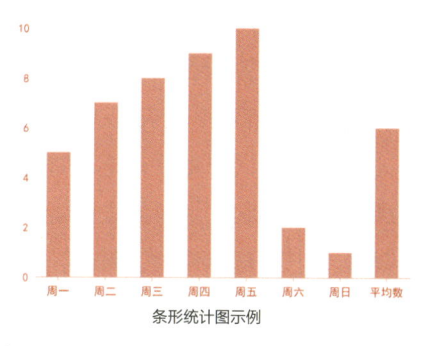

条形统计图示例

3.情境互动讨论

【教师提问】同学们，你们发现了吗？这位同学的心理紧张程度评估的平均值已经达到了6级，而且周一到周五级别一直在升高，周末下降到低级，这说明什么呀？

【学生回答】（1）这说明这位同学这周的学习压力可能较大，导致他的心理紧张程度不断升高。而到了周末，由于压力的减轻和放松，他的心理紧张程度得到了缓解。

（2）这位同学的心理压力程度一直在攀升，可能周末他向老师和家长寻求了帮助，经过大家的开导他的心理压力得到了缓解。

【教师总结】不错，大家的推测都有一定道理。同学们，不知道你们是否注意到了周五的时候这位同学的心理紧张程度评级到达了10级。周五这位同学因为压力过大出现了心脏跳动过速、胸闷气短的情况。

【教师导语】同学们，心脏是我们身体中最重要的器官之一，它不断地跳动着，为我们的身体提供血液和氧气。因此，了解心脏的健康状况对于维护我们的心理健康也非常重要。接下来，我们就来学习一下如何测量脉搏，了解心脏的健康状况。

【设计意图】通过情境互动讨论，引导学生关注心理健康与身体健康之间的联系，加深学生对心脏健康的认识和关注。

（三）环节二：本周数学组长竞选演讲

1. 小组互动

【学生活动】分享自己课前完成的"我的心脏怦怦跳"习作内容，通过分享个人经历，增进同学间的了解，同时探讨有效的情绪缓解方法。

（1）分享习作内容

【学生活动】每位同学轮流分享自己课前完成的"我的心脏怦怦跳"习作内容。这部分可以包括让自己心跳加速的具体情境、当时的感受、身体反应等。

（2）小组讨论

【活动组织】小组内成员就分享的经历进行讨论，分析在不同情境下心跳加速的原因。探讨这些紧张情绪对个人表现（如学习、考试、公众演讲等）可能产生的影响。小组成员共同思考并讨论，如果再次经历类似让心跳加速的情境，可以采取哪些具体方法来缓解紧张情绪。每个人至少提出一种自己认为有效的方法，并解释其原理或作用机制。

（3）方法分类与整理

【教师总结】将大家提出的方法进行分类，例如呼吸调节法、积极思考法、分散注意力法、身体放松法等。

【板书内容】呼吸调节法 积极思考法 分散注意力法 身体放松法

【学生活动】小组就每种方法的适用场景和效果进行评估，整理出一份实用的紧张情绪缓解方法清单。

2. 情境演练

【教师导语】同学们，测量脉搏是一种简单而有效的方法，可以帮助我们了解心脏的健康状况。今天老师也准备了一个突击小活动，现在立刻开展一次本周数学组长竞选演讲活动。

【学生活动】学生自愿报名参选，竞选准备后依次上台进行演讲，其他同学认真聆听并给出评价和建议。（分别测量每位同学演讲前、演讲结束后的脉搏，汇集成一组数据）

【教师总结】同学们，你们都很棒！通过这次竞选演讲，不仅展现了你们的数学能力和表达能力，还展现了你们的心理素质和组织能力。我相信，无论谁成为我们本周的数学组长，都会为我们班级的发展做出积极的贡献。

【设计意图】这一环节重在帮助学生理解身心状态具有一致性，比如情绪过度紧张往往引发脉搏跳动加速。通过小组互动，同学们不仅能够更加深入地了解自己的情绪反应和应对方式，还能学习到其他有效的紧张情绪缓解方法。通过情景模拟，让学生在实践中体验紧张情绪，并学习应对紧张情绪的方法，将有助于提升学生的心理素质，为其后续成长奠定基础。同时，通过竞选演讲的形式，增强学生的竞争意识和团队合作精神，促进班级的发展，并在过程中生成一组源自课堂实际的真实数据，引导学生课后利用所学数学与心理知识对这组数据进行处理与分析，实现将课堂探究学习延展至课后的目标。

四、教学反思

在本节课中，以数学知识为载体，心理健康为主题，通过生动的案例、情境互动讨论、实践活动和情景模拟等方式，引导学生用数学知识对身心健康问题进行分析与处理，促进学生关注心理压力与身体健康之间的联系，加深学生对心理健康的认识和关注。在教学过程中，我发现学生们对心理健康问题的关注程度较高，积极参与课堂讨论和实践操作。特别是在实践活动环节，学生们互相测量脉搏，了解心脏健康状况，表现出极高的热情和好奇心。学生们不仅在实践中体验了紧张情绪，还学会了如何应对紧张情绪，提高了心理素质和表达能力。然而，在教学过程中也存在一些不足之处，在今后的教学中我会继续关注培养学生的心理素质，引导学生正确面对和接纳心理问题，提高心理承受能力；加强实践操作环节的指导，确保学生们掌握测量脉搏等基本技能；关注学生的表达能力培养，通过各种途径提高学生的表达水平。

乐助善行　快乐生活
——以小学英语五年级上Unit2为例

北京市第一七一中学附属青年湖小学　吴业臻

一、教学基本信息

（一）教材：北京版五年级上册《英语》

（二）授课年级：五年级

（三）教学主题：多角度体验自助、求助与施助

（四）指导思想与理论依据

《中小学心理健康教育指导纲要（2012年修订）》强调心理健康教育的具体目标是使学生学会学习和生活，正确认识自我，提高自主自助和自我教育能力，增强调控情绪、承受挫折、适应环境的能力，培养学生健全的人格和良好的个性心理品质。

小学英语五年级上册第二单元主题是"乐助善行　快乐生活"，通过制定"分享关于帮助的故事"单元大任务，以英语语篇为基础，帮助学生运用所学知识、技能和策略，能从多角度分享被帮助或帮助他人的故事，建立同理心，体会到无论是求助者还是施助者都能从中受益。教师从培养学生的求助意识角度出发，提高学生求助意识；从学会合理拒绝他人不合理要求的角度出发，学习如何合理地拒绝他人，小学生可以更好地处理人际关系。

（五）教学背景分析

1.教学内容分析

本单元主题是"乐助善行　快乐生活"。本单元围绕这一主题，涉及五个语篇，包括三组对话、一组书信和一篇配图短文。

课时一"礼貌求助"——小学生日常对话，Baobao去Mike家做客，Mike建议弟弟如何礼貌地请求帮助。提高学生求助意识，引导学生在遇到心理困惑或压力时，更勇于向教师、心理咨询师或其他专业人士寻求支持和指导，帮助他们及时排解内心的疑虑和焦虑，建立积极的心理健康保护机制。

课时二"拒绝不合理请求"——小学生日常对话，Yangyang在完成作业时，拒绝同伴不合理的求助，并提出建议。敢于拒绝不合理的要求能够增强小学生的自信心，学会在社交中既保护自己的权益，又尊重他人的感受。

课时三"提供帮助"——家庭日常对话，Maomao的爸爸妈妈请他在家庭大扫除中提供帮助。学生通过分享、交流在家庭生活中提供帮助的经历，增强家庭责任感，同时也锻炼了他们的资源管理能力。

课时四"主动帮助"——Cindy写信给姑妈，抱怨帮助弟弟照顾宠物给她带来的麻烦，向姑妈求助。姑妈在回信中提起Cindy曾帮助外出旅行的表姐Lily照顾宠物的经历，希望她能换位思考，继续在帮助他人的过程中享受快乐。

2.学生学情分析

（1）学生英语语言发展水平

本单元授课对象是学校五年级学生，学生能理解简单的英语语言材料，能运用简单英语语言与他人交流，描述事物。初步具备在小组活动中与他人合作共同完成学习任务的能力。

（2）学生心理发展特点和情感发展水平

学校五年级学生年龄在10—11岁，10—11岁是儿童成长关键期，处于儿童期的后期阶段，大脑发育正好处于内部结构和功能完善的关键阶段。儿童自我意识觉醒，自控能力增强，对同龄人的社交需求增强，喜欢自发组成"小团体"。在小学教育中，这个阶段正是培养学生学习能力、情绪能力、意志能力、判断力、决策力的最佳时期。但该阶段学生辨别是非的能力还有限，缺乏社会交往经验，容易产生"不安感"，这种"不安感"如果没有得到及时的引导和教育，学生会逐渐缺失自信，在面对困难时容易产生逃避的心态。

（3）访谈调查

访谈对象：五年级学生

访谈问题：

① 你有过请求他人帮助的经历吗？你遇到困难时会首先寻求谁（家长/老师/心理辅导员/同学/……）的帮助？能用英文表达吗？

② 你有过被人求助，帮助他人解决困难的经历吗？你有过拒绝他人求助的经历吗？请说一说你的拒绝理由。你能用英文表达吗？

③ 你有过主动帮助人他的经历吗？能用英文表达吗？

通过访谈发现，学生运用英语表达如何礼貌求助和乐于助人的语言积累不足。接受访谈的学生大部分具有使用礼貌用语进行求助的意识，学生在遇到困难时更喜欢求助老师和同学，但有时对不合理请求不好意思拒绝，缺乏树立"边界感"的意识。因此，教师将以本单元第二课"拒绝不合理请求"为切入点，学生通过学习如何合理地拒绝他人，可以更好地处理人际关系，敢于拒绝不合理的要求能够增强小学生的自信心，学会在社交中既保护自己的权益，又尊重他人的感受。

（六）教学目标与重难点

1. 教学目标

（1）学生能在看、听、说的活动中获取相关信息，梳理有哪些不合理请求，如何拒绝，并给出建议等信息。（学习理解）

（2）学生能通过表演对话、转述对话的方式巩固内化语言；能分辨合理与不合理的请求，恰当地处理情绪，能并给出礼貌的回应。（实践运用）

（3）学生在真实情境中，通过对话和讲述的方式分享对不合理请求的观点和建议，从而建立健康的人际关系。（迁移创新）

（4）心育目标：通过学习如何合理地拒绝他人，可以更好地处理人际关系，敢于拒绝不合理的要求能够增强小学生的自信心，学会在社交中既保护自己的权益，又尊重他人的感受。

2. 教学重难点

（1）教学重点：学生能分辨不合理请求，在真实情境中能运用英语进行恰当回复并给出建议。

（2）教学难点：学生能运用所学英语相关表达，通过分享或倾听相关经历，逐步提升共情能力，能恰当拒绝不合理的请求并提出合理建议，既保护自己又尊重他人，从而提升决策力和解决问题的能力，建立正确的是非观和健康的人际关系。

二、教学准备

PPT、词卡、任务单。

三、教学过程

1.学习理解

【师生活动】（1）复习导入，展示作业，师生讨论第一课时作业"How to ask for help politely？"，学生分享生活中的经历，展示如何礼貌求助。引入第二课时子主题"拒绝不合理的请求"。

（2）通过看、听、说的方式，从文本中梳理哪些是不合理的请求。教师呈现第二课时情境图片，学生结合图片和已有经验，在教师引导下预测对话内容，如"Who are they？Where are they？Who needs help？"。教师播放对话视频，提出"Will Yangyang offer the help to Maomao？"引导学生验证预测，理解大意。呈现本课时子主题"Learn to say'No'"，教师再次播放视频，问题链引导学生理解文本细节。例如"What help does Maomao need？""Yangyang doesn't want to offer help，why？""Does Yangyang have advice for Maomao？"，在问题引导下，在板书的支持下，帮助学生获取、梳理相关信息。

【学生活动】学生通过角色扮演活动，进一步体验在真实情境中如何拒绝不合理请求并给出合理建议。

【设计意图】（1）师生讨论引入子主题。问题链帮助学生提高理解文本、准确提取信息的能力。师生共同梳理板书，初步构建主题下的结构化知识。

（2）通过分析教材中的案例，师生初步梳理合理和不合理的请求有哪些，学生在教师的引导下针对不合理请求进行礼貌拒绝并给出建议。为学生在实践运用中提供参考模型和解决方法。

2.实践运用

【师生活动】教师呈现学校广播站征集活动，学生通过帮助Yangyang完成广播站的稿件，在真实情境中运用本课时重点词汇。

【学生活动】小小广播员：Hello, boys and girls. When someone asks you for help, have you ever say "No"？Welcome everyone to share!

（1）学生完成以下任务单：

Read and choose

> A. finish　　B. doesn't work
> C. copy　　　D. on his own

　　Hello everyone！ I'm Yangyang. I want to share a story about say "No" to my best friend.

　　My best friend's computer_____. He wants to use my computer. But I'm using it now. And I tell him he can use it after I _____my work.

　　After a while，my best friend wants to _____ my work. Because it's getting late. I tell him he should do it _____.

　　My best friend isn't angry with me. Let's learn to say "No" to unreasonable requests(不合理的请求). It is the better help you can offer to your friends.

（2）学生收听广播站"帮助的故事"，梳理、分辨信息，在任务单中勾选出哪些请求是不合理的。学生在创设的真实情境下，分小组，运用所学语言编演对话，落实教学重点。

【设计意图】（1）引导学生在梳理核心语言的基础上，通过看、听、说等活动，在情境下运用核心语言进行交流，进一步巩固、内化、运用语言。

（2）教师展示与学生在学校生活和家庭生活中遇到合理与不合理请求的案例，学生通过个人活动和小组活动，自主分辨不合理请求，进一步发展判断力和决策力，为后面综合实践活动做准备。

3.迁移创新

【师生活动】教师再次呈现学校广播站征集活动，教师为学生提供4个案例，学生通过小组合作，选择其中一个案例，或者联系自己的生活实际自主创编一个案例进行分享。

【学生活动】小小广播员：Hello, boys and girls. When someone asks you for help, have you ever say "No"？Welcome everyone to share!

小组合作，选择案例，在以下任务单帮助下完成广播稿。

　　Hello everyone！ We want to share a story about "Learn to say 'No'".

　　We _____ together. My friend _____.

　　So he/she asks："Can I _____？" I say：" Sorry, _____.

_____."

Let's learn to say "No". It is the better help you can offer to others.

小组合作展示，分享拒绝不合理帮助的故事。通过小组合作，分享讨论，提升学生共情能力，能恰当拒绝不合理的请求并提出合理建议，从而建立正确的是非观和健康的人际关系。

【设计意图】（1）学生在任务单提供的语言支持下，联系实际生活，运用所学语言围绕主题进行语言表达和观点输出，发展语言能力和思维能力。

（2）学生通过分享源于自身生活的案例，运用本课时所学实践如何合理地拒绝他人，帮助学生有效提升处理人际关系的能力，在拒绝不合理的要求中增强学生的自信心，学会在社交中既保护自己的权益，又尊重他人的感受。

四、教学反思

（一）从单元整体设计视角

在进行单元整体分析时，一是注重因"材"施教，不仅关注正在学习的单元结构化知识，还要纵向梳理学生已有知识学习经历，基于学情和教学目标的双重纬度，灵活设计教学活动；二是注重因"才"施教，通过作业反馈、前测，充分了解学生的学习兴趣、生活经验、对已有知识的掌握情况、认知发展、情感发展水平，基于学生的兴趣、认知、心智发展阶段设计有效教学活动。

（二）从跨学科融合活动视角

跨学科学习提升学生解决实际问题的能力。在英语教学中融入心理健康教育，使学生能运用语言认识世界、识解经验，借助语言传递信息、表达情感，从而进一步提升用语言解决实际问题的能力。例如学生运用语言获取、分辨生活中不合理的请求，运用英语和其他学生进行交流互动，提出合理建议，解决问题。每个学生呈现出自己的闪光点，在小组活动中生生的互动，有助于促进学生各自发挥所长，相互促进学习、建立自信、提升交往能力。

（三）从心智发展视角

1.从培养学生的求助意识角度出发

提高学生求助意识，引导学生在遇到心理困惑或压力时，更勇于向教师、心理咨询师或其他专业人士寻求支持和指导。不仅能够帮助他们及时排解内心的疑虑和焦虑，提升个人的心理抗压能力，还有助于他们建立积极的心理健康保护机制。

2. 从学会合理拒绝他人不合理要求的角度出发

通过学习如何合理地拒绝他人，小学生可以更好地处理人际关系，学会在社交中既保护自己的权益，又尊重他人的感受。

3. 从增强自信心和责任心角度出发

敢于拒绝不合理的要求能够锻炼小学生的决策力，从而增强小学生的自信心。主动提供帮助能够使小学生在帮助他人的过程中建立良好的人际关系，建立责任感，提升解决问题的能力和资源管理能力。

"跳跳"的快乐秘密

北京市第一七一中学附属青年湖小学　张　璐

一、教学基本信息

（一）教材：校本教材

（二）授课年级：三年级

（三）教学主题：动作与情绪的协作　个性与创意的共舞

（四）指导思想与理论依据

1. 指导思想

本主题以《义务教育艺术课程标准（2022年版）》为指导思想，建立以核心素养为主线的艺术实践，聚焦审美感知、艺术表现、创意实践、文化理解等核心素养，围绕欣赏、表现、创造、融合4类艺术实践，以任务驱动的方式组织课程内容，强化课程育人的整体性和系统性，突出课程的综合性和实践性。

2. 理论依据

在教学中，坚持"以学生为中心"，注重舞蹈教育与心理教育相融合，关注学生的心理健康发展水平，引导学生学会体验情绪并表达自己的情绪，在互助合作学习中积极探索、体验、表现艺术形象，培养学生自主参与、互助为乐、团结协作的活动能力，涵养人与生活、社会、艺术共生理念，从而发展美的品德、培育美的情操、塑造美的人格，促进学生身心和谐可持续全面发展。

（五）教学背景分析

1. 教学内容分析

本主题为校本教材，是以"跳跳糖"为形象，通过欣赏不同颜色涂鸦"跳跳糖"的艺术作品，发现不同颜色会带来不同的情绪，不同的情绪会呈现不同动作的速度与力度，需要不同动作的表达方式。引导学生通过探索、体验、表现、创编不同情绪"跳跳糖"的过程，激发学生学习兴趣，培养学生想象力、创造力、表现力。以此落实审美感知、艺术表现、创意实践、文化理解等核心素养，达到艺术核心素养的有效落地。

在小组协作中需要理解、包容、互助不同情绪的"跳跳糖"，完成小组创编舞段的展示。在舞段展示中，每一种情绪都应该被看见，每一种情绪都有其独特的表达，使学生学会体验情绪并通过动作表达自己的情绪。在群体中，启发学生像"跳跳糖"一样保持乐观、积极向上的生活态度，进而发现"跳跳"的快乐秘密，传递人与生活、社会、艺术共生理念，实现以美育人、以美化人、以美润心的育人价值。

2. 学生学情分析

三年级的学生处于情感变化的转折时期，从情感外露、外显、不自觉向内控、深刻、自觉发展。但在学习和人际交往中，情绪控制、表达能力有限，需耐心引导情绪的表达。同时，这一时期的学生对事物充满着好奇感，在思维上正处于由形象思维过渡的时期，能进行一定的抽象思维，但仍以具体形象色彩为主。学生对于模仿有较强的能力，想象能力也由模仿性和再现性向创造性的想象过渡。所以三年级的学生有较强的模仿力、想象力以及一定的创造能力。

在舞蹈基础知识方面，学生能够用肢体体现基本形象的特征，已熟练掌握舞蹈的八个基本方位，能利用三度空间呈现不同的造型，能够用舞蹈的不同步伐进行横排、竖列、斜排等队形的流动变化，学生具有小组合作创编的经验，但在创新与团队协作上还有提升的空间。

（六）教学目标与重难点

1. 教学目标

（1）认知目标：通过"跳跳糖"这一形象，了解不同的颜色呈现不同的情绪，不同的情绪呈现不同的动作表达，进一步认识情感与动作之间的关系。

（2）能力目标：通过游戏、合作、表现等一系列活动，探索、体验、表现"跳跳糖"跳起来的过程，能够准确地表达不同的情绪，动作协调配合、队形变化流畅，呈现"跳跳糖"跳的动态美，在互助协作中发展学生的想象力、创造力、表现力。

（3）情感目标：在小组合作创编中学会尊重、理解和包容不同情绪的"跳跳糖"，引导学生像"跳跳糖"一样保持乐观、积极向上的生活态度，勇于表达，树立自信，热爱生命。

2.教学重难点

（1）教学重点：能够运用舞蹈动作表达不同情绪的"跳跳糖"。

（2）教学难点：动作协调配合，呈现"跳跳糖"跳的动态美。

二、教学准备

PPT、音频、绘画作品、活动单、舞蹈鞋。

三、教学过程

（一）环节一：猜猜我是谁

【活动导入】学生跟随音乐入场，跟随老师进行欢快的热身活动，要求站姿挺拔、动作标准、眼神坚定。

【教师活动】导入主题：教师引导学生根据热身音乐想一想，你从音乐中捕捉到了什么形象？说一说，给你带来什么感受？做一做，能不能用一个造型来体现？

【学生活动】学生呈现不同"跳跳糖"的造型：我是一颗有爱心的跳跳糖、我是一颗冷酷的跳跳糖、我是一颗淘气的跳跳糖……

【设计意图】通过热身活动引导学生关注身体与情绪的联结，帮助学生在动作的快慢、强弱变化中觉察自身的情绪状态，为后续情绪表达奠定基础。通过呈现不同性格的"跳跳糖"，鼓励学生大胆展现自我个性，增强自信心，初步建立情绪表达与肢体动作的关联，培养自我认知与接纳能力。

（二）环节二：多变"跳跳糖"

【教师活动】教师展示四幅涂鸦作品，作品为不同颜色的"跳跳糖"形象。

【学生活动】学生欣赏作品完成归纳：构图饱满、想法新颖、造型夸张、生动形象、色彩艳丽。发现一共呈现了四种颜色的主色调，分别是红色、黄色、绿色、蓝色。

【教师提问】不同的颜色会带来什么样的情绪？

【学生回答】学生通过小组探讨，归纳得出：

- 红色——热情、兴奋、活力
- 黄色——欢乐、明亮、温暖
- 绿色——平静、自然、希望
- 蓝色——冷静、认真、忧伤

【教师提问】如何用动作速度、力度的不同表达不同的情绪？

【学生回答】学生进行小组探讨，归纳得出：

- 红色——热情、兴奋、活力——动作速度快、力度强
- 黄色——欢乐、明亮、温暖——动作速度快、力度弱
- 绿色——平静、自然、希望——动作速度慢、力度强
- 蓝色——冷静、认真、严谨——动作速度慢、力度弱

【师生活动】教师示范，引导学生以"跳跳糖"的形象，尝试选择不同的颜色，通过动作速度和力度的变化来表达不同的情绪，完成一个八拍的动作创编。

【设计意图】通过颜色与情绪的关联探讨，引导学生认识情绪多样性，理解不同情绪的自然性与合理性。在动作创编中，学生尝试用肢体语言表达情绪，学会将内在感受转化为外显行为，提升情绪表达能力。在小组合作中，学生需尊重同伴对情绪的不同诠释，培养同理心与包容力，深化对"情绪无优劣"的认知，促进心理健康发展。

（三）环节三：快乐跳起来

【教师导语】请同学们根据"跳跳糖"的发展过程：融化、炸裂、跳动的顺序进行情景创编。根据情境，运用不同情绪的变化、队形的流动、动作的呈现进行设计。

【学生创编】学生分为四小组，每组分配：小组组长、小组副组长、情绪统筹、动作设计、队形设计、音乐统筹等，每位学生都有职责任务，积极参与到创编的过程中。

【学生展示】将学生分为表演者与观众两种角色。四组学生将进行轮流分组展示，未轮到展示的学生将在前区进行作品观摩。表演者要求能够准确地表达不同的情绪，动作协调配合、队形变化流畅，呈现"跳跳糖"跳的动态美。

【学生评价】通过活动评价单，对小组合作（分工明确、人人参与；尊重包容、互助友爱；密切配合、团结协作）和小组展示（情感表达、动作协调、队形流畅）的指标进行自我评价和生生互评。

【活动总结】在小组展示中不仅看到了同学们的情感表达、动作创编、塑造形象，更看到了在团队协作中，与同伴之间的理解、包容、互助。希望同学们可以像"跳跳糖"一样保持乐观、积极向上的生活态度，积极地去观察、分析、思考，用艺术的方式尝试表达吧！这也许就是"跳跳"的快乐秘密。

【设计意图】通过情景创编与团队协作，学生在角色分工中体验责任意识与集体归属感，强化人际交往中的互助精神。在舞段展示中，学生直面自我与他人的情感表达，学会欣赏差异、接纳多元，增强社会情感能力。活动总结引导学生感悟"跳跳糖"乐观态度的心理意义，鼓励学生以积极心态面对生活挑战，传递艺术与心理共生的健康理念。

四、教学反思

本课以"跳跳糖"为情感载体，通过舞蹈艺术与心理教育的深度融合，实现了"以美育心、以心促美"的双向育人目标。以下为本课教学实践反思。

（一）创新心育载体，构建艺术化情绪表达路径

本课以"颜色—情绪—动作"的关联为核心，将抽象情绪转化为具象的舞蹈语言，为学生提供安全、直观的表达渠道。通过色彩分析与动作创编，学生学会用肢体语言外化内在感受，既降低情绪表达的心理防御，又提升艺术表现力。课堂实践表明，学生能够通过动作的协调性与表情的丰富性，准确传递多样情绪，实现情绪认知与艺术实践的双向融合。

（二）强化团队协作，培养社会化情感互动能力

小组合作模式贯穿课程始终，学生通过角色分工与集体创编，体验责任意识与团队归属感。在协作中，学生学会倾听他人观点、协商解决分歧，并在尊重差异的基础上融合创意。这一过程不仅强化人际交往能力，更深化情绪多样性的心理认知，促进学生同理心与包容力的发展，为社会化情感能力的提升奠定基础。

（三）优化评价机制，促进内生化心理健康发展

采用"自评+互评"的多元评价体系，从合作态度到情感表达多维度关

注心理成长。学生在反思与反馈中强化尊重、互助意识，同时通过教师的正向激励，逐步内化健康心理品质。评价机制不仅检验学习成果，更成为心理素养持续发展的推动力，助力学生实现从行为规范到情感升华的深层转变。

本课通过艺术载体与心理目标的深度融合，构建"情绪认知—表达—调节—内化"的心育闭环，使学生在动态的舞蹈实践中完成情绪与肢体的双向赋能。舞蹈不仅是美的呈现，更是情绪外化与自我对话的桥梁。实践中需在舞蹈活动中不断探索艺术表现与心理引导的平衡点，为学生创造更丰富的情绪表达空间，持续深化"以美育心"的教育价值。

学做"快乐鸟"

北京市第一七一中学附属青年湖小学　王　聪

一、教学基本信息

（一）教材：人教版二年级下册《道德与法治》

（二）授课年级：二年级

（三）教学主题：心理调适能力的体验、探索与习得

（四）指导思想与理论依据

1. 指导思想

《义务教育道德与法治课程标准（2022年版）》具体阐述了核心素养的要素之一"完善的人格"所包含的主要特质，涵盖了对个人的自我尊重、自信心的培养。这包括准确的自我认知、对生活的热爱、调控与主宰自己情绪的能力，拥有一个乐观积极、坚毅不拔和自立自强的心态等健全的心理品质。

2. 理论依据

《中小学心理健康教育指导纲要（2012年修订）》所强调的核心心理健康教学涵盖：辨别心理失常的情形，探究调适心理的策略，以及掌握保持心理健康的基本知识与技巧。

（五）教学背景分析

1. 教学内容分析

本教学单元以"让我尝尝"为核心主题，划分为"实践操作"和"乐观生活"两大板块。课程内容共规划四节："初试锋芒""扮演'快乐鸟'""化身幸福果"以及"播下希望种子"。其中，首节课重点关注勇于实践的态度，

第二节课和第三节课则专注于培养乐观的人生观，最后一节课则是通过种植的实际操作来融合和巩固整个教学单元的内容，旨在从实际操作中引导学生学会做人。

本教学模块的目的是激励学生勇于面对正义的挑战，学会正确理解和调控自己的情绪，同情并关注周遭的人，以达到与他人和谐、积极共处的生活方式，并通过实践活动（如耕种）来领悟做人的道理。本模块致力于协助学生培养出一种乐观及积极向前的性格，并为其树立一种积极乐观的生活观念奠定基础。

2.学生学情分析

众多二年级小学生对这个世界充满了探究欲，对周遭不为人知的事物抱有浓厚的兴趣，同时也乐于进行探寻。这些孩子们在感情上体验丰富，积极向上的态度在其日常生活扮演着核心角色，虽然偶尔会遇到一些小麻烦。为此，这一课程单元的设计目的是培养学生自主学习、与人协作和亲手实践的能力，希望通过这样的方式促进他们各方面的成长。本单元的学习不仅包含课堂教学，还规划了家长的积极参与，与孩子们的德育教育相结合，从而在家庭与学校，乃至更广泛的社会教育之间建立起有效的协作机制。

（六）教学目标与重难点

1.教学目标

（1）通过回顾生活，了解生活处处有快乐。

（2）在帮助伙伴解除忧愁与难题的实践中实现师生间的互动学习，明白日常存在的不悦之情不可避免，唯有端正自我针对情绪的态度，并恰当处理困扰，将其转化为欢愉，方显人生的积极姿态。

（3）通过寻找快乐的方法，激发学生自我调节和管理情绪的意愿，从而形成乐观开朗的健康心理素质。

2.教学重难点

（1）教学重点：正确看待自己的情绪，正确对待烦恼。

（2）教学难点：正确看待自己的情绪，正确对待烦恼，变烦恼为快乐。

二、教学准备

PPT、故事搜集。

三、教学过程

（一）课程导入：我来做，你来猜——生活处处有快乐

【活动导入】同学们，这是谁？你们认识吗？（出示孙悟空6个不同的表情）没错，显现于屏幕的正是中国四大经典文学巨著中《西游记》所描述的能力无边的齐天大圣孙悟空，观察一下，他的脸部表情真是多样生动哦！现在，我们不妨进行一场"表演与猜测"的互动小游戏。愿意的学生可以前来扮演孙悟空的各种神态，然后由其余的同学猜测他正模拟的是哪一种表情。有谁愿意尝试一下呢？

【学生活动】学生表演并猜测。

【教师提问】通过刚才的游戏，我们感受到生活中会有开心和不开心的情绪。回顾往昔，何种瞬间令你捧腹而笑？

【学生回答】学生回忆并分享，过程中结合学生的发言小结：

我进步，我快乐。
我分享，我快乐。
我创造，我快乐。
我阅读，我快乐。
我挑战，我快乐。
我游戏，我快乐。

【教师小结】生活处处有快乐。让我们一起学做"快乐鸟"吧。

【板书内容】学做"快乐鸟" 生活处处有快乐

【设计意图】利用表演和猜测游戏的教学方式，让孩童意识到每一个人在生活中都会体验到愉悦与快乐的感受。通过自身经历体会到生活处处有快乐。在课堂伊始，营造积极向上的课堂氛围。

（二）环节一：快乐门诊部——面对烦恼我能行

1. 说说烦恼

【教师导语】请思索一瞬，是否有记忆中你在求学或日常生活中曾经历过令你心情低落的情形？（展示课本中的实例）我打算做个小调研，请有经历的同学们举手示意。是否可以用简短的语句分享你所遭遇的那些不愉快经历呢？

【学生活动】学生分享自己的经历。

【教师小结】显然，我们每个人心中或多或少都承载着些许忧虑。

2.解决烦恼

【教师导语】某些难题,我们无法独立应对,是否有可能将这些忧虑藏于心底而默默承担呢?这时候就须得寻求别人的援手。那么,你们知道可以向谁寻求帮助吗?(如教师、父母、同伴……)因此,今日课上,我想邀请同学们扮演"快乐使者"的角色,大家都愿意共同助力于那些心怀烦忧的伙伴,帮他们寻回欢愉之情吗?

每位同学手中都持有一份专属的幸福卡片,在"个人的小困扰"这栏里,用简洁的语句记录下自己的烦心事。笔录完成后,请悄然步至前方,将之投递到置于前方的收件箱内,然后回到自己的座位上安坐。

【学生活动】回忆并书写。

【教师活动】课堂作业已经全部完成。现在请连续的四位同学组成一个讨论小组,并指派一名成员前来领取一张任务卡片。观察一下你手上的卡片所指的痛点是什么?接着,小组成员共同商讨解决策略,并将讨论成果记载在"快乐秘诀"卡上。记录完毕,请各位同学就座。不久,我们将邀请每个小组派出一位发言人来分享他们的想法。那么,请各位开始吧。

【学生活动】小组合作根据自己小组的卡片内容讨论。

【教师提问】观察到诸位学生团队协作得挺开心的样子,有哪个组愿意分享下你们纸牌上的困扰内容以及你们构想的应对之策呢?

【学生回答】小组展示分享。

【教师提问】这份小忧虑是出自谁的?你是否认为他们提供的解决方案适宜?这能否为你带来更多的幸福感?还有其他人是否也曾经历过类似的困扰?你认为这个团队提出的解决方式能否使你感到更加愉悦?还有其他人有没有更好的建议?我作为老师可以给你出一个主意,你认为这将有助于提升你的幸福感吗?

【教师总结】同窗们钻研的处理措施实属杰出,老师要为你们点赞。显然我们发现,一些隐忧实际上可以凭借我们的积极尝试得以克服。诸位不是感受过在辅助他人的过程中同样沐浴在欢乐之中吗?为别人带去帮助,也让自己心生喜悦!观察到大家在思索对策排忧的过程中,是否已经用一种更为积极的态度去面对生活里的坎坷?这点至关重要!让我们为自我喝彩!期望同学们面对困扰能够秉持乐观的态度,化作一只心怀喜悦的小鸟。

【板书内容】面对烦恼我能行

【设计意图】旨在通过团队协作掌握多样化的解决日常困扰的策略,通过卡片内容和团队协作的力量深入分析如何解决发生在身边各式各样的忧虑或者心灵困扰,习得援助他人的方法,同时也让自身感受到快乐。

（三）环节二：小故事大智慧——换位思考会快乐

1. 欣赏故事——《蜗牛和寄居蟹》

【教师导语】各位同学，《蜗牛和寄居蟹》也是一个引起我们共鸣的故事——它生动展示了心境如何主宰我们的幸福感。请同桌共同朗读，看看蜗牛和寄居蟹究竟经历了哪些趣事呢？小组成员各自扮演角色，将这段逸事一同上演。

【学生活动】阅读故事，小组展示表演故事。

2. 交流故事

【教师提问】各位同学，我注意到你们刚刚对此非常专注。理解了吗，起初寄居蟹与小蜗牛为什么显得那么不开心？

【学生回答】诞生之际，寄居蟹对于无法拥有一个永久的住所而感到苦恼，而小蜗牛则需每日承担携家带宅的重担，对此颇感疲惫；寄居蟹抱怨不断更换外壳的命运，而小蜗牛则埋怨终生只能紧守那唯一的壳……

【教师提问】两人各自承受着微小的困扰。继而，那只搬家蟹与幼小的蜗牛怎么看上去又恢复了快乐的心情？

【学生回答】因为它们换位思考后，发现自己的经历并非那么糟糕……

【教师小结】一位常怀换居之愿，另一位愿终生免于置业之忧。噢，显然，有时候改变思路看待同一件事，能让人感到快乐，果然想要快乐并非难事，这正是所谓的换位思考啊。

【板书内容】换位思考会快乐

【设计意图】通过生动有趣的小故事，引导学生深刻认识到成长过程中既包含喜悦也充满忧愁，认识到换位思考是排解内心烦恼的好方法之一，培养学生换位思考的能力。

（四）环节三：让快乐更多——收获快乐有方法

【教师提问】同学们，若是不改变看事情的角度，当心情郁闷时，你们有哪些方法能够让自己重新快乐起来？

【学生回答】可以做自己喜欢的事情转移注意力、可以和同伴倾诉……

【教师总结】寻觅欢愉的途径层出不穷。似乎在众人心境阴霾之际，均能觅得相宜之法以挽回乐观。实际上，这些寻乐之策亦可相互取经，你也可以在下课时，与周遭的同窗分享自己的欢乐。

我们共同来享受一首令人愉悦的旋律——《快乐的小青蛙》吧。站起身，跟着节奏快乐地蹦跳吧！

【板书内容】收获快乐有方法

【设计意图】旨在通过班级内部的沟通和倾听彼此变得快乐的好方法，引导学生认识到在日常生活中使自己感到快乐的途径是多种多样的，每一个个体都能找到适合于自己的排解烦恼、拥抱快乐的方法。每一个个体都有能力让自己以及自己的生活变得更加快乐。

（五）结束总结

【教师总结】在今天的课堂上，我们不仅认识到自身存在喜悦与烦闷等不同情感，而且学会了将郁闷情绪转化为愉悦的技巧，并且领会了通过援助他人来增进自我幸福感。我深信，各位学生定能化身为充满欢笑的小鸟！

【板书内容】

学做"快乐鸟"：生活处处有快乐，面对烦恼我能行，换位思考会快乐，收获快乐有方法。

四、教学反思

（一）在课堂中应深入引导学生深刻体察自我，接纳情绪的多元

快乐是生活的主旋律，但总会出现打破生活节奏的小插曲。对于二年级学生来说，让他们认识到"不良的情绪不是错误的"，也是生活的一部分，积极和消极的情绪构成了独特而完整的自己，该怎么样去调节呢？遵循自己的本心，给自己开个"良方"吧！学生在"我的情绪调节法"这一环节中贡献出了很多方法：散心、看书、听音乐、运动、找朋友聊天，甚至是不开心时吃点好吃的……遇到不良情绪时面对它、接纳它、积极疏导它，这就是我们要做的。

（二）在课堂中应进一步引导学生辨析明理，发现生活的智慧

此课程设计着重于激发学生树立起一个主动向上的生活观，认清何为正面的喜悦与负面的快感乃是激发学生主动态度的基础，而这样的逻辑辨析能力体现了生活中的睿智。

在教学中，"快乐门诊部"这一环节意在引导学生对情绪、情感进行价值辨析。"同学在讲台前演讲出错了，台下笑得很欢乐"，这种快乐应该吗？这一生活场景时常发生，通过批判反思的道德学习方式，辩证地看待快乐，知道不是所有的快乐都是恰当的。类似的事情发生后，我们会第一反应地发出笑声，但如果今后遇到类似情况，我们可以下意识地控制自己的情绪，这是对他人的尊重，这更是一种生活的智慧。

勇于创新，绽放自我
——以美术课"纪念辉煌 设计展演——虎头帽"为例

北京市第一七一中学附属青年湖小学 刘洙荥

一、教学基本信息

（一）教材：人民美术出版社四年级下册《美术》

（二）授课年级：四年级

（三）教学主题："玩中学、做中学、创中学"的探究式学习

（四）指导思想与理论依据

1. 指导思想

本主题教学以《义务教育艺术课程标准（2022年版）》为指导思想，以立德树人为根本任务。党的二十大报告以要将"中华优秀传统文化得到创造性转化、创新性发展"为核心，本节课以"纪念辉煌 设计展演——虎头帽"为学习载体，将美术与心理健康教育相融合，引导学生"脑—手—眼"的协调配合，并在探究中培养学生的学习能力，激发学生学习兴趣和探究精神，树立自信，乐于学习。

2. 理论依据

《中小学心理健康教育指导纲要（2012年修订）》提高中小学生心理素质、促进其身心健康和谐发展的教育，运用心理健康教育的知识理论和方法技能，培养中小学生良好的心理素质，促进其身心全面和谐发展。

以教育家杜威提出的"做中学"理论作为依据，倡导学生在探究过程中表达创作愿望、思想感情和艺术修养。在教学过程中"玩中学、做中学、创中学"，运用建构主义学习理论，激发学生的主动性，培养积极向上、勇于探索、勇于创新的新时代少年。

（五）教学背景分析

1.教学内容分析

"虎头装饰"是人民美术出版社四年级下册《美术》的教学内容，为"设计·应用"领域课程，通过了解民间艺术中的虎头装饰的表现方法、寓意，运用多种材料设计有个性的虎头装饰作品。将教材横向与纵向对比，三年级"设计小帽子""设计·应用"领域课程，初步了解帽子的相关知识，为他人设计制作帽子感受创造的乐趣，联系生活引导学生了解"实用与美观相结合"。创作的过程中渗透心理健康教育为学生身心健康起到促进作用，提升学生审美感知、艺术表现、创意实践、文化理解核心素养。当学生完成美术作品时，获得成就感、树立自信心。

2.学生学情分析

四年级学生探究能力强、能够积极参与设计活动、善于借助信息技术手段查找搜集资料，能够结合生活收集到不同的工艺品，愿意与他人分享交流。对于新媒材、新工具有浓厚的兴趣，愿意尝试使用丰富材料进行创作。

思维能力方面，四年级学生正处于从具体形象思维向抽象逻辑思维过渡的阶段。他们开始能够理解一些较为复杂的概念，但在很大程度上仍然依赖具体的事物和实例。情感方面，学生完成作品后十分在意同学的评价，渴望自己的作品被认可。对于老师的态度也很敏感，希望得到老师的喜爱和表扬。

（六）教学目标与重难点

1.教学目标

（1）创意实践能力：通过让学生在实践中运用创造性思维和方法，结合多种材料、科技元素进行虎头帽创作。课堂实践、学生作品展示、合唱表演，激发学生体验成功的快乐，树立自信心。

（2）提高艺术表现的培养：学生通过探究、设计、实践，利用科技元素等表现技法制作虎头帽。如为不同人群设计虎帽，让学生感受不同的造型表现，同时，学生运用不同材料进行创作，表达自己的情感和思想。最终组织学生参加合唱、设计展览等活动展示作品，提高学生的艺术表现能力。

（3）激发创作的热情，表达情感：通过探究、制作虎头装饰及虎头帽，感悟"物以致用"的设计思想，养成善于发现、勤于思考、大胆想象、追求探索的心理品质，增强民族自豪感和自信心。

2.教学重难点

（1）教学重点：创设真实情境，运用多种材料、科技元素设计制作虎头帽。鼓励学生自我发挥，激发学生学习的内在动力。

教学难点：巧妙地将科技元素运用到有个性的虎头帽中，表达学生的想法与愿望。

二、教学准备

（一）教师准备

认真研读《美术》教材，结合《中小学心理健康教育指导纲要（2012年修订）》心理健康教育是实施素质教育的重要内容。确定以引导学生自主探究为主要教学方法，突出重点知识的讲解和难点的突破。精心制作了生动形象的课件，鼓励学生积极参与到学习中，并收集与课程内容相关的视频、图片等资料，以增强教学的主动性和趣味性。同时，通过与学生的日常交流和作业情况分析，了解了学生的学习水平和困惑点，以便在教学中有的放矢。

（二）学生准备

布置预习任务，学生了解并寻找关于虎头的相关内容，在课前完成学习单，为课堂学习打下学习基础，学生准备好美术学习用品。

（三）教学环境准备

检查教室的多媒体设备，确保正常运行。整理教室，为学生创造一个舒适、整洁的学习空间。在教室布置上收集关于"虎"的物品和图片，张贴学生不同造型、不同色彩体现学生情感的画作，激发学生的学习兴趣。

三、教学过程

（一）课程导入：赏——虎文化

【活动导入】（1）分享交流回顾第一课时"虎头装饰"通过实地走访艺术家、自主学习网络各种文创作品、不同形式的虎头装饰资料搜集。

（2）第二课时"设计小帽子"结合虎头装饰方法，分享设计虎头帽草图。

【教师提问】同学们，从对虎头装饰的工艺品的参观实地走访、自主在网络学习各种文创作品的制作过程，书法、绘本、虎装饰品等资料搜集，分享并介绍中国传统有哪些虎文化。

【学生回答】运用甲骨文、小篆、隶书、楷书、行书、草书书写"虎"字感受书法形态美；读《虎头帽》《小小虎头》收集手工制作的虎枕虎玩具，让我了解民间"虎"造型，用于长辈对孩子们的爱，寓意健康、敏捷、聪明、保平安等美好祝福。

【教师提问】请同学分享设计帽子草图，并介绍虎头帽为谁设计、有什么功能。

【学生回答】我为弟弟设计一款可以冬天晚上戴的虎头帽，因为冬天天黑得比较早，弟弟玩的时候既可以在晚上亮起绚丽的颜色，还可以保暖不会让弟弟冻着。

【设计意图】通过参与汇报，鼓励学生敢于表达，通过小小的帽子设计增进亲情、友谊，设计过程增强学生自信心，引导学生感受民间老虎的装饰文化、物以致用的设计思想，提高文化理解，激发学生内在的学习动力。

（二）环节一：探——虎帽制作

【教师活动】创设情境，出示课题"纪念辉煌 设计展演——虎头帽"，回放2022年北京冬奥会开幕式精彩片段。

【板书内容】虎头帽

【学生思考】回顾2022年冬奥会开幕式的精彩片段，作为中国人感到很自豪。在演员的衣服上发现虎头帽的设计元素，感受中华优秀传统文化艺术魅力。

【设计意图】创设真实情境，任务驱动明确目标。进一步体会民间工艺在生活中的应用与传承。感受优秀传统文化艺术魅力，提高学生的民族自豪感，增强自信心。

【教师提问】介绍为谁设计的虎头帽，同学相互提出更好建议。（虎头帽的设计从造型、颜色、功能、尺寸、设计需求等方面进行介绍。例如帽子使用者喜好的造型，选择适合性格特点的色彩，为他人着想的使用功能，符合佩戴者的尺寸等介绍。其他小组从实用性、功能性、美观性提出改进建议。）

【学生回答】第一行第5幅：为妈妈设计这款虎头帽与传统民俗相融合，外观上以经典黑、黄、红配色和精致刺绣还原威风虎貌。（建议加入立体设计，形象会更逼真）第三行第3幅：我的虎头帽内置蓝牙立体声耳机，支持便捷触摸操控。（建议可声控，不方便时候可以用声控操作）第三行第7幅：为爸爸骑行设计，帽子里设计集成高精度GPS芯片，能实时导航并依路况智能规划路线，亲肤内衬保障舒适，灯光设计兼顾安全。（建议其他季节也能用）

【设计意图】交流的过程中互相帮助、修改不足，使自己的作品更完美。学生经过探究合作交流，使生活经验得到了升华，促进了学生自主探究问题能力的发展，进一步培养批判性思维和自我意识，增强团队协作能力。

【教师活动】运用多种材料、方法装饰虎头帽。请同学们仔细观察老师运用什么材料、方法进行完善的？

【学生思考】师生互动，以小组为单位学生看书交流，参考书中优秀作品，学生相互扶持、彼此指导，共同努力达成教学目标。再次结合材料和帽子特点探究如何进行虎帽制作的完善。

【学生回答】虎的耳朵，运用扭扭棒"卷"的方法进行装饰；虎的眼睛，运用太空棉或小彩球进行装饰；虎的鼻子，运用轻彩泥"揉、捏、搓、按、盘"等手法制作；虎的胡须，利用生活中的废旧材料设计制作。

【板书内容】贴示范作品

扭扭棒——卷 　　太空棉——团 　　轻彩泥——揉、捏、搓、压、按、盘

【设计意图】通过师生共同探究多种媒材与方法，合作学习可以满足学生的社会需要，有利于改善师生关系和生生关系，能真正发挥个人在集体中的作用，强化学生与环境的交互活动，有效促进学生心理机能的发展和社会交往能力的提高。同时，培养学生解决问题的能力和团队意识，鼓励学生创新思维。

【教师提问】用一个词来形容自己设计的虎头帽。

【学生活动】赋予虎帽情感，书写小卡片：可爱、勇敢、上进、好学、温柔、调皮、耿直、正义、助人为乐、奋斗、积极、乐观、漂亮、大方、天真、独立、开朗……写好后贴在自己的左胸前。

【设计意图】引导学生将虎帽作品与自己美好情感相联系，提升学生对中华优秀传统文化的热爱，体现做虎帽过程中的人文精神与丰富情感。建立作品与情感的联系，提升自我认同和幸福感。

【教师活动】（1）运用科技元素，设计有个性的虎头装饰帽。

（2）贴教师示范作品：手工缝制虎头帽与耳机相组合。

（3）教师演示怎样固定灯饰。

【学生思考】交流探究尝试用灯饰、反光条对虎头帽再装饰。

【板书内容】美观 实用 科技

【设计意图】培养学生主动探究的能力，激发学生想象，借助STEAM跨学科学习，融合科学知识，进一步设计有创新的虎头装饰帽。激发想象力和创造力，培养跨学科学习能力。

（三）环节二：做——创意虎帽

【实践要求】运用多种材料、方法，结合科技元素继续完善虎头帽。

【学生实践】动手实践完善虎头装饰帽。

【设计意图】培养学生的设计意识，提高动手设计制作能力。创作的成果让学生获得成就感、树立自信心。关注学生在创作过程中的情感体验，鼓励积极尝试和勇于挑战。

（四）环节三：展——戴虎帽

【学生活动】（1）组织学生现场展示交流自己作品的设计亮点。

（2）同学相互评价作品，简要介绍自己作品的设计思路。

（3）全班同学戴上亲手做的虎头帽，点亮虎头帽上的彩灯，一起合唱歌曲《虎头虎脑》。

【设计意图】德国教育家第斯多惠说："教学的艺术不在于传授的本领，而在于激励、唤醒和鼓舞。"激发学生参与活动的兴趣和热情，体验成功的快乐、树立自信心，促进学生身心健康全面发展。体验成功的喜悦，增强自信心和集体归属感。

（五）环节四：课后拓展

（1）在班级展示的基础上，学校进行"纪念辉煌 设计展演——虎头帽"活动。

（2）将主题学生作品上传到网络VR互动展厅，继续进行同学、家长、老师的互动参观评价。

【设计意图】利用网络资源，创设开放的教学情境，注重学生的可持续发展。拓宽展示平台，增强社会认同感，促进心理健康发展。

四、教学反思

（一）树立自信，提高自己

情境激励：通过真实的问题情境和任务驱动，激发学生的内在学习动力。

心理氛围：营造开放、创新和自信的课堂心理氛围，于"无声处"育心。

成果展示：通过作品展示和合唱表演，让学生体验成功的快乐，树立自信心。

（二）增强艺术体验，激发学习兴趣

联觉体验：结合生活实际，增强艺术相关感知，加大联觉体验。

情感联系：将虎头帽的设计、制作与学生的真实情感相联系，提升学生对中华优秀传统文化的热爱。

跨学科融合：通过融入科技元素和心理健康教育，激发学生的想象力和创造力，培养跨学科学习能力。

（三）深化心理健康与美术相融合

情绪调节：在教学过程中，关注学生的情绪变化，通过积极的心理暗示和情绪调节技巧，帮助学生保持积极的学习态度。

心理支持：为学生提供心理支持，鼓励他们表达自己的想法和感受，培养自我意识和情感管理能力。

家校合作：与家长建立联系，共同关注学生的心理健康发展，形成家校共育的良好氛围。

通过以上措施，本主题教学不仅提升了学生的美术核心素养和创造力，还促进了学生心理健康的发展，实现了美术与心理健康教育的深度融合。

收纳改变生活，
劳动收获快乐

北京市第一七一中学附属青年湖小学　罗绍忱

一、教学基本信息

（一）教材：人美版《劳动实践指导手册》整理与收纳任务群课程设计

（二）授课年级：三年级

（三）教学主题：收纳改变生活，劳动收获快乐

（四）指导思想与理论依据

1. 指导思想

俄国著名教育家乌申斯基曾有论述，教育是在人的心理层面进行的，任何一项教育都蕴含心理教育的因子。随着当今社会的发展，越来越多的因素影响着学生心理健康发展，儿童青少年心理健康问题凸显。劳动教育是心理健康教育的重要途径，我将结合具体课例内容阐述如何将劳动教育与心理健康教育跨学科融合教学，实现心育的全方面渗透和多元化发展。

2. 理论依据

党的二十大报告提出："重视心理健康和精神卫生。"促进学生身心健康、全面发展，是群众关切、社会关注的重大课题。《全面加强和改进新时代学生心理健康工作专项行动计划（2023—2025年）》明确指出"五育并举促进心理健康"，《中小学生心理健康教育指导纲要（2012年修订）》表明：心理健康教育的重点是认识自我、学会学习、人际交往、情绪调适、升学择业以及生活和社会适应等方面的内容。

劳动是人本身的内在心理需要与应有的自觉行动，而劳动教育则是以培养学生的劳动观念、劳动能力为核心，以塑造个体良好的劳动习惯和劳动精神为目的的教育活动，以《关于全面加强新时代大中小学劳动教育的意见》为指导，以《课堂教学评价标准》为依据，注重学生日常生活中的劳动实践，立足个人生活事务处理，注重生活能力和良好习惯培养，树立劳动意识。将劳动观念和劳动精神教育贯穿家庭、学校、社会各方面。

（五）教学背景分析

1.教学内容分析

多项研究表明，干净整洁的环境不仅可以令人心情愉悦、感到舒适，还能促进人们的积极情绪和幸福感，提高专注力。南方医科大学心理学系肖蓉副教授撰写的《收拾屋子能给心理"排毒"》的文章中指出：杂乱无章的家庭或工作场所会影响身心健康，在某些情况下甚至会对人际关系产生负面影响。把屋子、工作环境的东西整理得井然有序能减轻压力，把时间和精力集中在更重要的事情上。而将生活与学习中的物品有条理地进行整理，就属于劳动教育中学生的日常生活劳动。这一单元内容能够有效地引导学生亲历实际的劳动过程，初步培养学生的学习能力，激发动手兴趣和探究精神，增强生活自理能力，树立自信，体验劳动实践的乐趣。

本单元以"劳动收获快乐"这一内容为主题，进行三课时的教学设计，分别从学生的学习与生活两方面，由简到繁，由点到面。从基础内容学习整理书包，到走入家庭收纳整理衣柜，以及最后利用房间一角的整理与收纳一课落实学生的实践操作。在将身边的物品或环境通过自己的劳动整理干净，收获快乐的同时，树立自信，提高动手能力，综合应用所学知识。

单元教学课程设计：

收纳物品 ｛ （学习方面）书包的整理与收纳　　一课时
　　　　　 （生活方面）衣柜的整理与收纳　　一课时
　　　　　 （综合应用）房间一角的整理与收纳　一课时

2.学生学情分析

本次教学内容是针对小学三年级的学生，属于小学低年级到中高年级的过渡阶段。

如今学生在家庭中被父母过度关注，甚至是溺爱，因此，造成了孩子自理能力差的情况。小学生们就好像温室里的花朵，经不起一点儿风吹雨打，意志力薄弱，此外，表现为自责倾向。自责倾向是指当发生不如意的事情时，经常出现否定自己的心理，认为自己不好、不够优秀，表现为学生不独立，不愿劳动，情绪不稳定，劳动意识浅薄的情况。

为了更好地了解学生情况，对三年级的学生进行了有关整理书包的课堂前测。

根据对调查结果统计，发现：三年级绝大部分的同学能够自己整理书包，小部分同学能够将物品分类进行整理，但大部分同学没有将物品分类的意识，且不能保证每天全部带齐学习用具。

（六）教学目标与重难点

1. 教学目标

（1）劳动观念：学习整理收纳书包的方法，初步感知劳动后的心理变化。

（2）劳动能力：完成书包的整理与收纳，形成自己的事情自己做的意识，培养学生的秩序感，树立规则意识，初步培养学生体验、调控情绪的能力及个人生活自理能力。

（3）劳动习惯和品质：通过实践活动，培养及时整理、有序收纳书包的良好习惯。能够认真负责、善于合作、坚持不懈地参与劳动，形成吃苦耐劳的劳动品质。

（4）劳动精神：树立自信，初步形成有始有终、井井有条、热爱劳动的意志品质，感受日常生活劳动所带来的快乐。

2. 教学重难点

（1）教学重点：了解整理收纳能够改善内心情绪，初步具有整理收纳的能力。

（2）教学难点：形成主动调控情绪的意识，养成及时整理收纳的好习惯。

二、教学准备

教师课前准备：教学课件，演示示范材料。

学生课前准备：书包，文件夹（文件袋），彩纸，双面胶。

三、教学过程

（一）创设情境，感受情绪的变化

【教师活动】教师出示图片，杂乱无章的房间与整洁干净的房间对比。

心育教学

引导学生说一说这样的学习环境分别会带来什么样的内心感受？

【学生回答】杂乱无章的房间：烦躁、焦虑。整洁干净的房间：舒心、愉悦、幸福。

【教师活动】请两位同学分别从杂乱的书包与整洁的书包中快速找到学案。比一比，谁找的速度更快。

比赛结束后，教师分别采访两位同学：在找东西的时候心情是怎样的？

【学生回答】更快同学的心情是放松、从容的。较慢同学的心情是逐渐焦虑、烦躁的。

【教师总结】杂乱无章的学习环境会影响我们的身心健康，整理收纳可以有效地解决这一问题。今天我们就从身边的物品书包出发，学习书包的整理与收纳。

【设计意图】此环节引导学生认识自己的情绪，学会体验情绪并表达情绪，找到出现不好情绪的原因，学会面对情绪和压力，并感受收纳物品的重要性，引出课题。

（二）交流分享，学习分类的方法

【教师活动】（1）请比赛获胜的同学与全班同学分享自己快速找到学案的方法。

（2）鼓励同学们积极交流，畅所欲言，分享自己整理书包的好方法。集思广益，如果想要将书包整理整齐还有哪些方法呢？

【学生回答】可以借助收纳用具，如收纳袋、收纳夹，将学习用品分类收纳。

【教师提问】将学习用品进行分类的标准有哪些呢？

【学生活动】小组讨论，分享自己分类的方式。

【教师总结】可以按照学科分类、形状大小分类、类别分类等。

【设计意图】本环节通过学生的分享交流，培养学生与他人沟通、合作的能力。在将整理书包的方法分享给他人的同时，也收获了他人的好方法，激发学生运用多种方式来收纳书包，从而突破教学难点。并学习物品分类的标准，认识收纳分类的基本规则，引导学生能够利用现有的用具解决分类问题，合理进行收纳，树立劳动意识。

（三）巧妙设疑，学以致用真探究

【教师提问】在学生明确用品分类的标准后，老师提出问题：那如果手边没有收纳用具帮助分类，又该怎么办呢？

【学生活动】小组分组讨论交流。

【设计意图】发散学生思维，激发学生学习兴趣和动力，培养学生的创造思维能力和探究心理，提高创造性劳动能力。

【教师活动】教师出示制作纸质风琴夹的小视频。

【学生活动】学生学习如何制作手工风琴夹。

【教师总结】相信大家一定没有想到，课堂上学习过的纸工基础知识，正折线和反折线的折叠与简单的粘贴，利用彩纸就能自制收纳工具，解决分类问题。

（四）分工合作，感受劳动的乐趣

【学生活动】学生变身小小整理收纳师，以小组的形式，分工合作。将一桌子杂乱无章的物品，整齐有序地放进书包，完成书包的整理与收纳。

【教师总结】在大家的操作中可以借助收纳用具进行分类，还可以根据视频中学习的方法，利用半成品完成属于自己的风琴夹。大家快动起来吧!

【设计意图】解决教学重点，培养学生合作互助的良好品质，提升学生社会适应能力，通过集体活动和小组任务，增强学生的团队意识和协作精神。学生亲历实践劳动过程，提高自理能力，树立积极的劳动意识，体验书包收纳整齐后的成就感，形成热爱劳动的观念，养成收纳的好习惯。

（五）多样评价，关注可持续发展

本课将教学内容贯穿家庭与学校的同时，也希望能够将评价延伸到课下，关注学生持续性的劳动反馈，通过自我、同学、家长的多样评价方式，激励学生利用分类收纳解决生活与学习中遇到的问题，并鼓励学生记录收纳妙招，将合理分类、收纳整理变成一种好习惯，助力学生成长。

【设计意图】加强同学间、亲子间的沟通，注重自身良好心理素质的养成。尊重学生的个性差异，鼓励他们展现自己的劳动能力，培养独特的个性和创造力。

（六）回顾总结，感受劳动快乐

【教师提问】同学们将杂乱的物品和书包收纳整理后，现在的心情是怎样的呢？

【学生回答】心情舒畅，成就感满满。

【教师总结】物品井然，内心悠然。希望在以后的学习过程中，如果出现了不好的情绪，同学们可以正确地认识、调控自己的情绪，转移注意力。整理收纳这项看似简单的方式就能改善我们的心理状态，也许就能扫去心中的阴霾，抚平内心的焦虑。今天学过的收纳方法，不仅可以整理书包，还可以收纳家里的衣柜以及房间的一角。希望同学们可以养成勤整理、多动手的好习惯，形成有始有终、井井有条、热爱劳动的意志品质，感受日常生活劳动所带来的快乐。

【设计意图】增强学生心理韧性，帮助学生学会面对学习、生活中的压力，掌握有效的应对策略，学会调节压力与情绪。本节课通过劳动教育与心理教育的融合，鼓励学生更好地应对生活中的压力与情绪，树立自信，引导学生在学习与生活中感受劳动的快乐，成长为自信、乐观、有责任感、有秩序感的人。

四、教学反思

物品井然，内心悠然。整理的虽是物品，改变的却是内心。看到同学们将书包、衣柜、房间整理得井然有序后，而收获的一张张满足的笑脸，我内心里的成就感也油然而生。希望本次劳育与心育的跨学科融合教学，可以在同学们心中种下一颗正能量的种子，"劳动使我快乐"的认识可以生根发芽，促进学生健康、快乐地成长。

通过本单元的教学实践，我最大的体会就是无论哪项教育都应把学生的实际需求放在首位。在进行劳动教育的同时，遵循心理健康教育的规律，将适合学生特点的心理教育内容有机地渗透到日常生活劳动中。将劳动观念和劳动精神教育贯穿家庭、学校、社会各方面，加强亲子沟通，注重学生良好心理素质的养成，以积极、健康、和谐的家庭环境与社会环境影响学生。

除此之外，作为劳动教育的教师，我深知自己对于心理健康知识的学习还大有欠缺。在未来的教育工作中，我会继续认真学习心理健康教育，尝试不同内容的劳育与心育的教学融合，实现心育的全方面渗透和多元化发展。

百分数之光
照亮心理健康之路

北京市第一七一中学附属青年湖小学　程　琼

一、教学基本信息

在新课改的推动下，小学数学课程不仅传授知识，更需与心育融合，以拓宽心育渠道，助力学生身心健康成长。

（一）教材：人教版六年级上册《数学》

（二）授课年级：六年级

（三）教学主题：百分数之光照亮心理健康之路

（四）指导思想与理论依据

1.指导思想

教学设计基于《义务教育数学课程标准（2022年版）》和《全面加强和改进新时代学生心理健康工作专项行动计划（2023—2025年）》的指导，旨在通过跨学科的教学方式，让学生在数学学习的同时，也能在心理健康方面获得成长。本节课我致力于学生的全面发展，核心指导思想在于以学生为中心，并强调数学学科与心育教育的深度融合。

2.理论依据

遵循"数学新课标"的跨学科教学理念，本节课以"百分数的意义"为教学内容，将数学学科与心育教育有机结合。采用"数学+"的教学模式，将数学知识与学生日常生活、心理健康紧密相连，让学生在解决实际问题的过程中，不仅能掌握数学知识，还能加深对身心健康数据的理解，提升健康意识。通过多元化跨学科项目活动，让学生在轻松愉快的氛围中学习数学知识，同时也在心理健康方面得到积极的发展。希望通过这样的教学方式，真正实现数学与心育的相互促进，为学生的全面发展奠定坚实的基础。

（五）教学背景分析

1. 教学内容分析

百分数作为一种重要的数学表达形式，不仅在日常生活中广泛应用，而且能够帮助学生更深入地理解数值间的比例关系。

2. 学生学情分析

对于六年级的学生来说，他们已经接触过分数、小数等基础知识，但对于百分数的意义和应用还不够熟悉。同时，由于他们正处于身心发展的关键时期，了解和关注身心健康的知识也尤为重要。因此，本节课的教学设计将注重理论与实践的结合，以生动有趣的方式引导学生理解和掌握百分数的意义，培养学生的积极情绪和奋斗精神，为学生的全面发展奠定坚实的基础。

（六）教学目标及重难点

1. 教学目标

（1）借助具体情景感受百分数产生的必要性，理解百分数的意义，掌握百分数的概念、读法、写法及意义。

（2）通过自主探索、小组合作等活动，在观察对比中，激发学生的学习兴趣，发展学生的数据意识和应用意识。

（3）融合激励教育，培养学生的思维品质、积极情绪和奋斗精神。

2. 教学重难点

融合教育心理学知识，设计有效的数学活动，让学生在掌握百分数统计意义的同时，增强心理健康意识，培塑乐观向上精神。

二、教学准备

（1）收集与百分数及心理健康相关的案例、数据等资料，为课堂教学提供丰富的素材。

（2）引导学生收集成语中的百分数，为课堂互动交流做准备。

（3）了解心力的相关知识，为引导学生感受心态重要性、初步掌握心理调试的方法做足准备。

三、教学过程

（一）课程导入：创设情境，比对思考，在认知冲突中接受新知

【教师导语】青年湖小学篮球队要选拔球员，代表学校参加北京市小学篮球赛。老师收集到了他们在训练期间的投篮数据。

1. 对比分析，理解数与数量关系

三位选手投篮情况统计表

选手编号	投中次数	投篮总数
1号	9	25
2号	10	25
3号	21	25

【学生思考】比较投中次数可以辅助判断投篮的准度，而投篮次数相同的情况下比较投中次数才能更加严谨地帮助我们做出判断。

2. 动手操作，感受百分数的必要性

【教师提问】那如果投篮总数不相等呢，我们又该怎么比较呢？

（1）活动建议：① 你认为谁投得最准？ ② 相互说说是怎么想的？

（2）汇报交流：

三位选手投篮情况统计表

选手编号	投中次数	投篮总数	投中次数占投篮总数的几分之几
1号	9	20	9÷20=9/20=45/100
2号	10	25	10÷25=2/5=40/100
3号	21	50	21÷50=21/50=42/100

【学生思考】在投篮次数不同的情况下，我们也可以通过分数的方式做出投篮准度的判断，而将分母统一成100，会使之一目了然。

3. 借问题链，理解百分数作为分数的意义

【教师提问】百分数是数吗？百分数与之前学过的整数、分数、小数有什么区别与联系？百分数有什么用？为什么要学习百分数呢？……

【学生思考】百分数与分数的紧密联系。凸显百分数的优势。通过比较命中率的大小，我们知道了1号选手投得最准。所以，当投篮总数不相同时，我们可以用两个数量的倍数关系即命中率进行比较。

【设计意图】分步给出投中次数和投篮总数，意在制造认知冲突，引发学生的好奇心，强化注意力，学生对自己的认知结果产生疑问并进行调整，有助于培养学生的批判性思维和创新

能力；通过比较谁投得最准，培养学生全面思考问题的意识，唤醒学生相关旧知的学习经验，促进新知识由不完善到逐步完善的全过程，逐步认知百分数的现实意义；鼓励学生自主探索、合作交流，体验成功的喜悦，积累解决问题的经验和自信心。

（二）环节一：联系场景，辨析讨论，在思维碰撞中揭示本质

1.用场景化，体会由心理因素导致的百分数随机性

（1）问题引领，初步感知数据的随机性

【教师提问】大家觉得1号选手在比赛中的命中率也会是最高吗？

【学生回答】不一定。因为比赛中可能会紧张、有压力，导致发挥不稳定，成绩会变化。

【学生回答】（1）真正参加比赛未必是1号选手胜出。

（2）对比推理，理解百分数的随机性

三位选手投篮情况统计表（训练）

选手编号	投中次数	投篮总数	投篮命中率
1号	9	20	45%
2号	10	25	40%
3号	21	50	42%

三位选手投篮情况统计表（比赛）

选手编号	投中次数	投篮总数	投篮命中率
1号	8	20	40%
2号	11	25	44%
3号	27	50	54%

上面是选手们刚才的训练数据和一次比赛中的数据。

【教师提问】结果变了吗？为什么会变？你在什么时候会紧张？你会怎么办？

【教师总结】（结合视频）除了基本功，注意力、心理素质和自信心都会影响比赛发挥。心理素质尤为重要，可以通过深呼吸、放松肌肉等方式来缓解比赛、考试、上台讲话的紧张情绪，从而更好地集中注意力。

【设计意图】感受心理因素引起了百分数的随机性；体会心理素质的重要性，要想做好一件事，不但要求基本功扎实，还要有强大的心理素质，特别是在决定胜负的关键时刻还能冷静思考和沉着应对的能力。

2.建数据集，渗透百分数的统计含义

（1）活动建议

【教师提问】一场比赛的数据就能证明选手的真实实力吗？

现在教练要选出一名选手去参加比赛。选谁参加更合适？为什么？

三位选手投篮情况统计表1

选手编号	投中次数	投篮总数	命中率
1号	9	20	45%
2号	10	25	40%
3号	21	50	42%

三位选手投篮情况统计表2

选手编号	投中次数	投篮总数	命中率
1号	8	20	40%
2号	13	25	52%
3号	21	50	42%

三位选手投篮情况统计表3

选手编号	投中次数	投篮总数	命中率
1号	13	20	65%
2号	15	25	60%
3号	21	50	42%

三位选手投篮情况统计表4

选手编号	投中次数	投篮总数	命中率
1号	2	20	10%
2号	13	25	52%
3号	20	50	40%

三位选手投篮情况统计表5

选手编号	投中次数	投篮总数	命中率
1号	13	20	65%
2号	17	25	68%
3号	22	50	44%

三位选手投篮情况统计表6

选手编号	投中次数	投篮总数	命中率
1号	3	20	15%
2号	16	25	64%
3号	28	50	56%

三位选手投篮情况统计表7

选手编号	投中次数	投篮总数	命中率
1号	14	20	70%
2号	14	25	56%
3号	16	50	32%

三位选手投篮情况统计表8

选手编号	投中次数	投篮总数	命中率
1号	13	20	65%
2号	14	25	56%
3号	21	50	42%

三位选手投篮情况统计表9

选手编号	投中次数	投篮总数	命中率
1号	9	20	45%
2号	15	25	60%
3号	19	50	38%

（2）汇报交流

【学生回答】选1号。因为9场比赛中，他命中率最高的有4场，场数最多。选3号。理由是3号的命中率相对最稳定。选2号。单看每一次数据，无法选出谁去参加，因为命中率最高的那个人会变化。

（3）辨析讨论

【教师总结】虽然有些想法还没那么成熟，但你们都为这个问题找到了初步的思考方向，才有助于产生质疑、调整思维、聚焦关键点，最终找到解决问题的方法。

（4）数形结合，揭示趋势

① 借助表格，发现变化。

三位选手投篮命中率统计表

累计实验次数	1次	2次	3次	4次	5次	6次	7次	8次	9次	……
1号命中率	45.0%	42.8%	60.0%	47.0%	50.8%	44.7%	51.4%	53.5%	50.9%	……
2号命中率	40.0%	46.0%	37.5%	41.0%	46.4%	58.0%	60.0%	56.0%	54.0%	……
3号命中率	42.0%	42.0%	48.6%	46.5%	42.0%	50.7%	48.0%	44.8%	44.2%	……

【学生回答】前面命中率的变化比较大，次数增加后，命中率的变化就不那么大了。

② 借助图像，感受变化。

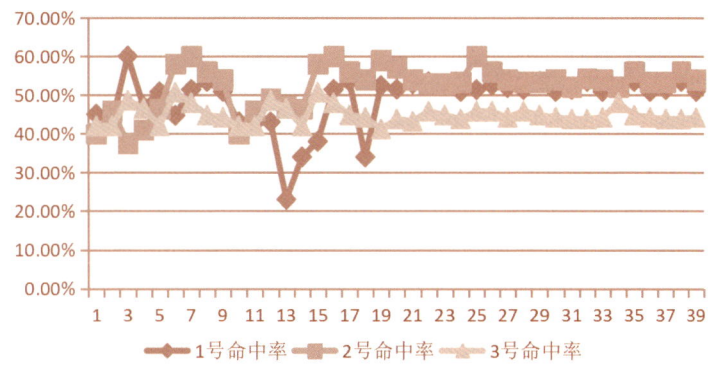

三位选手投篮命中率统计图

【学生回答】单看某一次的数据，由于数据量小，命中率浮动较大，无法做出确切的选择；随着数据的进一步积累，通过大数据量的分析比较，三位选手的投篮命中率都逐渐趋于稳定，从随机现象中看到它的稳定性，从而帮助我们有效预判、做出决策。

【设计意图】在随机性引入中，穿插心理因素对比赛结果的影响，让学生们认识到情绪和心态对解决问题的影响，通过融入心理学知识，帮助学生建立积极的生活和学习态度；在教学中设计小组合作活动和辨析性交流讨论，让学生逐步学会倾听他人的意见和表达自己的观点，培养学生的沟通能力、团队意识和合作精神，激发学习兴趣、提升自信。

（三）环节二：走进生活，学以致用，在分享交流中感受价值

1. 主动思考，展示自我，丰富对百分数的认识

【学生回答】藏在成语里的百分数，如半壁江山、百里挑一、十拿九稳、百战百胜……

【教师总结】数学与古典文化之间存在着千丝万缕的联系，我国的古典文化源远流长，作为一名中国人，我们应当感到骄傲与自豪。

2. 积极分享，正视情绪，赋予积极向上的正能量

（1）分享情绪，接纳自我

【教师提问】这节课你对自己的表现满意吗？用一个百分数表示你的满意程度。

【学生回答】①100%满意。

②不是太满意，只有60%。

【教师总结】首先要恭喜得到100%满意的同学，正因为有100%的投入和专心才收获到了100%的结果；其次，没有得到100%的同学也不用气馁，

因为缺失的那一部分正是自己今后努力的方向，从这个意义上讲，这部分同学今天的收获会更大。

（2）案例教学，正向激励

【教师提问】如果我们每天都比昨天进步1%，那么一年下来，我们的成绩将会有什么变化？

【学生回答】① 猜一下，每天进步幅度太小，一年后的成绩应该也不会有大的变化。

② 算一下，随着天数的增加，成绩发生了惊人的提升幅度，达到37.7倍。

【教师总结】人生是一场看不到终点的马拉松，关键在于每天点滴的努力和进步，以及积极的心态。今天这个关于1%的故事告诉我们只要"努力+乐观+坚持"，就能更快到达自己理想的彼岸。

（3）课后思考，持续赋能

"天才 = 99%的汗水 + 1%的灵感（爱迪生）""每一个百分点的进步，都是你向目标迈进的一小步，累积起来，就是通往成功的大步。"谈谈自己的看法和感受。

【设计意图】通过学生分享自己的满意度，带领学生在分享中进一步认识自我、接纳自我，培塑积极健康的心理；引入关于百分数的励志故事，让学生们深层次认知坚持的意义，只要愿意付出，坚持不懈，就一定能够实现自己的目标和梦想；百分数不仅是一个数学工具，更是一种激励我们前进的力量。

四、教学反思

本节课采用互动教学法，设计了有层次的教学活动和问题链，有助于培养学生的逻辑思维能力和解决问题能力。鼓励学生自主探索，不仅增强了学习兴趣，也加深了对百分数的理解。我关注学生在学习过程中的情感体验，通过及时的积极反馈增强学生的自信心和学习动力，尝试将数学与心理学相融合，旨在培养学生的自我调节能力和情绪管理能力，以积极乐观的态度和持之以恒的努力面对挑战。这种跨学科的教学方式不仅有助于学生理解数学知识，还使其学会了如何管理自己的情绪和状态，这对于学生的全面发展具有重要的意义。同时，也能够帮助学生形成全面的知识体系和能力结构，提高学生的综合素质和竞争力。

Colorful World

北京市第一七一中学附属青年湖小学　黄一放

一、教学基本信息

（一）教材：北京版 一年级下册《英语》

（二）授课年级：一年级

（三）教学主题：颜色认知与情绪表达的英语学习体验

（四）指导思想与理论依据

1.指导思想

《义务教育英语课程标准（2022年版）》（以下简称《新课标》）提出要制定核心素养导向的单元整体教学目标，挖掘单元整体育人功能。笔者通过深入挖掘教材，引导学生关注单元学习的主题及各课时的话题。

《新课标》还指出，英语教学注重语言学习的过程，强调语言学习的实践性，主张学生在语境中接触、体验、理解、运用语言。同时，语言学习需要大量的输入，应利用丰富多样的课程资源及现代教育技术为学生学习英语拓展渠道，以学生喜闻乐见的方法、资源学习英语，让学生喜欢英语。

《中小学心理健康教育指导纲要（2012年修订）》提到：心理健康教育应从不同年龄阶段学生的身心发展特点出发。对于低年级的学生，教师要帮助其认识日常学习生活环境和基本规则、培养其学习习惯，让学生初步感受到学习的乐趣。

心理健康教育不只是心理健康老师的责任，更是各科教师的使命。因此，笔者将极具趣味性的活动贯穿课堂始终，以消除学生学习英语的畏难情绪，充分激发学生的学习兴趣，让学生深度参与到课堂学习当中。此外，笔者引用绘本《我的情绪小怪兽》的部分内容，在复习所学关于颜色词汇的基础上，引导学生用颜色认识并表达自己的不同情绪，做自己情绪的主人。

2. 理论依据

依据《义务教育英语课程标准（2022年版）》和《中小学心理健康教育指导纲要（2012年修订）》，唯有借助系统的单元学习方可切实有效地培育学生的核心素养。教师需深度剖析教材，引领学生聚焦单元学习主题以及各课时话题，运用饱含情感的教学语言营造优良的课堂氛围，有效消除学生在英语学习中可能存在的抵触或紧张心理，充分激发学生的内在潜能，从而为培育具有健全人格与健康心态的学生奠定基础。

（五）教学背景分析

1. 教学内容分析

作者将本单元主题确定为"Colorful World"，话题为谈论物品颜色。引导学生通过学习，能够在具体情景中与他人针对颜色进行简单的交流。此外，学生能够运用颜色表达自己的不同情绪。

在第一学期，学生已经学习了多种与新、老朋友问候交流的表达方式，且在本册教材第一单元中，学生学习了如何表达自己对某人或某物的喜爱。因此，在本课的教学设计中，笔者着重创设不同的情境，让学生有机会将之前所学的句式进行综合实际运用，促进学生英语语言思维的形成。通过参与课堂活动，学生尝试运用本单元的功能句在不同的关于讨论物品颜色的情境下与他人快乐地交流。

2. 学生学情分析

一年级的学生好奇心强，喜欢探索新事物。在面对问题时，只能主观看世界，不能客观地予以分析，在思维上带有自我中心倾向。此外，这一时期的儿童情绪容易波动，可能会因为小事而高兴或难过。因此，笔者通过本节课的教学引导学生认识自己的情绪，并用颜色表达自己的不同情绪。

在第一单元中，学生已经学习了用"I like…"表达对某人或某物的喜爱，以及用"It's…"来形容或评价某物。此外，90%的学生在课前已经掌握本单元所学颜色词汇，因此在形容物品颜色方面，绝大部分学生能够做到得心应手。

基于上述原因，笔者在设计教学时特别注重谈论颜色情境的创设，从实物、教具、教学活动等方面入手，以最直观的方法让学生接触各种颜色，让学生更加真切地感受到我们生活在一个多彩的世界里，以此降低学习难度，提升学生的学习兴趣。

（六）教学目标与重难点

1. 教学目标

（1）认知目标：复习本单元所学字母、词汇、韵文及句型，能准确且流利地表达。

（2）能力目标：在实际情境中，综合运用本单元所学内容谈论颜色及情绪。

（3）情感目标：通过观看《我的情绪小怪兽》绘本故事，学会认识情绪，并能够用颜色描述或表达情绪。

2. 教学重难点

（1）教学重点：通过学习，学生能够谈论物品颜色、交流自己喜欢的颜色，能够用颜色描述或表达情绪，画出自己的情绪小怪兽。

（2）教学难点：正确书写字母 Kk—Oo。

二、教学准备

手写体版的大小写字母卡片（K—O）、图文结合的单词卡片、常规PPT课件、希沃白板互动课件、情绪小怪兽卡片若干、彩笔。

三、教学过程

（一）课程导入

【活动导入】播放《头脑特工队》里的小片段。

【教师提问】People in the video are in different colors. What colors do you see?

【学生回答】Black, red, yellow, green, and blue.

【教师提问】Each color has a feeling. How does the blue one feel?

【学生回答】Sad.

【设计意图】通过播放动画片小片段，利用动画的趣味性吸引学生注意力，激发学生对课程的兴趣，初步消除部分学生对英语学习的畏难情绪。引导学生关注颜色可表达情绪这一功能，同时让学生在轻松的动画情境中，初步感知情绪与颜色的联系，帮助他们将抽象的情绪概念具象化，降低理解难度，增强学生对新知识的接纳度。

【复习导入】Listen and repeat the texts in this unit.

【设计意图】通过跟读录音回顾本单元所学课文，帮助学生巩固知识。在跟读过程中，让学生感受到对已有知识的熟悉感，增强学习的自信心，缓解面对新知识的紧张情绪，为后续学习营造积极的心理氛围。

（二）环节一：复习本单元学习内容

1. Review the letters 使用希沃白板互动课件中的比拼小游戏，学生依次找出大写字母、小写字母及大小写字母的正确搭配

(1) Find big letters.

(2) Find small letters.

(3) Find best groups.

【设计意图】复习并区分大写字母、小写字母以及大小写搭配的字母组合。学生到教室大屏上操作，极大程度激发学生兴趣。此活动难度较低，能让性格内向或对英语学习有畏难情绪的同学积极参与，在参与过程中获得成就感，增强自信心，培养学生勇于尝试、敢于表现的心理品质。

2. Review the words 复习本单元所学字母及单词

【教师导语】Let's play a guessing game. I will describe a word, please guess what is it. The first one who can say the answer, he/she will be our little teacher.

【教师提问】It's a baby cat.

【学生回答】K is for kitten.

【教师提问】It looks like a cat, but it's bigger.

【学生回答】L is for lion.

【教师提问】We all have this thing. It's on our face.

【学生回答】N is for nose.

【教师提问】We can fish with it.

【学生回答】N is for net.

【教师提问】We can cook with it.

【学生回答】O is for oil.

Other words are the same as the above.

【设计意图】在认读词汇的基础上进行描述，加深学生对本单元词汇的理解。猜谜游戏能激发学生的好奇心和探索欲，培养学生的思维能力和竞争意识。在竞争氛围中，学生积极思考，努力表现自己，有助于提升自我认知，增强学习动力。

3.Listen and number

【教师导语】Now please open your books, turn to page 38. Take out your pencil, let's listen and number.

【设计意图】反馈并检测本单元字母及单词的掌握情况，即学即评。及时对学生的学习给予肯定，满足学生的成就感，增强学生的自我效能感，让学生感受到自己的努力得到认可，从而更积极主动地投入学习中。

4.Let's chant

【学生活动】S say the chants of this unit.

【设计意图】在韵律中再次感受字母及单词的发音，放松学生心情，缓解前一个检测活动给学生带来的紧张感。韵律活动能让学生在轻松愉悦的氛围中学习，增强学生对英语学习的喜爱之情，培养学生积极乐观的学习态度。

5.Review the colors 按照规律把不同颜色的小球放回相应的篮子里

【教师提问】Ah-oh, the naughty kitten put the balls here and there. It's so messy. Can you help me to put them back into the baskets?

【学生活动】Find the regular, and try to put the balls in the right basket.

【设计意图】在挑战中巩固颜色词汇，同时通过趣味游戏训练学生的思维。在游戏过程中，学生需要集中注意力、思考策略，有助于培养学生的专注力和解决问题的能力。成功完成游戏能让学生体验到克服困难的喜悦，增强面对挑战的勇气和信心。

6.I draw you say

【教师导语】I will draw the picture step by step, and please guess what is it. The first one who can say the answer, he/she will get a chance to the front and go on guessing the color of it. If he/she guesses it wrong, you can say: "No." If he/she guesses it right, you can show your thumb and say: "Yes. You're right."

【设计意图】在熟悉本单元交际用语的基础上，正确、流利地表达物品颜色，在交流中正确运用this、that、your、my等词。分部分呈现绘画内容，打破学生的思维限制，引导学生客观分析。这有助于培养学生的观察力、想象力和批判性思维，同时在与同伴的互动交流中，提高学生的沟通能力和团队协作意识，让学生学会尊重他人意见，增强人际交往的自信。

7. A visit to Peppa's room

【教师导语】Let's visit Peppa's room.

【教师提问】What does the girl see?

【学生回答】The monkeys.

【教师提问】She wants to know if Peppa like the red monkey, how can she ask?

【学生回答】Do you like that monkey? It's red.

【教师提问】Guess! Does Peppa like that red monkey?

【学生回答】Yes. / No.

【教师提问】How will she say?

【学生回答】No. I like this pink monkey.

（三）环节二：My little emotional monster

1. Watch the story 观看情绪小怪兽的短片

【教师导语】Oh! Poor little monster. He mixes all the feelings together. Let's help him!

【教师提问】What is yellow for?

【学生回答】Happy.

【教师回答】Yes. It likes the bright sun or the shining stars.

【教师提问】When you feel happy, what would you do?

【学生回答】Laugh. / Dance. / Play with my friends.

【教师提问】What is blue for?

【学生回答】Sad.

【教师回答】Yes. It likes the rainy day.

【教师提问】When you feel sad, what would you do?

【学生回答】Cry. / Stay alone.

【教师提问】What about red, black, and green? What are they for? Please work in pairs, and talk with your partner.

【设计意图】学生观看短片，了解情绪小怪兽的故事内容，为后续讨论做铺垫。通过观看短片，学生直观地看到不同颜色代表不同情绪，将抽象的情绪概念形象化，帮助学生更好地理解和认识自己的情绪。小组讨论环节能培养学生的合作交流能力，让学生在交流中分享自己的感受，学会倾听他人，增强情感共鸣。

2. Color the monsters 给带有不同情绪的小怪兽涂色

【教师导语】Look! We help the little monster to divide these feelings.

【教师提问】What colors do you use to express your feelings? Please take out your worksheet and colorful pens, draw your emotional monster. If you finish, you can talk with your partner.

【设计意图】在知道可以用颜色表达情绪后，学生动手给带有不同情绪的小怪兽涂色，引导学生认识情绪、表达情绪。绘画活动是一种情感表达的方式，学生通过选择颜色、绘制小怪兽，将内心的情绪可视化，有助于学生更好地梳理和表达自己的情绪，增强情绪管理能力。

3. Summarize

【教师导语】Live in this colorful world, we are all like the colorful monster. It's OK to have good or bad feelings. The important thing is that we know our feelings and we can express it.

【设计意图】通过本节课的学习，学生能够表达不同颜色所对应的英文。此外，通过绘画"我的情绪小怪兽"，学生首先能够意识自己的情绪，还能用所学的英语单词表达情绪。升华本单元主题，在这个多彩的世界中，每个人都有复杂的情绪，重要的是我们能够认识并表达情绪。

四、教学反思

（一）游戏贯穿，寓情于教

在英语学习的起始阶段，教师不仅要帮助学生进行知识积累，还要重视唤起并保护学生对于英语学习的热忱，培养学生运用所学英语进行交际的意识和勇气。游戏是儿童定向发展心理的一种呈现形式，它能够让孩子们注意力高度集中、过剩的精力得到宣泄、学习的畏难情绪得以缓解。在本课中，游戏贯穿课堂始终，让学生轻松地接受语言。同时让学生在学习颜色相关词汇的基础上，知道颜色的隐藏用法，即表达情绪。在"画出我的情绪小怪兽"活动中，引导学生认识自己的情绪，进而用颜色表示情绪，最后用本单元所学内容与同伴沟通，抒发情绪。在各类游戏和互动活动中将心理健康教育与英语课堂融合。

（二）面向全体，关注差异

在教学中，教师应当坚持以学生为本，面向全体学生，关注个体差异，为学生继续学习奠定基础。考虑到学生的发展水平有快有慢，为能够关注到所有学生的内心感受，本课活动的设计由浅入深、由易到难、逐层递进，后进生也能参与到较简单的活动中，激发这些学生自信的火焰，使每一位同学都保持学习英语的兴趣和信心，体验英语学习的乐趣，并使他们在各个阶段的学习中不断进步。

（三）及时评价，以评促学

学生是学习的主体，也是评价的主体。在本课的授课过程中，笔者选用同伴评价、教师评价等方式，尽可能地做到评价主体多元化，评价形式多样化，评价目标多维化。在发放彩色字母贴纸的同时，教师询问学生"What color is the letter ?"，学生回答"It's…"，让学生在真实的语境中运用本单元句型进行表达、交流。教师、同伴的肯定和鼓励有利于学生认识自我，建立和保持英语学习的兴趣和信心，促进自我的英语学习。一个肯定的眼神、一句真诚的夸赞、一次同伴的互助、一个个互动趣味小游戏，都在滋养着这些小种子生根发芽，而我们只需静听花开的声音，静待每一朵花儿的绽放。

让"冰山"浮出水面
——以习作课为例，运用冰山模型挖掘学生情绪背后的需求

北京市第一七一中学附属青年湖小学　穆　晴

一、教学基本信息

（一）教材：人教版 六年级下册《语文》

（二）授课年级：六年级

（三）教学主题：让真情自然流露，情感得以表达

（四）指导思想与理论依据

1. 指导思想

《中小学心理健康教育指导纲要（2012年修订）》指出：中小学生正处在身心发展的重要时期，随着生理、心理的发育和发展，社会阅历的扩展及思维方式的变化，特别是面对社会竞争的压力，他们在学习、生活、自我意识、情绪调适、人际交往和升学就业等方面，会遇到各种各样的心理困扰或问题。因此，在中小学开展心理健康教育，是学生身心健康成长的需要，是全面推进素质教育的必然要求。

2. 理论依据

语文教学是小学阶段的重要学科，跟学生的生活关系极为密切。就现行教材来说，小学语文教材中编排了许多与思想教育有关的课文，通过教授这类课文，不仅可以提升学生的语文核心素养，还可以借助课文内容陶冶学生的思想情操，帮助学生形成健全的人格，培养学生健康的心理。

（五）教学背景分析

1. 教学内容分析

人教版义务教育教科书《语文》六年级下册第三单元是习作单元，单元习作围绕"让真情自然流露"，引导学生写一件难忘的经历，并表达出真挚自然的情感。教材提供了两组共计14个描绘情感的词汇，分别涵盖积极和消极的情感。设计教学时，教师结合教材内容以及心理学相关理论，实施心理健康教学，目的是让学生能够准确地理解自身的情绪变化，并开始学习如何调控和处理自己的情绪状态。

2. 学生学情分析

小学六年级的孩子开始进入青春期早期。随着他们抽象思维和逻辑思维能力的提升，他们对自我的认知、评价和教育的能力也相应提高，个人的性格和人生观正处于形成的初级阶段。在这个阶段他们记忆力有所增加，并能较好地集中注意力，尤其是随着自我管理意识的逐步增强，他们开始批判性地看待周遭的事物，但当面对实际情况时，他们的反应常常显得孩子气，有时对于教师或家长的合理干预会显得不耐烦。

在学业、生活上他们处于小升初的阶段，随着知识难度增加，学业压力增大，以及人际关系愈加复杂，他们在对待学习、对待成绩时，往往出现意志力不强的现象；对待周围的人和事，常常情绪不稳定。

综合分析，心理学教学融入学科教学中，能帮助学生学会学习和生活，同时增强他们管理情绪、承受挫折、适应不同环境的能力。

（六）教学目标与重难点

1. 教学目标

（1）通过"初试身手"引导学生发现人们对外部世界的感知受自我情绪的影响，探究情绪的由来，了解"冰山模型"。

（2）运用"冰山模型"探究事件、行为背后反映的情绪，并运用这一理论完成习作。

（3）借助"冰山模型"，使学生消除现阶段的心理困惑、障碍，让学生心理愉悦、和谐、健康。

2. 教学重难点

（1）教学重点：运用"冰山模型"探究事件、行为背后反映的情绪，并运用这一理论完成习作。

（2）教学难点：借助"冰山模型"，使学生消除现阶段的心理困惑、障碍，让学生心理愉悦、和谐、健康。

二、教学准备

（1）学生准备：学生回顾近期事件，将体验最多的情绪用图画的形式记录，并命名。

（2）教师准备：活动设计单。

三、教学过程

（一）课程导入：在游戏中了解"冰山模型"

【活动导入】感知情绪——情绪接力棒

PPT出示游戏规则：将课前绘制好的的情绪图传给右边的同学，拿到情绪图的同学对自己手中的情绪图进行任意添加和涂改。（限时2分钟）

【学生活动】学生将自己的情绪图传给右手边的同学，并且右手边同学在情绪图上任意添加和涂改。

【教师提问】请各位同学将自己的画取回，再次审视自己的画。现在，你的心情如何？经过同学的添加后，你的情绪发生了怎样的变化？请重新给你的画定一个名字。

【学生回答】

（1）由开心变为难过。

（2）由生气变成开心。

（3）以前开心，现在变得更加开心了。

【教师提问】在刚刚的游戏中，我们的情绪发生了变化。你们知道情绪变化是怎么来的吗？

【学生回答】

（1）情绪受身边的环境影响。

（2）受发生的事情影响。

（3）受周围人的影响。

【设计意图】通过"情绪接力棒"的游戏，活跃课堂气氛，让学生初步感知情绪的多样性及变化性。同时，该环节作为导入，旨在激发学生的学习兴趣，为后续引入"冰山模型"奠定情感基础，并引导学生思考情绪变化的来源，为接下来的深入探讨做铺垫。

（二）主体环节

1. 理解情绪——了解"冰山模型"

【教师提问】大部分同学认为情绪的波动源于他人、事件、物品的触动。真的是这样吗？我们不妨翻阅语文书上的"初试身手"，对这一问题进行探讨。

【教师活动】PPT出示"初试身手"。

【教师提问】面对同样的景物为什么作者的感受不同呢？

> **初试身手**
>
> 我们都生活在一定的环境中，当心情不同时，对身边事物的感受也会有所不同。如：
>
> - 一直想养一只小狗，妈妈今天终于答应了。
>   → 路旁的一朵朵花儿好像在对我微笑，树上的鸟儿也在欢唱，树叶沙沙作响，好像也在为我高兴。
>
> - 打篮球的时候，我有几个好机会没把握住，结果我们输给了二班。
>   → 路旁的花儿耷拉着脑袋，一副无精打采的样子。树上的小鸟叽叽喳喳地叫着，也像是在讥笑我。
>
> 从下面的情境中选择一两个，就心情"好"与"不好"这两种状态，分别写几句话。
>
> 走在小巷里　　奔跑在田野上　　弹琴　　钓鱼　　……

【学生回答】两则材料都写了花儿、鸟叫，但触发的情感体验不同。通过第一则材料，我们感受到了作者的情绪是愉悦的，而第二则材料我们感受到的情绪是伤心的。说明当心情不同时，人们对事物的感受也会有所不同。

【教师总结】是的。心理学界存在一个与你所说相匹配的理论，叫"冰山模型"。这里提到的"冰山"是一种象征，寓意着每个人都像是一座冰山，冰面上显露出来的人、事、物以及各种显性行为仅是冰山一角，但隐藏在水平面以下的庞大冰体才是我们长期忽视的深层"自我"。本节课，我们将通过这幅立体的冰山图像，去深入剖析我们的精神深处，揭开情绪背后的秘密。

【教师活动】PPT呈现"冰山模型"图。

【设计意图】借助语文课本中的"初试身手"环节，引导学生认识到情绪与认知的关系，进而引出"冰山模型"。通过这一理论模型的介绍，帮助学生理解情绪背后的深层原因，即个人的需求是否得到满足，从而培养学生的自我觉察能力。

2. 分析游戏，验证"冰山模型"

【活动组织】我们来验证一下，在刚刚的游戏中我们的情绪变化到底是不是来源于我们的想法。请一位同学到讲台前借助"冰山模型"图，把自己在游戏过程中的心路历程呈现出来。

> 事件：老师让我们做情绪接力棒的活动。
> 当＿＿＿＿＿＿时，我感到＿＿＿＿＿＿（表达对这件事的感受），我的想法是＿＿＿＿＿＿。我希望＿＿＿＿＿＿（婉转表达可以达成的愿望）。

【学生回答】同学们在我的绘画作品上擅自涂鸦，这让我心里觉得很失落。我觉得同学在我的纸上涂画时并没有考虑我的感受，我希望同学能考虑我的感受并且尊重我。

【教师提问】根据你的描述，是因着想到别人随意涂鸦你的画时未曾顾及你的情感。所以你的心情沉重，你期望伙伴间能够互相尊重，但你的这份期待并未实现，所以你感到心里失落。那么，在你看来，我们怎样才能够照顾到他人的需求？

【学生回答】我们要先学会尊重别人。

【教师总结】确实如此，要想获得他人的尊重，就要先学会尊重他人。冰山是一个整体，情绪跟我们的需求是否得到了满足有关。当我们的需要得到满足时，我们将感受到积极向上的情感体验，这样的情感会激发我们生命的潜能。反之，当需求得不到响应时，就会沉浸在消极的情绪中，这会直接影响我们的学习进程与成长发展。

看来，我们的情绪与对事件的认知是有关的。影响情绪的真正因素不是外界所发生的事件，而是我们对事件的看法及观点，这些事件不过是激发情绪变动的诱因。

【设计意图】通过回顾"情绪接力棒"游戏中的情绪变化，结合"冰山模型"进行分析，使学生深入理解情绪与事件、想法、需求之间的关系。该环节旨在提升学生的情绪管理能力，学会从积极的角度看待问题，培养乐观向上的心态。

3.情绪转化——心理训练

【活动组织】老师把课前同学们上课前绘制的心情分布图进行了整理。这些情绪既有积极向上的情感，也涉及了消极的情绪。请你们借助"冰山模型"来探究自己的情绪，挖掘情绪背后的真实需求。

【学生活动】学生自由填写"冰山模型表"（如下表）后全班交流。

【教师活动】实投呈现小H的"冰山模型"表格。

【教师提问】对于小H的分析，你们能不能来帮帮他？

<table>
<tr><td colspan="2">冰山模型表</td></tr>
<tr><td colspan="2">冰山理论</td></tr>
<tr><td>事件</td><td>上周的语文练习成绩不理想</td></tr>
<tr><td>行为</td><td>早上不愿意到学校上课，上课不听讲，不愿意写作业</td></tr>
<tr><td>感受</td><td>伤心、失落</td></tr>
<tr><td>想法</td><td>我是一个失败的人</td></tr>
<tr><td>需求</td><td>我希望自己学好这门课程</td></tr>
</table>

【学生回答】（1）我认为他可以转变想法，一门学科没有学好，不代表他整个人都是失败的。

（2）我觉得他可以努力学习来提升自己，还可以向老师和同学寻求帮助。

【教师提问】小H，对于同学们的建议你有什么想法？

【学生回答】我觉得我可以换个角度看待这件事，好像事情并没有我想得那么糟糕，我现在有点信心了。

【教师总结】看来运用"冰山模型"，我们可以对自己情绪背后的事件以及行为进行分析，以帮助我们更好地面对问题，进一步改变自己的情绪，这样我们就能做到转化"冰山"。

【设计意图】利用学生课前绘制的情绪分布图，引导学生运用"冰山模型"探究自己的情绪，挖掘情绪背后的真实需求。通过小组讨论和全班交流，帮助学生学会转化消极情绪，提出解决问题的策略，从而增强学生的心理调适能力。

（三）结束总结

【教师提问】学会了转化情绪，我们怎么在习作中表达情绪呢？浏览课文，从文中找找小妙招。

【学生回答】（1）学习了"初试身手"，我知道当人的心情不同，对身边景物的感受也不同，写文章的时候，可以借助外界景物的描写表达情感。

（2）可以运用融情于事的写法：《那个星期天》《别了，语文课》和《阳光的两种用法》这几篇文章，作者将自己的情感融入了具体的事例中，我们可以在写作时候用上这样的写法。

（3）用内心独白可以将自己真实的情感再现出来：《别了，语文课》中有这样的句子："有谁知道我心里的痛！唉，语文课，在我深深喜欢上你的时候，我就要离开你了，我将要学习另一种完全不同的语言了，想到这里，我噙着泪。"作者把自己的心理想法写了出来，让我直接感受到了他的心情。

【教师总结】从这些例文中我们体会到，表达情感时我们可以采用心理描写——融情于心，可以叙述具体经历——融情于事，也可以描写周围的环境——融情于景。这样，我们的情感就能在叙事时如"盐在汤中"，自然而然地表达出来。运用以上方法，借助你的"冰山模型"图写一写你独特的情感体验。

【学生活动】学生创写。

【活动交流】交流、评价。

实投展示学生作文：

> 那天天气晴朗，万里无云。我和同学正快乐地聊天。突然他问："你下午语文考试能考几分？""下午还有考试？"我问。他没回答。我觉得他在逗我玩。
>
> 到了下午，我看见语文老师没有抱卷子进班，大呼了一口气。但老师从讲台下抽出一沓卷子，开始下发。我的心里好像有一只兔子在跳，完了，我没复习。
>
> 我看了眼卷子，一道题都不会，我只能先挑简单的写。转眼写到了阅读题，我扫了文章一眼就开始胡写。为了应付考试，一条大长横线我只写五六个字。写完阅读，我又开始写空着的基础题，随意填上了答案。卷子终于答完了，下课的铃声也打响了。我松了口气。
>
> 转天的语文课前，同学发着卷子，我不知道成绩，但我很紧张。我看到老师阴沉的脸和发卷同学惊讶的表情，我知道我考得不好。虽然做了心理准备，但看到用红笔写的47时。我的心一下子变得冰凉。天空变阴了，云朵变黑了……
>
> 反思我这次考试失败的原因，主要是我课上没有认真听讲。以后我一定要认真听讲，好好复习，争取下次考试取得好成绩。

【学生回答】我觉得这位同学回顾事件的时候，对自己的感受、想法以及需求进行了分析，最后找到了解决问题的方法，写作时候还用上了内心独白和环境描写。

【教师总结】这节课，我们学习了运用"冰山模型"觉察自己和他人的情绪，探寻了情绪背后隐藏的真实想法和需求，并借助"冰山模型"完善了自己的习作。这次对情绪的探寻也告诉我们：当情绪发生时，我们首先要觉察它、关注它，因为情绪往往提醒我们某些需求尚未得到满足，我们需要对自身的需求投以更多的关注。其次，还要审视这些情绪背后我们的需求是否合理并及时修正自我需求。

【设计意图】在总结阶段，引导学生回顾本节课所学内容，将情绪管理与习作技巧相结合，教授学生如何运用融情于心、融情于事、融情于景等方法在习作中真实自然地表达情感。该环节旨在提升学生的语文核心素养，同时巩固心理健康教育成果，实现学科融合的教学目标。

（四）课后作业

情境写作：从以下情境中选择一个，根据所选情境分别描述"心情好"与"心情不好"时的不同感受和所见所闻。要求运用融情于心、融情于事、融情于景等方法，真实自然地表达情感。

（1）走在小巷里

（2）奔跑在田野上

（3）弹琴

（4）钓鱼

四、教学反思

（1）本课程将语文教学与心理学中的"冰山模型"相结合，从积极的心理学角度出发，引导学生意识到个人及他人的情绪变化，并主动去挖掘这些情绪背后所隐藏的深层感受及需求。通过这种方式，传达出"所有情绪都是有价值的"这一观念，帮助学生正确看待并理解自身的情绪，进而实现情绪的有效转化。

（2）本课程着重于构建紧凑的教学框架。透过"情绪接力棒"这一活动激发学生学习的热情，引导他们初步感知各种情绪，并启发思考：究竟是哪些因素影响情绪波动？接着，利用语文课本中的"初试身手"环节引导学生明白，同一事件在不同情绪影响下显现出不同的景象，并会引出不同的行为反应。在经历了这两方面的实践后，课程接着引申到冰山模型，采用"探索冰山"步步深入的教学策略，帮助学生逐渐意识到，人对自身情绪的了解仅限于冰山的一角。通过这样的过程，学生们渐渐领悟到所有情绪都蕴含其价值，要关注隐藏在情绪之下的需求是否获得了满足。

（3）在教学形式上，教师运用实践参与、讲解、交流，以及经验分享等多种手段激发学生深度思索，引导学生明白我们对同一事件会有不同的感受和观点，有些是正确的，有些是错误的，这会产生不同的结果。因此，调节自身情绪，纠正那些不合理的观点能够转变事件，从而在不知不觉中促进学生心智的发展。

正视情绪的两面，直面升学压力

——以在阅读《鲁滨逊漂流记》一书中运用情绪ABC理论进行情绪调适为例

北京市第一七一中学附属青年湖小学　刘　琳

一、教学基本信息

（一）教材：部编版 六年级上册《语文》

（二）授课年级：六年级

（三）教学主题：情绪调适、缓解升学压力

（四）指导思想与理论依据

1. 指导思想

《中小学心理健康教育指导纲要（2012年修订）》明确指出："鼓励学生进行积极的情绪体验与表达，并对自己的情绪进行有效管理。"六年级学生面对升学压力，会产生各种情绪问题。对于即将升入中学的六年级学生来说，情绪调适可以提升心理健康、优化人际关系、增强情绪稳定性、提高学业成绩和塑造积极人生观。

2. 理论依据

根据六年级毕业生的情绪和认知特点，教师采用语文和心理学科相融合的形式，设计一系列活动，引导学生结合整本书阅读，发现书中蕴含的心理学知识。在这一过程中，学生学习运用情绪的ABC理论，了解情绪的分类，学会合理地宣泄和调控自己的情绪，从而培养良好的心理适应能力，从容面对升学压力。

（五）教学背景分析

1.教学内容分析

《鲁宾逊漂流记》一书中，介绍了鲁滨逊在流落荒岛后，开始使用商业簿记中借方和贷方的格式来记录他所遇到的幸与不幸。通过这种记录，鲁滨逊能够清晰地看到自己的处境，还让他学会了在困境中把好处和坏处对照起来看，从而找到一些东西来宽慰自己。这种积极乐观的人生态度，使他能够在荒岛上坚持生存下去，并最终获救。

这部分内容蕴含着心理学知识，学生可以在阅读名著的过程中，运用书中主人公鲁滨逊调适情绪的方式，解决自己在学习和生活中遇到的实际问题。

2.学生学情分析

对学生进行的调查显示，六年级学生进入小升初阶段，面临着升学压力、人际关系处理、情感困扰等诸多因素的挑战，这些因素都可能对他们的情绪产生影响。

进入青春期，加上面对小升初的压力，六年级学生情绪体验强烈，波动较大，消极情绪出现的频率和强度较高，遇事容易冲动，既对消极情绪缺乏深刻认识，又不善于调适自己的情绪，通常采取不适宜的方式来宣泄不良情绪和处理问题，这不仅影响了他们的学习和生活，也影响到了他们的身心健康和人际关系。

因此，设计有效情绪调适的心理课程，帮助学生掌握情绪调适的方法，提高自我情绪管理能力，已成为当前学校心理健康教育的重要任务之一。

（六）教学目标与重难点

1.教学目标

（1）认知目标：聆听《老太太与天气》这一故事，了解情绪有积极情绪和消极情绪之分，了解情绪调适的ABC理论。

（2）能力目标：阅读《鲁滨逊漂流记》学习鲁滨逊借助表格梳理、表达自己情绪、进行情绪调适的方法，并将其具体运用到小升初阶段的情绪调适中。

（3）情感态度与价值观目标：初步学会管理自己的情绪，感受调适情绪对个人行为和生活的重要性。

2.教学重难点

阅读《鲁滨逊漂流记》学习鲁滨逊借助表格梳理、表达自己情绪、进行情绪调适的方法，并将其具体运用到小升初阶段的情绪调适中。

二、教学准备

（一）学生准备

（1）列出自己在小升初阶段遇到的问题。

（2）阅读语文书《鲁滨逊漂流记》，思考鲁滨逊"按照商业簿记中借方和贷方的格式记录自己的幸与不幸"这一方法的好处。

（二）教师准备

（1）对学生列出的小升初阶段遇到的问题进行分类。

（2）设计活动单。

三、教学过程

（一）课程导入：听心理故事《老太太与天气》

【教师导语】同学们，今天我们继续来探讨"情绪"。首先，我们一起来听一个小故事。

【教师活动】播放音频：一个老太太有两个儿子，大儿子卖伞，小儿子卖盐。可是，她整天忧心忡忡。晴天的时候，老太太就念叨："这大晴天的，伞可不好卖哟！"阴天的时候，老太太就嘀咕："这盐可咋晒？"老太太的邻居看她每天都这么苦恼，就跟她说了一段话。老太太听完，哈哈大笑，从此再也不会因为天气发愁了。

【教师提问】请你猜一猜邻居可能说了什么？

【学生回答】老太太，你想想，晴天的时候，小儿子的盐可以晒得更多，雨天的时候，大儿子的伞可以卖得更多，这不是每天都很高兴吗？

【教师活动】（借助图示，解释情绪ABC理论）晴天是客观存在的且无法改变的事实，我们称之为 A。老太太觉得大儿子的伞卖不出去了，我们把这个消极认知称为 B1，所产生的消极情绪为 C1。老太太换了个想法，她觉得晴天小儿子的盐可以晒得更干，能卖出去更多，我们把这个积极认知称为 B2，所产生的积极情绪为 C2。

```
        B1                  C1
   ┌─ 大儿子的伞卖不出去 ─ 产生了消极的情绪
 A │
晴天│    B2                  C2
   └─ 小儿子的盐可以卖  ─ 产生了积极的情绪
      出去更多
```

【教师提问】请同学们试着找出阴天情况下的B1和B2。

【学生回答】B1是小儿子的盐晒不好，B2是大儿子的伞能卖出去。

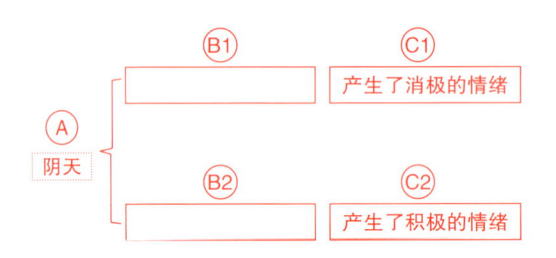

```
        B1                  C1
   ┌─ _____  ─ 产生了消极的情绪
 A │
阴天│    B2                  C2
   └─ _____  ─ 产生了积极的情绪
```

【教师提问】仔细观察这两张图片，你发现了什么？

【学生回答】A是不变的，不同的B导致了不同的C。

【教师总结】你们和美国著名心理学家艾利斯想到一块儿去了，他提出了"情绪ABC理论"，他认为影响情绪的不是事件本身，而是我们对事件的看法。他认为消极情绪来源于不合理的B。所以，要想将消极情绪转化为积极情绪，我们就要调整对事件的看法。我们只有积极看待事件，才能产生积极情绪。

【设计意图】通过聆听心理故事的方式，调动学生的学习积极性；借助故事创设的情境，引导学生思考故事中人物的焦虑情绪是如何产生的，又是如何转变的，进而引出本节课要习得的理论。

（二）主体环节

1.在阅读中学习调适情绪的小妙招

【活动组织】阅读《鲁滨逊漂流记》相应片段。

【教师导语】其实《鲁滨逊漂流记》一书中的鲁滨逊就用到了这个理论。他按照商业簿记中借方和贷方的格式记录自己的幸与不幸，你们觉得这个办法怎么样？

【学生回答】事情具有两面性，遇到问题，我们可以像鲁滨逊这样进行客观分析，全面看待问题并想办法解决。

2. 在实践中尝试转化情绪

【教师提问】（出示课前收集的问题，进行随机采访）课前老师让同学们列出了自己在小升初阶段遇到的问题，谁能来说一说你的困难？

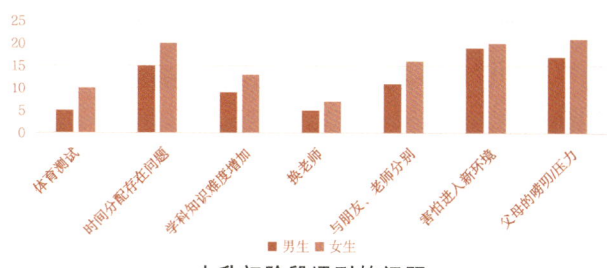

小升初阶段遇到的问题

【学生活动】学生自由交流"小升初"阶段遇到的问题。

【教师总结】成长的压力、朋友的分别、未来的考虑、他人的看法……其实同学们遇到的问题都源于我们面对未来可能会遇到的困难所产生的一种心理体验——焦虑。适当的焦虑可以让我们的动机更强，促进事情的成功，同时也会避免一些危险，这就是焦虑存在的意义，但是过于焦虑就会影响我们的身心健康，对我们的生活产生负面影响。

【教师提问】大家能不能试着像鲁滨逊这样，解决你在小升初阶段遇到的问题？

【学生活动】参考《鲁滨逊漂流记》中的方式，尝试梳理这些问题的两面。

【设计意图】课前采用问卷调查的方式，收集学生在升学阶段遇到的各种问题及心理表现，引导学生从熟悉的课文中学习情绪调适的方法，让他们认识到改变焦虑体验的根本方法是从不同的角度看待问题，改变自身不合理的信念，进而运用习得的方法解决自己在现实生活中遇到的实际问题。

3. 在观影中接纳所有情绪

【活动组织】播放《头脑特工队》的片段。

【教师总结】其实我们每天都在正确认识自我、接纳自我，影片中的主人公在适度的焦虑下接纳了每一个方面的自己，她认为"我可以没有那么优秀""我可以不和原来的好朋友在一个学校""我可以不用刻意讨好别人"……只有接纳不同的"我"，才能更好地成长。我们需要做的是接纳自己的所有情绪，看见情绪背后的需求，发现情绪的积极意义，这就是做自己的伯乐。

【教师提问】情绪ABC理论告诉我们要调整自己对事件不合理的认知，而电影告诉我们要成为自己的伯乐，那我们到底应该改变还是接纳呢？

【学生活动】自由交流讨论。

【教师活动】教师提出个人看法：这两种关于情绪的理论其实并不冲突。它们都认同情绪和人类的认知有关，改变不意味着否认，而接纳本身就是在调整。无论是接纳还是调整，都是为了让我们有一个自洽的状态——能够真正地悦纳自己，哪怕生活中不是一直很快乐，会有淡淡的忧伤，会有愤怒的时刻，会清楚自己在厌恶，偶尔也会害怕，但认清自己的内心想法，这本身就是幸福快乐的状态。

【教师总结】通过学习，我们了解到情绪是可以被管理的，也学会了一些调适情绪的方法。希望同学们将今天所学运用到生活之中，管理好自己的情绪，我们都能够成为情绪的主人。

【设计意图】通过阅读、观影等学习活动，引导学生反思自己的认知情绪和行为，认识到错误的认知会对我们的生活产生负面的影响。同时，正视自己各种情绪，接纳自己的负面情绪，学习情绪调适的方法，并用这些方法解决现阶段的实际问题。

四、教学反思

（一）用故事启迪思维，让情绪ABC理论通俗化

本节课巧妙与语文教学内容进行三次整合。第一次，借助《老太太与天气》这一故事带领学生梳理老太太的想法以及想法引发的情绪。第二次，学生自己找到老太太的两种认知，并用清晰、有条理的语言进行阐述。第三次，学习《鲁滨逊漂流记》中鲁滨逊遇到问题时梳理、解决问题的办法，自行梳理自己在小升初阶段遇到的问题，并尝试运用理论进行分析。通过层层递进的故事，学生能更好地理解情绪ABC理论，能辨析并及时调整不合理的信念，将消极情绪进行积极转化。

（二）用生活中的事例，培养学生解决问题的能力

为了让学习变得更加生动有趣，教师尽可能挖掘教学内容与学生生活的关系，让教学情境设置贴近学生的生活实际，让生活情境引领学习，学生在沉浸式的体验中真切地感受到不同方法带来的不同结果，教学过程层层推进，最终实现用学习的方法解决实际问题。

137—228

心育辅导

"路慢慢"变形记

北京市第一七一中学附属青年湖小学 刘小磊

一、案例情况

初次见面,"路慢慢"这位学生给我留下了深刻印象,他是我们班里的新同学。由于他在第一堂写作课中仅用寥寥几笔就完成了作品,因此被同学们戏称为"慢慢"。他做任何事都是缓慢悠哉的态度,与他的父母沟通后得知,他们对此也感到非常困扰和无力。每晚做家庭作业的时候,他会不停地喝水、上厕所,直到深夜才结束。尽管父母对他进行了多次训诫,但并没有起到效果,反而让他变得更加不在乎。对于这样一个已养成拖延习惯并有些自暴自弃的孩子,我该如何应对呢?

虽然我在写作课中多次强调了他的写作问题,但他的写作效率仍然没有得到改善。他在写作过程中,不仅会不时玩弄手指,还会拿起铅笔在橡皮上戳孔,导致花费大量时间却只完成了少量文字。在我获得家长许可后,当天下午下课后,我决定让这个孩子独自留下,并准备好应对一场漫长的战斗。我递给他一些面包和牛奶,告诉他只有完成写作任务才能离开教室。实际上,我高估了他对回家的渴望,同时也低估了他的拖延能力。当我看到他花费了将近四小时却只写下六七行字的时候,我感到无法忍受,情绪濒临崩溃的边缘。

我在抑制住愤怒的情绪后询问他:"你是无法完成写作吗?是缺乏构思呢,还是被某个环节困住了思维?"

"没有啊,我觉得很好写啊!"

"那你为什么那么久还没写完?"

"老师,我已经有了思路,马上就能完成任务了。"这样的回应使我无法做出任何反应。

第一回合交锋,我终于没能抵得过"慢慢",我输得很彻底!

二、案例分析

我走在回家的路上，始终无法停止思考这个问题——这个孩子的行为显然是因为受到了许多批评与指责的影响，所以他的内心已建立起一道坚固的心灵防线来抵御父母的劝告及教师的劝导。面对学生这种情况如何实施有效的教学策略成了我的困扰所在。然而，当想起陶行知的名言："真正的教育应是一种心的互动活动，只有真诚地表达出自己心中的情感才有可能深入对方灵魂的最底层并产生共鸣。"突然间我觉得之前对于学生的关注，过于集中于他们的外在表现而忽视了内在的需求，于是我下定决心要以诚挚的态度打破他们心理上的防御机制！在回忆过往和孩子及其父母之间的对话后，我不禁想到那些能引起其感情波动的事情。比如，我发现他会非常喜欢观看影片并且热衷撰写观感评论，每逢观赏完毕之后，总会立即把个人感悟记下来，这个细节让我印象深刻。我对此也做了认真的分析，我认为原因有以下三个。

1.自我成长，快慢不同

"慢慢"同学做事之所以看起来"慢"，是成长发育的慢导致的。在小学阶段，学生的身心成长和认知能力已经初步形成，需要通过持续的重复来学习并积累经验。因此，我们应该尝试放慢脚步，多去理解、接纳，并提供帮助。

2.缺乏自信，动力不强

学生在面对困难时会产生恐惧感、缺乏积极性，导致他们很难迅速完成任务。我们需要改变教育方法——激励并减少需求，帮助学生将所要做的事情分解为一系列小目标，从而提升自信心。

3.故意磨蹭，不愿配合

每当教师或父母督促时，他的动作就会变得更缓慢。这或许是由于以下两个因素导致的：首先，他们因被持续地提醒而产生抵触情绪；其次，成年人对于孩子的期待与要求过高，而他们在日常生活中无法完全掌控自己的生活节奏，因此通过"拖沓延迟"的方式以获取更多的自我决定权和独立空间。

三、辅导过程

（一）沟通交流，走进内心

经过一番周折之后，现在正是处理他作业磨蹭问题的好时机。那一天，我们在操场上散步并交谈，以他最爱的电影作为开端。我们的对话非常愉快，我决定把话题引到作业上来。通过几次交流，我了解到了问题的根源所在。在他小学阶段，他总是希望自己的作业能得到满分的评价，因此他会反复检查自己的答案是否正确，这导致他大量的时间被消耗在修改的过程中。然而，当学业变得更复杂以后，他在面对困难题目时不愿轻易放手，于是又花费很多时间去解答这些题。他也感到疑惑，却无法找到提升工作效率的方法。但是家长并不理解他，一直对他行动缓慢表示不满。久而久之，出于一种逆反的心态，他开始有意地拖延，最后逐渐养成了拖沓的习惯。

回到家后，我就开始查书找资料。两天后，我为他量身打造了专属的"改造三部曲"战略。

（二）实施"改造三部曲"

1.第一步：签订友好协议书

由于问题最初是在家中产生的，我们应该先从父母那里着手。我与他的母亲进行了讨论，期望他们能为孩子营造一个优质的学习环境，他们对此表示赞同。最终，在我们三人的共同协商下，友好协议得以实现。

帮助××改变拖拉习惯的友好协议

甲方：爸爸、妈妈

乙方：路××

经过友好的商议，我们已经就提升路××写作效率的事项达成了以下协议。

作为乙方，我需要确保以下几点：首先，我在开始写作之前会准备好所有必要的物品和工具(如上洗手间、饮水、备齐所需的文具及参考资料等)；其次，在写作过程中，我要保持专注并避免分心于其他事物；最后，我会竭力在指定的时间内完成为期一整天的任务，并在满足条件的前提下给予自己适度的休憩机会。然而，若因个人因素导致注意力分散或拖延而影响到正常的工作进度，我将遵守相应的处罚措施，可能被要求加倍完成额外的工作量或是减少观看影片的机会。

甲方需要实现以下目标：在路××学习过程中我们保持安静，避免在他学习时进行唠叨。如果孩子能够准时完成作业，我们可以适当地奖励他在学习途中休息的时间，次数累积达到七天，我们会给予一个特别的奖励（比如带他去看一场电影或者奖励他一本关于电影评论的书籍）。

"路慢慢"对此协议感到非常满意,他严肃认真地签署了自己的名字,并将该合同放在了他书桌前最显眼的地方。

2. 第二步:制订简单计划表

初始阶段总是充满挑战,而那些已经持续数年的不良行为模式又怎能在短时间内发生转变呢?不久后,他就因无法承受这些压力而选择退缩。他鼓起勇气向我坦白想要放弃,认为自己难以实现目标。我鼓励他说:"这并不罕见,但只要你能坚持我的建议并付诸实践,或许就能达到预期效果。"他带着怀疑的态度微微点头回应。

首先,我建议他对当天的任务进行排序,将自己感兴趣或简单的任务放在最前面,而那些困难的部分则放在后面。然后,制订一份作业计划表,以此来衡量时间,并约束写作业的行为。

作业计划表

作业类型	预估时长	开始时间	结束时间	时间误差	完成情况
作业1					
作业2					
作业3					
……					

接下来,做好学习前的准备工作是确保高效完成任务的基础,同时也是避免浪费时间的有效方法。

他终于开始书写作业了。我建议他每完成一项任务就在后面打上钩,这样可以将大型的任务分解为小型的任务,有助于减轻心理压力并提升信心。

如果当天的任务量大或者复杂度高,完成一部分任务后可以稍作休息,这样既能调整注意力,实现工作与休闲的平衡,又能让自己体验到高效完成任务所带来的益处,两全其美。

3. 第三步:巩固方法,提质增效

积少成多并非易事。若想要克服拖延的习惯,我们需要具备自我反省的能力。完成任务之后,应检查自己的时间安排与实际情况是否一致,分析造成差异的原因及应对策略。遇到难题无法立即解答时,可以选择暂时搁置,第二天向教师寻求答案。

四、辅导效果

经过一段时间的实践,他开始逐渐适应并采纳这些"秘诀"。次日的早晨,我的耳朵被一声"真是险啊,几乎就要超过规定时间了"触动,这表明他已经成功地控制住了自己的节奏以避免超时。接下来的每一天都如此顺利,直到最后一天,他在晚上7点半就已经完成了所有任务!这种进步不仅使他的学习效果显著提升,还让他有更多的闲暇时光去观看自己喜欢的电影,享受更舒适的家庭氛围。看到这个转变,我由衷地为他感到高兴。

拖延是许多学生在学习过程中常常遇到的问题,它不仅影响学习效果,还会导致学生学习动力的下降。每一个孩子都各有特点,各自的发展步伐也不尽相同。我们都期待着他们的进步能够与我们的期望相符,然而也许正是我们的担忧和督促反而阻碍了他们在成长道路上的前行。因此,我们需要深入理解孩子们为何会行动迟缓,并提供适当的教育指导,耐心等待花朵绽放,这便是给他们最有效的支持。

五、辅导反思

孩子的拖延行为,一直被视为成长中的常态,但当我真正审视孩子的拖延行为时,会发现这背后蕴含着一种求助的意味。我们需要大量的耐心和理解,去关注孩子的内心需求,养成按时行动的习惯,并给予适当的奖赏和激励,以此来刺激孩子的积极性和自信心,使他们能够更健康地成长与发展。表面看是孩子拖延的问题,其实更是关于家庭教育、亲子沟通以及孩子心理成长的深层问题。

作为教育工作者的我们,要善于发现问题,对症下药,帮助孩子真正去解决学习生活中的问题,从兴趣出发,去寻找最好的突破口,让他从小的任务开始,慢慢获得成功的体验,不断进行正强化,帮助他们换个角度看问题,从而产生积极的期待,这才是开启孩子心门的钥匙。

从"标签"到"光芒"
——积极心理学助力小Z绽放自我

北京市第一七一中学附属青年湖小学　贾真琦

一、案例情况

小Z，男，6岁，一年级学生，中等个头，皮肤白皙且身材清瘦，以其温和的性格和会说话的眼睛给人留下深刻印象。然而，在课堂上，小Z却表现出与同龄孩子不同的行为模式。

他无法长时间保持标准坐姿，一节课中会频繁变换姿势，手中总是玩东西，注意力难以集中。这些行为不仅影响了小Z自身的学习效果，也分散了其他同学的注意力，对课堂的整体氛围和其他同学的学习状态造成了一定程度的影响。尽管任课教师多次尝试通过不同方式提醒小Z，但效果并不明显。

同学们普遍认为他性格温和，有着小暖男的潜质，然而他在课堂上的行为却让很多同学分心。同学们试图帮助他遵守课堂纪律，但并未取得明显效果。

在与小Z的交流中，我了解到他认为自己有"多动症"。这一认知来源于母亲在家庭中无意间的言论，小Z并没有因为这一"标签"而感到自卑或不安，反而表现出一种坦然接受的态度，并因此感到内心无力，难以控制自己的行为。

二、案例分析

在深入思考和探讨小Z的个案时，我发现，他的心理和行为反应，是多种因素交织影响的结果。

标签效应：小Z对"多动症"的认同可能源于家庭中的"标签效应"。在家庭环境中，母亲无意间的言论可能被小Z内化为自我认知的一部分，从而导致他形成了自己具有"多动症"的心理预设。这种预设不仅影响了小Z对自我行为的解释，也阻碍了他寻求改变的动力。

心理暗示：小Z对"多动症"的接受态度可能受到了心理暗示的影响。母亲对他专注力不足的担忧和提及"多动症"的言论，可能无意中给了小Z负面的心理暗示，使他相信自己确实存在这一问题，从而难以自我调整。

自我认知：小Z的自我认知可能存在一定的偏差。他将母亲的担忧和"多动症"的标签内化为自我认知的一部分，导致他难以客观地看待自己的行为和问题。这种自我认知的偏差阻碍了小Z寻求改善的动力。

注意力和行为控制：小Z在课堂上难以维持标准坐姿和注意力不集中的行为，可能反映了他在注意力和行为控制方面存在一定的困难。这种困难可能源于生理因素（如神经发育）或环境因素（如家庭教育和学校环境）的影响。

三、辅导过程

（一）家+校，抓亮点，去"标签"

家长和教师都应持有积极的价值取向，并关注学生的积极表现，挖掘学生的内在积极品质，和学生共同面对问题。

借助新环境、新老师、新伙伴，给孩子营造舒适的、积极向上的氛围。在新的环境中，没有人再与小Z说过"多动"的字眼，我告诉他："动，是运动的动，劳动的动。你喜欢运动，每次课间操、体育课都特别认真，动作做到位，并且在班级中，乐于奉献，每次午饭后，都能看到你帮助班级扫地、擦拭班级墙面的身影。你的爱运动、爱劳动，被老师和同学们肯定和赞扬，是不是很开心。"小Z腼腆地笑了笑。同时我告诉他："如果听到之前的那个动，你就说你不开心听到这样的词语，你告诉老师，老师和你一起向他证明，你是爱运动、爱劳动的孩子。之前的那个动，就像你用橡皮擦一样，把它擦掉。"孩子用力地点了点头。

与孩子进行贴心的交流，在他懵懂的认知中，借助新环境的契机，逐步淡化孩子心中"多动"的概念，擦除这个认知。重新建立美好的、积极向上的关于"动"的认知，让孩子发现他身上的"动"是优点，是值得老师表扬、学生学习的优点，鼓励孩子将这个优点继续坚持下去。并给孩子营造足够的安全感，让他感觉到他的背后有伙伴、有老师，一直有人陪伴支持他。

与此同时，家庭教育中，父母要更加注重自己的言行，和学校、老师一起，给孩子重新建立"动"的认知。家长同步做调整，缓解因为孩子上小学而引起的自身焦虑，更加耐心、积极地引导孩子。家长感受到学校、教师给予的力量，家校携手，共同帮助孩子去掉"标签"，让孩子有信心为了更好的表现而努力。

（二）小目标，小成功，大成就

每个学生都是独立的个体，教师要尊重学生的个体差异，教师应扮演好"脚手架"的角色。去掉"标签"的过程中，不加重问题，但同时不忽视问题，重视孩子的行为问题，但不让孩子感到焦虑，给予孩子实用的方法。

1.设置小目标

我与小Z约定，做自己身体的小主人，用自己的大脑支配好自己的手、脚，做个合格的司令官。同时，除了课堂中的必要学习用具，其他物品都收进书包中，避免它们干扰到自己。如果在这个过程中，遇到了困难，就尝试将手放在背后，用身体和椅背帮帮忙。有了方法，我就和孩子一起设置小目标，以课中操为时间点，用高标准要求自己坚持到课中操，如果他做到了，我会有眼神、摸头等肯定的小暗号。几天后，再将坚持标准坐姿的时间延长，由小Z自己定下每次增加的时间，我持续用小暗号肯定他。

2.收获小成功

每次课堂上成功的坚持，小Z都会回馈我一个灿烂的笑容。一段时间后，小Z的坐姿有了明显的进步，我们又将积极思考、踊跃回答问题、书写工整等列入我们的小目标。课下，小Z会主动找到我，由最开始腼腆地询问："老师，约定的20分钟我坚持下来了吗？"到后续带着小傲娇地炫耀："老师，我这节课除了写字和回答问题，好像都没怎么动。"孩子的自我认可和自我反馈，呈现出一种非常积极向上的状态。

3.喜获大成就

每节课的小成功，让孩子获得的是一种大成就。小Z在正视自己问题的过程中，消除了以往无能为力的感觉，收获了经过自己努力取得成功的喜悦，真正地感受到克服"多动"，自己是可以做一些事情的，尽自己的努力，可以改变固有的认知和固有的"小毛病"，这是来自孩子心灵上的一种成就感。

（三）同伴情，多赞美，建自信

积极心理学认为要让学生分享集体的快乐，感受集体的幸福和温暖，这样有助于他们形成集体荣誉感，形成集体责任意识，建立自信。久而久之，学生就形成了归属感和责任感，其自身潜能也得到了激发。课堂中，除了教师运用欣赏的眼光看待学生，挖掘其积极品质，同时引导同伴之间学会用赞赏的眼光欣赏别人。

学习"位置"一课时，我提问："接下来我们寻找本节课坐姿最端正的同学，他在从左往右数的第二行，从前往后数的第三个，快找找他在哪里？"同学们一下找到小Z的位置，高兴地说着是他，并大声鼓掌。小Z起立接受大家赞赏的眼光和鼓励的掌声，感到自己的努力得到老师、同伴的赞赏，对自己的努力更加充满自信，有信心让自己的行为越来越好。

四、辅导效果

（一）更加严格要求自己

小Z坚持住一节课不随意扭动身体，有意识地更加严格要求自己，课堂保持标准坐姿，认真听课，积极回答问题，课堂效率明显提高。

（二）更加热爱运动、热爱劳动

小Z发挥自己的优势，带领同学积极参与体育活动、班级劳动活动。

（三）喜欢同伴合作

在与同伴相处的过程中，小Z更加开心、更加自信。

（四）更加自信

小Z更加有信心克服遇到的小困难，并且主动与老师、家长交流，表达想法，寻求帮助，勇于尝试改变自己。

五、辅导反思

在对小Z的辅导过程中，我深刻体会到积极心理学在教育实践中的重要作用。这不仅帮助我有效地解决了小Z的注意力问题，也为我的教育教学工作带来了诸多启示。

（一）积极沟通

教育教学中，发现学生遇到困境时，就要基于积极心理学视域，关注学生成长的心理因素，主动与孩子、家长进行沟通，深入了解背后的原因，对"症"下药，给孩子和家长同时建立足够的安全感，得到孩子的信任、家长的信任。用积极的改变促使学生实现心理自愈，促使学生提升自己的品德修养，养成良好的习惯。

（二）正向引导

及时发现学生身上的闪光点，运用积极心理学的思想，促使他们找到继续向上的动力，取得进步。同时，教师在日常的生活和学习中做学生积极的榜样，对学生寄予积极期望，以增强学生的积极体验。

（三）家校携手

家长是学生成长的重要他人，有家长与学校保持教育理念一致、积极参与的教育过程，能够更好地促进学生的成长。家长与教师一起，树立积极的教育理念，以身示范，做学生的好榜样，培养学生的积极人格，创建良好的家长支持教师、教师支持孩子的稳固的三角关系。

对小Z的有效辅导，让我深刻认识到积极心理学在教育实践中的巨大潜力和价值。通过积极沟通、正向引导和家校携手等策略，共同为孩子构建了一个充满爱与支持、鼓励与期待的成长环境。

在未来的教育道路上，我将继续运用积极心理学的理念，关注每一个孩子的内心世界，发现他们的闪光点，激发他们的潜能。我相信，只要我们用积极的心态和策略去面对教育教学中的挑战，就能够让更多的孩子在阳光下茁壮成长，成为自信、积极、有责任感的人。

家校携手，特别的爱给特别的你

北京市第一七一中学附属青年湖小学　王洪岩

一、案例情况

小A，男，五年级学生，学习成绩优异，有自己的想法，平时不善言谈，有自卑心理，自我保护意识强。他情绪不稳定，有时很明事理，有时钻牛角尖儿，遇到不高兴的事，和同学较起劲儿来没完没了。无论老师和同学怎么问他都不说话，总是低着头，或是摆弄手指，或是做些小动作。他不能很好地和同学、老师进行沟通，缺乏自信，总觉得自己不如别人。

二、案例分析

（一）安全感缺失

小A 5岁以前，爸爸在外地工作，他跟着妈妈生活。上学以后，虽然一家团聚了，但长期的分别让一家人变得很陌生。爸爸脾气不好，当小A出现问题时，只是一味地责怪他，甚至动手打他。最终，妈妈独自一个人带着他生活。这些在小A的心中留下了很深的痕迹。小A安全感缺失，他常常表现出焦虑、紧张，内心没有愉悦感，一旦遇到他不如意的事，就会反应比较强烈，马上不开心、执拗、耍脾气。

（二）情绪不稳定

家庭的不和谐，让小A经常眉头紧锁，表情沮丧，对任何事情都缺乏兴趣，不管在家里还是在学校，情绪的自我调控能力差，易冲动易愤怒，自我意识强，总爱和同学发生矛盾，不会和同学友好沟通。

（三）社交焦虑

小A身体瘦弱，抵抗力差，患有过敏性疾病，社交焦虑，每天要吃4—5种药，精神状态很不好，没有阳光，没有自信，隔三岔五地就要请几天病假，独自一个人在家里休养。这种间断式脱离集体生活，让他显得很不合群，产生了自我认同危机，觉得自己被群体淹没，因此，总是不能很好地和同学交往，会经常焦虑和忧郁，甚至会为了一些微不足道的小事困惑，产生了社交焦虑。

三、辅导过程

（一）家校携手建立联系簿，共筑孩子心理安全防线

针对小A的情况，我和小A的妈妈一起为他设计了家校联系簿，搭建家校沟通的桥梁。每天，各科教师和小A妈妈通过家校联系簿"天天见面"。任课教师在家校联系簿上，对小A的上课表现、作业完成情况写出评语，妈妈记录他在家的表现。小A的爸爸每周看一次孩子，也要在家校联系簿上写下"爸爸的话"。这种教师与家长最传统的书面联系方式，让小A感到了温暖，激发了小A努力进步的信心，每次看到老师写的夸奖他的评语，他都会开心地笑一笑。家校联系簿，让他有了坚实的安全感，原来爸爸、妈妈、老师都非常关心他、爱护他，他感受了持续的爱。

（二）家校携手倾听孩子的心声，教会孩子控制情绪

放五一假之前的一天，快放学的时候，同学们都在讨论放假去哪里玩，小A听到了，心情一下子变得糟糕起来，无缘无故把同桌的书扔在了地上，冲身边的同学大发脾气，和同学吵了起来……

看到这种情况，我先安抚其他同学，然后又把他拉在身边，让他先冷静下来，放学时，邀请小A的妈妈和我一起倾听孩子的心声。我和妈妈全程保持倾听的态度，没有打断小A的诉说，给予他充分的表达时间，他逐渐敞开心扉。原来，最近两周爸爸都没有来看他了，眼看五一就要到了，别的同学都计划着和爸爸妈妈一起出去玩，可是他只能和妈妈两个人待在家里。一想到这些，他的心情立刻糟糕起来，忍不住想发火，莫名地和同学吵了起来。我和妈妈开导他，帮他分析原因，帮他疏导情绪，说："可能爸爸工作比较忙，你可以给爸爸打电话，汇报一下你在学校取得的成绩，科技纸工坦

克获得一等奖……相信爸爸一定很开心，你可以和爸爸约一约，五一一起出去玩。"小A会心地点点头。"今天你和同学发了那么大的火，是不是也有点不合适呢？""老师，明天我去给同学赔礼道歉。"我牵着他的手，给他擦干眼泪，说："如果下次再遇到这样的事情，我们先要保持冷静，像老师这样深呼吸，提醒自己控制情绪，在学校找老师诉说，在家里找妈妈诉说，我们都是你的倾听者，我们一定想办法帮你解决问题！"第二天，小A给同学赔礼道歉，获得了同学的谅解，又和爸爸约好一起去郊游，度过了一个愉快的五一节。后来，小A慢慢学会了控制自己的情绪，遇到问题，总是能先冷静一下，不和同学发生正面冲突，遇到解不开的结，第一时间到办公室来找老师帮忙。

当学生情绪不稳定时，家校携手，通过倾听学生的心声，深入地了解学生的内心世界，给予学生足够的支持和鼓励，帮助他们解决问题，教会学生稳定情绪，让他们拥有一个健康的心理。

（三）家校携手发掘闪光点，树立自信心

我和小A的妈妈关注孩子的身心健康，让孩子拥有规律的饮食和生活，对零食进行限制，孩子的身体逐渐强壮起来，他开始热爱集体活动。

在日常的学习生活中，我和他的妈妈密切关注小A的一举一动，发掘他的闪光点，帮助他树立自信心。妈妈说，小A从小就热爱劳动，自理能力强，特别爱干净，自己的东西收拾得整整齐齐。在学校里，我发现他每天都愿意帮助老师擦黑板，每次学校卫生大扫除时，他都积极参与。在劳动中，小A不怕苦、不怕累，总是能坚持到底，受到同学们的赞扬。于是，我鼓励小A竞选劳动委员，同学们也非常支持他，这种坚持不懈的努力让他体验到了融入集体的快乐，从而增强了自信心。自从小A当选劳动委员以后，逐渐学会了和同学沟通和交往，他更加自信了，工作也更积极了，他感受到了自己的进步，发现自己其实并不比其他同学差，产生了心理上的自我认同感。小A在同学中树立了良好的形象，他的爱劳动精神也影响了身边的同学，带动了班级整体劳动氛围的提升，同学们纷纷向小A学习，积极参与劳动活动，形成了一个良性循环。

通过发掘小A爱劳动的优点，并给予他充分的鼓励和肯定，我成功地帮助小A树立了自信心。发掘学生的闪光点并帮助他们树立自信心，是教育过程中的重要任务。通过观察、肯定、提供机会和心理引导等方法，发现学生的潜能和优势，帮助他们成为更加自信、有能力的人，这不仅有助于学生的

个人成长和健康人格的形成，还有助于班级的和谐与进步。

四、辅导效果

经过几年的倾心陪伴，小A有了很大的变化。他长高了，也胖了，身体抵抗病毒的能力增强了。他每天都会高高兴兴来学校，因为他想见到老师，他愿意和同学们一起聊天，他不再和同学发生矛盾，能够和同学们友好地相处，和同学们一起做手工，一起做游戏。他逐渐变得尊重他人、开朗、乐观、自信、豁达，懂得感恩妈妈的辛苦付出，成了一个有担当的"男子汉"。

五、辅导反思

在小A的转变过程中，家长和老师携手，给予了小A足够的情感支持，帮助他建立安全感和自信心，建立稳定的日常生活规律，助力小A的身体和心理健康，降低情绪波动的可能性，发掘闪光点，创造机会，帮孩子建立自信。通过教育和实践，小A学会了悦纳自己和他人，识别、表达和调控自己的情绪，和同学友好相处，变得自信、乐观、阳光、快乐。

"冰冻三尺，非一日之寒。"对于那些"特殊"的学生，我们要家校携手，为学生营造一个积极、稳定、温馨的环境，减少外部因素对他们情绪的影响，给予他们"特别的爱"，走进孩子的心灵，倾听孩子的心声，赢得孩子的信任，发现他们身上的闪光点，营造良好的育人环境，陪伴成长，制订个体化的心理辅导计划，提供持续的支持，让孩子们健康成长！

踩点出拳，"智"服"小霸王"

北京市第一七一中学附属青年湖小学　郭金焕

一、案例情况

小东，男，12岁，六年级学生，皮肤白皙，眼睛黑亮，身体健壮灵活，给人最初的印象是活泼、机灵、可爱。任课老师与同学对他的评价却是懒散、自私、欺负人……大家私底下称他"小霸王"。

往届班主任反馈：小东生活在一个军人家庭，家中施行军事化管理，父母对他寄予厚望。父亲在部队工作，平时很少回家，一旦收到老师反馈小东在校的不良表现，往往采用不问青红皂白先狠狠打骂一顿的方法教育小东。小东母亲脾气较好，但喜欢指责说教，很少跟他谈心聊天。所以，小东总是表面屈服，过不了几天又会故态复萌，并会对反映情况的老师记恨在心，认为老师对他有偏见。五年级时，家中添了二宝弟弟，全家人的关注重心都倾斜到弟弟身上，小东利用这一空隙，在学校表现得更加散漫自由：作业几乎不写；上课跟老师顶嘴，甚至谩骂；个别科任课因为他一人而无法正常上课的情况时有发生，师生关系十分紧张。学校的空间场所上到六楼，下到地下空间，他想何时去就何时去，老师同学劝他回去上课也不听。班级氛围在他的带动下变得混乱，学习劲头不足，各项评比远远落于人后。

班级同学反馈：小东课下跟同学交往，顺心时还好，玩得不开心就拳脚相加，连女同学也不放过。共同玩耍的物品，常被他强行占有，如果不给就去抢夺。为了有人能和他玩，小东不会主动示好或道歉，反而采用藏匿、丢弃同学的文具等方式来引起同学注意，这样的行为使大家对他更加避之唯恐不及，同学关系紧张恶劣。

二、案例分析

小东存在因家庭环境影响与自身性格因素引发的人际交往沟通障碍，主要表现为缺乏安全感与信任感。父亲长期在外，母亲很少关注小东的内心需求，造成他在成长过程中遇到问题没有家人的疏导与帮助，形成了"发生问题，拳头解决"的错误认知。加之小东性格偏执、爱面子，尽管内心希望与他人进行良性互动，却总是以错误的方式引起他人注意，导致交往关系进一步恶化。家中二宝的出现，使得小东原本"唯我独尊"的家庭地位发生改变，性格变得更加易怒，不能控制情绪，一旦自身利益受到外界侵犯，就采取极端行为来进行反击。恶劣的师生、生生关系及亲子关系使小东产生了很强的不安全感和不信任感。

对小东最直接的辅导目标就是改善、缓解他紧张的人际关系；助其正确认识自己的现状与存在的问题，产生改变的愿望并用积极的行为来加以改善。最终能够与周围人建立良好的人际关系，身心得到健康发展。

三、辅导过程

（一）第一次辅导：初次交锋，明理对待

作为初接小东班级的班主任，我在假期里已经对他的基本情况做了了解与分析，初步制订了辅导计划。

开学第一天，我提出了班规的细则要求，其中一条就是上课不能随便离开教室，如果离开必须跟任课老师提出明确理由。（其实这一条就是针对小东的问题提出的）一个上午顺利度过，我能感受到小东和其他同学一样都在观察我这个新班主任，在努力控制情绪。转眼到了午饭时间，我给孩子们分饭，请一个同学负责点名叫做好吃饭准备的同学打饭。正当大家安静有序地打饭时，小东突然大声责问点名同学为什么不叫他打饭，我看到他的桌面还有笔袋等东西，提醒他整理好桌面后等待点名。结果，当我分完饭时，发现小东已经不在自己的座位上了。

我问谁看到小东去了哪里？同学们边吃饭边习以为常地答道："老师，我们也不知道！他在学校什么地方都有可能。"我看孩子们的表情就知道这样的事已经是家常便饭了。如果我此时心急火燎地去找他，那我在跟他的初次交锋中就已经输了，因为我采取了跟以往老师同样的办法——找他，"求"

他回班。我耐心等待班级同学基本吃完饭，问："谁能去找一下小东？"大队委主动去找，结果不到2分钟就把小东带回了班级。原来小东就坐在班级不远的楼道拐弯处。我心想，这是在试探我底线啊！我给他打好饭让他吃，他推脱说不想吃。我则说："不吃饭下午没力气上课，必须吃！吃完我找你谈话。"面对我的不容置疑，他很快把饭吃完了。

来到办公室，小东看到桌子上的笔和纸，一副了然于心的样子，色厉内荏地说："又让我写检查，写了也没用，我爱去哪就去哪，谁也管不了！"说完还翻了一个白眼。我知道他是在想办法激怒我，我不怒反笑："我没说让你写检查，只让你写几个字。"一听这话，他有些好奇。"你就写'今天随便离开教室，并且没有跟老师说明理由'，然后签名写日期即可。"面对如此简单的"检查"，他欣然答应。我拿起这张纸郑重放在一个夹子里对他说："这是你的行为责任书。我今天颁布的班规，你违反其中一条没错吧？国有国法、班有班规，如果你违反第二次，就没有随便出教室的机会了，我到哪里你就跟我到哪里。你要先学会遵守班规，对你自己的行为负责。"小东没想到我会这样简单处理这件事，悻悻地走回班级，思考自己应该怎样开始六年级的生活。

（二）第二次辅导：挖掘优点，融洽关系

开学第一天的"把柄"发挥了神奇的效用，小东第一周竟然没有一次随便离开教室，甚至都没有随便离开自己的座位。这也让我反思，万一他很快就犯了第二次班规，我能否彻底执行"我到哪里他到哪里"的处罚措施。但换个角度想，也许就是第一天他看到我的不妥协和有原则而不敢尝试犯规吧。我顺势追击，从第一周开始，每周五对他进行一番表扬，鼓励他下一周继续遵守班级纪律。

因为我的语文课比较有意思，孩子们上课的积极性和参与度比较高。他开始认真听讲起来，偶尔回答问题；从不写作业到坚持每天写。我利用班会等机会对他特别表扬并颁发奖品进行鼓励。几个单元的习作下来，小东的一篇题为《忙》的单元习作写得非常精彩，把自己观察到的妈妈早上忙碌的样子刻画得生动有趣，画面感十足。分享给同学后，大家对他的印象大为改观，下课后纷纷围着他夸赞他。这样的氛围，他以前从没有遇到过，也开始意识到赢得关注可以不用靠打和抢！这件事过后，我在他的脸上看到了真诚的笑，发自眼底的善，课间他的课桌周围开始出现同学们欢快和谐的身影。

后来他又制作了一个精致的竹节人给同学们演示，自己编写"歇后语与成语"的主题PPT给大家展示。这样的活动多了，他慢慢建立了自信，与同学交往也温和了许多。他还当选了劳动课代表，帮助同学分发劳动学具；书法课的进步也被老师多次表扬。许多老师纷纷感慨，小东就像换了个人。

一个学期结束，我再次把小东叫到办公室谈心。这次，他没有任何敌对情绪，脸上始终挂着笑容。我表扬他一个学期都没违反那条班规，是个信守承诺的孩子！顺手把那张"行为责任书"还给了他，他一边撕一边笑着说："老师有您在，我哪舍得随便离开教室啊？我妈妈说，您就像她小时候的老师，您是我们一家人的老师。"听了这句话，我内心不禁泛起波澜，真没想到，孩子的转变能换来家长那么大的肯定。

（三）第三次辅导：偶有反弹，家校携手

临近小学毕业，班级学生普遍浮躁起来，小东也不例外。一天，本该上课后服务的他混在放学队伍里出了校门。我发现他不在学校，立刻与他的妈妈取得联系。他妈妈放下工作马上回到家，发现小东去公园踢球了。妈妈勒令他背上书包马上返回学校，在校门一侧的台阶上继续把作业写完，妈妈站在一边陪伴监督。有的家长询问这个孩子为什么在这写作业，小东妈妈说为了让他学会对自己负责，记住不能不跟老师打招呼就私自离校。

第二天，我的书桌上放着他纸面上坑坑洼洼、字迹歪歪扭扭的作业，这也是一份让他记忆深刻的特殊作业。我把他叫到身边询问他这样做的原因，他说因为天气好，想去踢球，那几个同学平时都没时间，就昨天放学能凑齐，而如果跟妈妈说很有可能不让他去，所以才自作主张。我听了他的想法感到作为老师从孩子的角度考虑问题还是不够，毕竟爱玩是孩子的天性。

我跟小东妈妈再次进行了沟通，建议家长从孩子的需求出发抽出时间多陪孩子玩耍运动，这样不仅能增进亲子关系，还能增加小东与陌生人接触的机会，收获与他人沟通的技巧与方法。

四、辅导效果

通过辅导帮助小东正确处理了师生和生生关系，改善了与小东的亲子、人际交往环境。小东有了与他人建立良好关系的信心，拥有一定的沟通技巧

和方法，开始能够交到朋友。小东的情绪变得更加稳定，被告状的情况大幅减少，与任课教师建立了信任，愿意调整学习行为，学习成绩有了明显进步。在班级学习生活中，他的安全感不断加强，没有再随意离开教室，不再通过动手解决问题。整个班级的学习生活氛围也变得越来越友好融洽！

五、辅导反思

三次辅导既贯穿小东六年级的整个学习过程，又踩在关键事件与时间节点上。我就像打太极一样，在行拳过程中只选一个受力最大的点准确出击，起到以柔克刚的作用。当然，这样的辅导与其说是三次，不如说是若干次。只不过需要班主任有一双善于发现的眼睛，秉着"爱"的初衷，抓住教育契机，智慧地辅导学生，做到有计划、有落实、有反思、有反馈。这样才能使一个孩子的教育改变带动一个班，影响一个班级的班风班貌，或者巧妙借助集体的力量感化教育个体，发挥事半功倍的教育效能。总之，我们要合理利用教育学、心理学的相关知识，有机地将个体教育与集体教育相结合；家庭教育与学校教育共携手；教学与教育相融合来促进儿童的身心健康全面发展。

与爱同行，智慧才能增加教育的温度；与智慧同行，爱才有深邃隽永的教育价值。让我们做有爱有智慧的教育者，呵护孩子们身心健康成长。

行为养成与自信重建：少年的成长之旅

北京市第一七一中学附属青年湖小学　陈　星

一、案例情况

小明，二年级男孩，8岁，他活泼好动、充满好奇心。他在学业上展现出一定的潜力，对编程有浓厚兴趣，但行为习惯却令人担忧。他常常在课堂上坐姿不端，写字时驼背，偶尔说脏话。此外，小明还有严重的拖延问题，缺乏时间管理能力和自律性。家庭背景方面，他成长在一个高知家庭，但父母工作繁忙，教育方式存在差异，导致他在家庭教育中缺乏正确的引导和规范。

二、案例分析

针对小明的表现，经分析，我认为他有以下特点：

小明常常在课上难以专注，非常容易受到外界干扰。他在各方面都缺乏足够的耐心和坚持性，难以长时间专注于某项任务。这种性格特点使得小明在面对困难和挑战时容易产生逃避和拖延的行为。基于此，可以判断他现阶段的学习内驱力仍然不够，学习动力不足。

在小明的成长过程中，父母由于工作繁忙，缺乏足够的时间和精力来陪伴孩子。而教育的缺失对于孩子最大的伤害就是降低了孩子的自我价值感和自我认同。父亲的教育方式过于严厉，而母亲性格柔弱，这使得小明在家庭教育中缺乏正确的引导和规范。此外，父母的期望和要求过高，也给孩子带来了较大的心理压力，因此导致小明不敢与父母交流内心的真实想法，无力改变，总是呈现出一副"摆烂"的姿态。

同时，同伴关系对小明的行为产生了一定影响。小明的表现导致有部分同学不太认可他的行为。如果不及时调整，那么同伴关系也将继续恶化，不和谐的同学关系也可能加剧他的行为问题。

三、辅导过程

在教育领域中，罗森塔尔效应证实了教师的积极关注对学生的学业与品行具有积极促进作用。因此，在辅导过程中，我将对小明实施积极关注，引领学生逐步改变不当行为与不合理信念。

结合生态系统理论，我们可以明确个体嵌套于相互影响的环境系统中，社会环境系统影响个体心理发展。那么对于学生而言，对学生身心发展产生直接影响的微观系统包括家庭、学校、班级，其次是各个小系统之间的交互作用形成的中间系统，如家庭与学校的合力教育等。因此，我将干预措施贯彻为"三全育人"理念，试图为小明的成长营造良好的家校育人环境，创设积极向上的班内社会支持系统，促进不当行为的转变与积极行为的养成。

基于以上理论，我为该生的帮扶设置了目标。短期目标是帮助他规范自身的行为，引导其对不文明现象说"不"，习得在人际交往中与同学相处的方法和技巧，提高自身的时间管理能力和自律性，与同学友好相处。长期目标我将持续促进小明与同学、老师建立持久的良性关系；增强班内的社会支持系统，增强小明的自信心；提升其班内的社会交往能力，促进人格的完善与成长。为更好达到帮扶小明进步的效果，我还采取了以下辅导措施。

（一）营造心育环境，建立行为规范意识

针对小明行为规范意识的建立，我采取了谈话沟通的方式帮他营造心育环境。利用课余时间，请小明和老师多聊天。在聊天中，我耐心倾听小明的想法和感受，了解他问题的根源所在。小明自己在内心并不觉得有些行为很严重，他认为只是有些控制不住自己。对于他的表述我没有选择第一时间批评或者教导他，而是表示理解，并为他布置了一个小任务。以简单的任务为驱动，引导他从现在开始观察周围同学的上课习惯。

经过两周的观察，再次聊天时，他非常兴奋地开始主动表达自己的观察与发现，甚至还发现了自己与周围同学的不同。此时，我耐心地和他展开讨论，结合班会课的案例和生活中的情境，逐层解析，认可他的同时也让他明白，好习惯对每一个人的重要性和给班级带来的影响，引导他意识到他现在

行为问题的严重性，帮助他建立正确的行为规范意识。同时，我也采用了一些具体的措施来帮助他养成良好的习惯。为他制定详细的日程安排表，要求他按照计划完成各项任务，细化到上课时举手的姿势，并设置了积分规则，他只要按日程表完成了，就可以得到一定的积分，积分可以兑换礼物。对小明按时完成任务的行为我给予及时肯定和奖励，使得他逐渐形成了一定的规则意识，引导他做自己行为的小主人。

（二）关注集体教育，持续培育正向行为

在他逐渐调整的过程中，我还利用班内的社会支持系统，给他一定的心理支持，帮助班内其他学生规范自身行为，从而做到持续培育正向行为。

积极心理学视角下的问题行为转化曾强调应在学生展现的问题之外挖掘学生的积极因素（如好行为、好品德），并从优势视角帮助学生扬长补短。我通过集体教育，引导全班同学共同讨论交流。多次利用主题班会，让同学们分享自身的好习惯与最近班内好的转变。通过集体讨论和利用互评，增加了班内集体荣誉感的同时也让小明渐渐对规则意识有了更深层的理解，班级氛围也变得更加融洽。我还注重发挥榜样作用，在班级中树立一些小榜样，让其他同学向他们学习，也反复表扬班内进步的小明。通过这些方法，激发了小明的上进心和表现欲，达到了集体中培育正向行为的效果。小明中午用餐、做事的速度提高了，"拖拉"的坏习惯出现的次数也越来越少。

（三）制订改变计划，家校联动，形成教育合力

生态系统理论认为，家庭与学校的交互作用构成了影响学生身心发展的中间系统，对此，家校同心、步调一致，对于促进小明的转变至关重要。

一方面，我每日向任课老师收集小明在课堂上的表现情况，并结合我日常观察到的小明的表现，与小明的父母保持密切联系，定期与他们沟通小明的在校情况和在家中的情况。通过网络家访、电话沟通等方式，我和家长就小明最近的进步、待改进的问题及时沟通，也引导家长正确理解和对待孩子的表现。

另一方面，我向家长提供了一些有效的教育方法和策略，分享班内的家庭教育策略，为其提供参考，帮助他们更好地参与到孩子的教育中。在与父亲沟通的过程中，我强调了棍棒教育的弊端，让孩子害怕不是有效的教育手段，并建议他尝试采用平等沟通的教育方式来引导孩子，将要求讲在前，设置好底线。而在与母亲的沟通中，我鼓励她多关注孩子的情感需求和行为变

化，给予孩子更多的关爱和支持。通过家校协同合作，我们逐渐形成了教育合力，共同为小明的成长提供支持和帮助。总体而言，小明的状态是向上的、向好的。最为显著的就是近期小明的笑脸更多了，也更加自信了，家里发生的任何事情都喜欢找我来聊一聊。

四、辅导效果

经过一学期的辅导，小明的言行举止有了质的改变。多数时间他能够端正地坐好认真听讲，不再说脏话。做事拖拖拉拉的坏毛病也有转变，能够每天按时完成各项任务。

这些变化不仅体现在他的学习上，也反映在他的生活中。我明显地发现，他变得更加自律，与同学之间的关系也变得更加融洽。一学期以来，他在班内也有了两个亲密的好朋友，课间的他更加神采飞扬。他逐渐发现了自己的优点和潜力，在本学期得到学业展示的机会，凭借出色的表现小明赢得了老师和同学们的赞誉。

五、辅导反思

在辅导的背后，我慢慢发现了小明之前不良行为习惯下掩藏着一颗渴望得到关注的内心，也更加深刻体会到家校协同、因材施教以及灵活调整辅导方法的重要性。

家校协同是一个孩子健康成长的基石，通过形成教育合力可以有效营造一个良好的共育氛围；利用家校沟通，我们能够更全面地了解孩子的成长需求，共同帮助孩子形成良好的行为习惯和积极的心态。

每个孩子都是独特的个体，拥有不同的性格、兴趣和无限的潜力。要根据孩子的个性特点，确保教育方法能够符合他们的实际需求，让他们在学习和生活的领域中闪闪发光。作为老师，辅导工作并非一蹴而就，需要持续关注和引导。也正是在全员育人和家校共育多方的努力下，小明逐渐由一个迷茫的小男孩，破茧成蝶，迎来了完美的蜕变和全新的成长。

"爱"的润色，从孤单到融入的成长之旅

北京市第一七一中学附属青年湖小学　杨　萍

一、案例情况

小C，6岁，男孩，外貌黑黑瘦瘦，圆脸小嘴，常表现出不快乐的情绪。由于父母工作忙碌，他主要由奶奶照顾。

小C生长在一个典型的军人家庭里，父母长期忙碌于工作，很少有时间陪伴他。家中还有一个患有孤独症的弟弟，这进一步分散了父母的注意力。奶奶成为他主要的照顾者，但由于年龄和精力的限制，她很难给予小C足够的情感支持和教育引导。父母偶尔回家，但由于工作繁忙，很少与他进行深入交流，对他的行为问题也缺乏足够的重视。

在学校中，小C表现出明显的行为问题。课堂上，他很难保持专注，经常违反纪律，甚至抢夺同学的私人物品。体育课上，他自由散漫，多次出现攻击同学的行为。课间活动时，他缺乏性别意识，有进入女厕所、追逐女同学等行为。此外，他还辱骂同学，导致与同学关系紧张，难以融入集体。大部分同学因为害怕与他发生冲突，会尽量避免与他交往。

二、案例分析

通过观察他在学校的生活和与其他任课老师的充分沟通，我发现小C受到家庭环境和社会环境影响较大，进校前就养成了一些不好的习惯。加上小C自身性格执拗，自我约束力差，和他人相处少，容易固执己见，这些问题综合在一起，形成小C人际交往沟通障碍。

疫情三年，小C很少去幼儿园，集体生活经验少，生活中同龄小伙伴也少，因此在性格养成阶段获得的正面影响较少。弟弟出生后，家庭里给他的

关注也被转移，他更加渴望父母的关注。他也尝试融入集体，经常和小区里的大孩子玩耍，但是玩伴年龄跨度大，面对一些不恰当的行为，年纪太小，没有分辨的能力，父母也没有在这些方面进行正确的干预、引导，反而被熏陶了一些不好的语言。疫情结束，来到学校时，他是陌生的，一方面不知道怎么和同龄的小伙伴相处，另一方面当老师指出他和小伙伴相处的问题时，他不认可，喜欢以反驳、顶撞等较为极端的方式来坚持自己的观点；和同学闹矛盾时，正是这种坚持让他辱骂更弱小的同学，甚至会有攻击行为，这是他自我保护产生的一种过激反抗，也是他获得安全感的一种方式。对于男女界限，他不能较好地意识到，总是出现一些不恰当的行为，同学出现抵触情绪后，他才意识到自己的行为不恰当。

对于小C的种种问题，最重要的就是帮助他对学校、老师、同学转变态度，产生信任，从内驱力影响他的行为，改善在校行为、缓解他紧张的人际关系，进而帮助他在班级中找到自己的角色定位，实现良好的人际交往发展。

三、辅导过程

（一）家校携手：让家庭教育与学校教育统一战线

家庭教育是孩子成长的基础性教育，良好的家风是未成年人健康成长的基石。教育开始的地方不是学校，而是家庭。在进入学校之前，每个孩子都已经接受了6年的家庭教育。因此，家庭教育和学校教育绝对不能背道而驰，二者之间要相辅相成。我意识到，如果小C的家长持续不重视孩子在学校的表现，会导致家庭教育的部分引导职责缺失，家校之间也不会形成合力，家庭教育和学校教育的力量分散，反而给孩子的成长带来阻力。

一次，小C在学校玩纸飞机，尖尖的飞机头扎到同学眼睛上，出现了安全事故。我连忙和双方家长沟通，希望小C的家长能够陪同受伤孩子去医院检查。但是小C的爸爸表示工作太忙，没有时间，只愿意赔付药费，多次拒绝我的建议。于是，当天我多次和小C的爸爸进行电话沟通，并以军人职业的责任意识、父母对孩子的榜样作用为切入点，和小C的爸爸讲明可能出现的严重后果，希望他以身作则，不仅给孩子树立一个承担责任的好榜样形象，也避免矛盾升级扩大，终于说服小C的爸爸请假陪同就医，并随时紧密关注受伤孩子的情况。之后，我也和小C的爸爸在校园中面对面沟通，分享了父亲角色对孩子的重要影响。和小C的爸爸达成"一切为了孩子发展"的重要共识。此后，小C爸爸在家庭教育中，非常积极地配合学校教育，在家也给予了小C更多关注与引导，并且对于学校反馈的问题，也非常重视。

（二）改善师生关系：挖掘兴趣点，拉近距离，静待花开

对于未经世事学生的教育要摒弃说教、批评的教育方式，而是应该从情入手，用爱、真诚、善良给予他们最温暖的拥抱，走进他们的世界。

小C在入校前和老师接触的时间非常少，经常把提示和批评他的老师，当成"敌对"关系。如何缓和与他的关系，拉近师生的距离，是我向他迈出的第一步。经过和家长沟通，我了解到需要更长时间才能打开小C心扉开展沟通。

一次，在小C因为好奇同学物品，不经过允许拿走并对同学发火后，我把他请到办公室。一路上，我默默观察他的表情，发现他的内心不像外表上风平浪静。在办公室，他感觉不是很自在，总是扭动。我一反常态，没有让他站着听我说话。而是让他搬张椅子，坐下想一想，为什么老师请他过来。他似乎很诧异老师没有先发制人，提示他、批评他。很久之后，他也没有开口说话，我也一直没有出声，坚持耐心等待。我知道此时是我们双方的较量，他也在考验老师的耐心。于是，经过漫长等待，他老老实实把事情经过讲述了一遍。我随之询问："你觉得自己在刚刚的过程中，哪做得不够好，我帮你分析分析怎么样做可以更好？"这一次，他脸上的疑惑更大了，但是尊重、平等的对话帮助他短暂地打开了沟通的大门，他也愿意和我说一说。

通过他的诉说，我帮他分析了他行为的利弊，他也比较认可。此时，我趁热打铁，从桌子下面拿出早已准备好的本子，让他把自己可以做得更好的地方写在本子上记录下来。告诉他，下次再想和同学发脾气前，可以先想想记在本子上的好方法，选择更好的方式。后来，一旦他按照本子上记录的方法处理问题时，我会及时奖励他一颗糖果，告诉他今天学会了先思考再行动，他也不再抵触我的提示。慢慢地，这个本子越写越厚，但是他来办公室做记录时间越来越少。

（三）改善同学关系：提高正确"关注度"，弱化同学矛盾

"心路小本"教会了他控制自己。但是对于他和同学相处中一些不恰当行为没有特别改善。比如，他在体育课使用跳绳抽打他人、课间追逐女生的行为。站在他的角度，课间追逐的行为体现了他想身边有好友相伴，只不过错误的认知让他使用了不恰当的方法，抽打就是他的一种不恰当的交流方式。

当他能管理一些自己的情绪后，我在班级里悄悄地为他物色了几位朋友。我悄悄地嘱咐好两位机灵的小同学，让他们在玩的时候带上小C，带小C参与到集体活动中，并且要时刻注意保护好自己。课余时间，我还教给了小C一些我们童年的小游戏，比如"拍手""跳皮筋""丢沙包"等比较安全的游戏。每当集体活动时，我的目光总是追随着小C，几次活动下来，他被我提示的次数越来越少。慢慢地，他在学校的笑容变多了，大家也更加愿意接受他了，和他之间的矛盾变少了。

四、辅导效果

"三步走"的辅导，首先帮助小C建立了目标一致的家庭教育与学校教育的纽带。其次从沟通开始，帮助他向老师打开心扉，意识到要管理情绪的问题。最后从一两个朋友的引导开始，逐渐支持他体会到如何正确和小伙伴相处，逐渐融入班级之中。从此，小C的烦躁情绪少了，不高兴的表现也逐渐减少，上课下课的行为逐渐规矩。临近二年级的寒假，他还主动用自己的零用钱给同学们买了礼物，尝试主动地和大家做朋友，融入大家的集体中。遇到困难的时候，他能主动找我，试着让我帮助他解决。虽然还存在纪律问题，但是从心底上，我能够感受到他对学校、对同学态度的转变。

教育不是一蹴而就的，学生不会突然发生翻天覆地的变化。对小C的辅导还在继续，他偶尔还是会管不住自己，更多的时候，他可以像其他学生一样会玩、会闹、会说、会笑，学习成绩也得到了明显的提升。小C的成长空间还很大，道路还很漫长，需要家庭、学校、同学一起持续帮助。

五、辅导反思

冰心说："爱在左，情在右，走在生命的两旁，随时播种，随时开花。"孩子的成长，离不开教师的引导，也离不开家长的支持配合，家庭教育与学校教育需要相辅相成。每个孩子都有自己的特点，只有深入走进他们的内心，知道症结在哪，对症下药，才能给予正确的引导。作为青年教师的我们，要一直具备发掘问题的耐心，面对学生充满爱心，才能最终找到解决问题的好方法。

"小哭包"不再哭了

北京市第一七一中学附属青年湖小学　王　彭

一、案例情况

小厦是一个活泼好奇的一年级男孩，生活在一个军人家庭。由于父母工作繁忙，他的主要照顾者是奶奶。在学校，小厦以敏感、易哭著称，对于小错误或小挫折，他总是以哭泣作为第一反应。这一行为不仅阻碍了他与同学和老师的正常交流，也影响了他的学习。具体表现为：在班里回答问题时，回答得不正确，老师让他再想一想，他捂着脸就号啕大哭了起来；体育课上跑不动了，便会自己哭一整节体育课，老师和学生劝解也停不下来；等等。

二、案例分析

（一）个人因素

每个孩子的个性都是独特的。通过沟通，我发现小厦天生就比较敏感、容易紧张。这种个性特点使他在面对新环境、新挑战时，缺乏必要的情绪调节能力和应对策略。此外，他对自己的评价过于负面，缺乏自信心，这也加剧了他遇到困难和挫折时的情绪失控。而小学一年级的孩子正处于认知发展的关键阶段，他们的思维方式、理解能力以及情绪管理能力都在发展中。小厦对自己的情绪和行为缺乏足够的认识和理解，这使他更难以应对自己的情绪，缺乏有效的应对方式，习惯性地采用大哭来逃避、退缩或者依赖他人的方式来应对问题，而不是积极寻求解决问题的方法。这种应对方式不仅无法缓解他的情绪，还可能使他陷入更深的困境中。

（二）家庭因素

在学生成长的过程中，不同形态的家庭环境，会在不同程度上影响着孩子的心理健康。父母的忙碌使得小厦在成长过程中缺乏足够的陪伴与引导，奶奶的溺爱使小厦在面对问题时缺乏独立解决问题的能力，家庭中缺乏有效的沟通机制，小厦的情感需求没有得到及时满足。

结合小厦的情况，确定辅导目标为帮助小厦理解并管理自己的情绪，减少不必要的哭泣；提升小厦的自信心，学会积极面对挫折；改善家庭环境，加强家庭成员之间的沟通与情感交流。

三、辅导过程

（一）近一点，去理解去尊重

爱是教育的前提。在学校里，我多次和小厦聊天，以爱为基石，身处在他的角度与他进行沟通。一天，小厦一下课就突然大哭起来，因为他的手工作品被同学不小心弄坏了。我教他用深呼吸、数数的方法调节情绪，等到小厦平复了情绪后，我轻声地问："小厦，发生什么事了？能和老师说说吗？"他抽泣着讲述了事情的经过。我耐心地倾听，没有打断他，偶尔点点头表示理解。听完后，我温柔地对小厦说："我知道这个作品对你很重要，被弄坏了肯定很难过。但是，你知道吗？哭泣并不能让作品恢复原样，反而会让你更加伤心。而且，我相信你不是一个只会哭泣的孩子，你一定有勇气面对这个挫折。"接着，我提议和小厦一起想办法修复这个作品或者重新制作一个。在这个过程中，我鼓励他在面对挫折时，尝试用积极的方式表达和处理自己的情绪。通过像这样的一次次对话和引导，小厦感受到了我的关心和支持，他逐渐明白哭泣并不是解决问题的办法，而应该勇敢地面对困难，寻求帮助和支持。

接下来，我通过"我是情绪小侦探"的主题班会，利用情景剧表演、小游戏、观看绘本故事等，让同学们一起谈论不同的事情会引发哪些情绪，遇到不同的情绪我们都是怎么想的、可以怎么做。在班会中，小厦听了同学们的分享，直观地了解情绪的多样性，感受到情绪产生是正常的、可控的，只要我们学会调节自己的情绪，就能做自己情绪的小主人。课下，我与他交流时，小厦也表示他知道了情绪没有好坏之分，当了解了情绪产生的原因，并尝试着去改变想法，就能在生活中收获好心情，与同学和家人友好相处。

（二）多一点，去培养去激发

当他理解了情绪，逐步可以用正确的方式表达和处理情绪后，趁着班级进行国旗下展示的机会，我特意分给他单独展示一句朗诵词的任务，并问他："你能背诵下来吗？"此时的小厦已经能够很开心自信地接受这个任务了，"我可以！"我又追问："如果当天忘词了怎么办？"小厦回答道："那我就再想想，也可以让其他同学提醒我。"回想最初的小厦遇到这个问题一定会因为想到会忘词却没有办法而直接哭出来的，而现在听到这句话，我非常地开心，赶快肯定地说："王老师相信你当天一定能有感情地背诵出来！"当天晚上，和小厦爸爸进行沟通并达成了统一目标，每天都由爸爸带着他练习这句朗诵词。果然，在正式展示时，小厦非常出色地完成了表演，他看着台下同学们和老师们的笑脸、听着热烈的掌声，自信心增长了很多。从那天以后，小厦每次都能很自信且大声地回答课上的问题。可是，一天语文写词错了两个，小厦因为不能接受自己的错误，又哭了一次。这次，我并没有选择继续安慰他，而是通过自己的事例告诉他，人都会有出错的时候，所以要接受自己的错误，想办法改正错误。

（三）全一点，去协同去合作

一天放学时，小厦因为没有收拾好书包而落队，在路队中有些眼眶湿润，看到奶奶后直接号啕大哭了起来。奶奶随即将小厦搂在怀里，说："没关系，奶奶这不是接到你了吗？"听了这话，为了引导奶奶不再溺爱孩子，我与奶奶进行了一次深入的沟通。我说："奶奶，您对小厦的疼爱我们都看在眼里，他非常幸福。但是，您知道吗？有时候过度的关爱可能会让小厦失去独立思考和解决问题的能力。比如今天这件事情，您用这种方式安慰他后，再次遇到同样的情况，孩子还是只会哭。如果我们说：'没关系，下次咱们提前把书包收拾好，不就能马上站队了！'像这样给他一些引导，让他尝试思考解决问题的办法，就能避免再次出现同样的问题了。"奶奶听了我的话，理解到要减少溺爱，培养孩子的独立性。我随即提出建议："孩子在家里遇到事情时，我们开始先告诉他有什么办法能够解决这件事，让孩子感受到有办法解决比哭好，慢慢地引导孩子想解决的办法，让他感受到自己有能力解决，最后再遇到问题时，帮助他分辨哪个解决的方法更好。"

同时，我鼓励家长多陪伴小厦，了解他的情感需求，建立有效的沟通机制。和小厦的家长一起探讨出适合小厦的学习方式，共同制订辅导计划。在陪伴孩子学习时，从孩子的实际情况出发，先制定容易完成的小目标，再由孩子自己说出增加难度,这样经过"帮、扶、放"的过程,小厦与爸爸的互动变多了,内容也变得更丰富了,慢慢地有了自信。

四、辅导效果

经过一段时间的辅导,在家庭和学校的共同努力下,小厦的情况有了显著的改善。在学校和家庭中表现出更稳定的情绪状态,不再因为一些小事就轻易哭泣,学会了用更积极的方式来面对问题和挑战。自信心增强,在自我认知和评价上有了更积极的变化,他开始相信自己有能力克服困难,更愿意尝试新事物和挑战自己。同时,家庭成员之间的沟通变得更加频繁和有效。奶奶不再过度溺爱,而是开始引导他独立成长;爸爸也增加了与小厦的交流时间,关注他的需求。

五、辅导反思

在与小厦的接触和辅导过程中,我深刻体会到每个孩子的成长都需要家长、老师和学校的共同关注和支持。以下是我的一些感悟。

(一)信任关系的建立至关重要

在辅导过程中,要与学生建立深厚的信任关系,这种信任关系会使得学生愿意向教师敞开心扉,分享自己的心事。同时,也让教师能够更好地了解学生的需求和问题,从而制订出更加有效的辅导计划。

(二)情绪调节的能力是改善情绪问题的关键

学生通过学习情绪调节的方法,学会如何更好地控制自己的情绪。这些方法不仅帮助学生在学习和生活中更加自信和从容,也为未来的发展奠定了坚实的基础。

(三)家庭干预的重要性不容忽视

家庭环境对学生的情绪稳定性有着重要影响。通过家庭干预,让家长了解学生的情绪问题和需要改进的地方,并传授他们一些有效的沟通技巧和情绪管理方法。这有助于改善家庭环境对学生情绪稳定性的影响，促进其健康成长。

（四）持续关注和跟进的必要性

虽然学生的情绪问题得到了明显改善，但仍需要持续关注和跟进。在未来的日子里，要继续关注学生的情绪变化和成长发展，并根据需要调整辅导计划。同时，也要与家长保持联系，共同关注学生的成长和发展！

用爱与包容，点亮闪耀的他

北京市第一七一中学附属青年湖小学　侯　敏

一、案例情况

小明是一个一年级的小男孩，白白净净、瘦瘦小小。在课堂上他时不时地抖动肩膀，手里有小动作，甚至会出现与老师顶嘴、到处乱跑、与同学打闹的情况。深入沟通后，我了解到他背后的家庭环境和他所承受的巨大压力。

二、案例分析

通过多次与家长的沟通，我发现小明生活在一个离异家庭，父母经常吵架甚至动手。小明与母亲、姥姥、姥爷生活在一起，家庭的经济压力全部由母亲独自承受。在这样的环境下，小明没有得到足够的关爱和包容，性格逐渐变得内向、不自信，情绪也变得很不稳定。

经过分析，我认为小明种种行为背后反映的是他渴望被接纳、被尊重、被关爱的心理需求。为了帮助他，我制订了以下辅导方案。

首先，家校携手，寻求家长的理解和支持，让小明感受到来自家庭的关爱与包容，从而帮助小明打开心扉，走出困境。其次，要求学校老师和同学们的理解和帮助，帮他建立充足的安全感。在此过程中学会正确表达和处理情绪，学会与人相处，逐渐适应学校生活。最后，我还需要帮助小明克服畏难情绪，找到自己的闪光点，建立自信，逐渐爱上学习。

三、辅导过程

（一）南风效应——家校携手，感受亲人的爱与包容

"南风效应"告诉我们要用合适的方式方法来处理人与人之间的关系。对一些家长来说，被老师找就意味着被"批评"。在和小明家长沟通的过程中，他们一直处于敌对状态，以一种防御的姿态与老师对话，不想面对自己孩子的问题，隐瞒和回避小明的真实情况，排斥老师提出的建议等。

我转换了方式方法，之后我与家长沟通时，不再只说孩子出现的问题，而是先与家长分享孩子在学校生活的小片段。例如，吃饭的时候吃得特别香，跑步的时候很开心，积极举手回答问题等的照片，展现孩子可爱的一面。我还会引导小明把对妈妈、对家人的依恋写在小纸条上，拍照给妈妈。我还找了一些家庭育儿方面的小视频、小文章转发给小明家长，让家长意识到家庭对孩子成长的巨大影响，学习一些育儿经验。同时，我邀请小明的亲人来学校陪读了一段时间，更好地了解孩子的在校表现。慢慢地，小明妈妈感受到了孩子内心对亲情的渴望，也不排斥跟老师的接触了，我们之间的沟通也越来越顺畅，家长也愿意接受相关的建议了。

（二）圆桌效应——与人相处，感受他人的接纳和尊重

"圆桌效应"指的是圆桌可以给用餐者"亲切的关系""融洽的气氛"的感受。我希望，小明可以充分感受到来自老师和同学们的尊重和善意，大家不论身份可以平等交流。

课下，我主动和小明分享自己小时候在学校"调皮捣蛋"的经历，拉近与小明的距离。我借助他爱听故事的特点，给他讲了许多名人故事，让他知道，许多成功的人，小时候其实也可能有"不完美"的表现。平常，我还给予小明充分的选择空间，例如，如果他在课堂上不能控制自己的行为，他可以看书、写字、画画、做手工等，平复自己的心情。慢慢地，他意识到老师是真的在帮助他，他也变得越来越喜欢跟我谈话，我也逐渐成为他可以信赖的人。

有一次，放学时别人都站好了队，他还没收拾好书包，情绪一下就崩溃了，在教室里大喊大叫。我马上走到他身边，告诉他："小明，没关系，我们不会走的，你慢慢收拾，老师和同学们都会等你。"这时，另外2个同学也连忙跑过来帮他收拾。小明的情绪也慢慢稳定下来，还轻轻对我们说了声"谢谢"。第二天，我找到他一起回忆了这件事，告诉他遇到问题不要紧张，

可以向别人求助，老师和同学们都会非常乐意帮助他的。同时，我还找同学专门教他怎样收拾自己的物品。慢慢地，小明感受到了大家满满的善意，从内心深处接受了同学们。

（三）瓦拉赫效应——发现闪光点，重拾自信

"瓦拉赫效应"是指学生的智能发展是不均衡的，一旦帮助他们找到自己智能的最佳点，使智能潜力得到充分的发挥，便可取得惊人的成绩。通过对小明的观察，我发现他精力充沛，特别擅长跑步。我就从这一点出发，创造机会，让他能够充分发挥自己的特长。

我经常带他一起去操场跑步、聊天。运动会前，我组织同学们进行跑步比赛。小明在小组内跑得最快，我抓住机会，给小明颁发奖状，并在全班面前大声表扬他："没想到小明同学跑得这么快，运动会时他一定能够大展身手，为我们班取得好成绩！"同学们也自发鼓起掌来。在跑步比赛时，小明获得了第二名的好成绩，大家欢呼雀跃，纷纷给他点赞。小明也激动地和同学们一起拥抱、跳跃。我也对他竖起了大拇指，轻轻拍了拍他的小肩膀，对他说："好样的！你真棒！"那一刻，我看到了他眼中的骄傲和自豪，还有我从没见过的自信与光芒。我趁热打铁，鼓励他在上课时也要好好表现。

通过这件事情，同学们更加了解了小明的闪光点，也更加接受他、包容他、喜欢他，这也让小明进一步感受到了集体的安全感，越来越喜欢这个班集体。他也变得越来越自信，更愿意敞开心扉，向大家展示自己了。

（四）门槛效应——克服畏难心理，提升学习兴趣

"门槛效应"是指一个人一旦接受了他人一个微不足道的要求后，为了保持形象的一致和避免认知上的不协调，有可能接受更大的要求的现象。小明对于学习一直没有信心，他总是说"我不会"，自己一点也不愿意去思考和尝试。我决定从最简单的内容开始，引导他一步步学习。我先找他谈话，问他如下几个问题：

（1）你最喜欢的老师是谁？

（2）你最喜欢的课是什么？为什么？

（3）你最喜欢什么样的学习任务？

（4）你最喜欢玩什么游戏？

小明最喜欢数学课，那我就先从数学学科入手。从简单的10以内数的认识开始。我带着小明找生活中的数字、读写数字、说说数的组成、算一算

加减法等。在学习过程中,他非常轻松、愉快,对数学也产生了浓厚的学习兴趣。当他遇到困难想退缩时,我就会用他最喜欢的玩游戏来换一种方式学习。我会跟他做一些例如比谁算得快、我问你答、算数涂色、1分钟口算比赛、口算大转盘等的小游戏。在这个过程中,小明每次取得进步,我都及时鼓励。我还邀请他与同学结成互帮小组,在小明遇到困难时帮助他。一学期下来,小明的数学成绩有了明显的进步,也越来越有信心学习其他科目了。在这个过程中,他还学会了如何与他人友好相处,慢慢地也不再做伤害别人的事情了。

四、辅导效果

通过不断的辅导,小明的精神状态好了很多,课堂上能够安静听讲了,家长也越来越信任老师。遇到问题,小明也不会再情绪崩溃、大声哭闹了,而是寻求老师和同学的帮助,还交到了自己的好朋友。小明也变得越来越自信,还会在课堂上主动回答问题,逐渐适应了学校的学习和生活。作为一名班主任,我对他充满了信心。

五、辅导反思

在辅导小明的过程中,我更加深刻地体会到,在与家长沟通时,我们要注意方式方法,让家长容易接受,从而形成教育合力。心理辅导的过程是漫长而曲折的,我们教育工作者必须充满耐心,尊重、平等地对待每一个孩子,不断学习各种心理学知识,理论与实践相结合,为孩子们的心理健康发展创造良好的环境。只有打开学生的心门,发掘每个孩子的优点,他才会愿意走出来,爱上生活,爱上学习,成为一个积极阳光的人。

老师对学生的情感总会不自觉流露出来,老师对学生的好他会一点一滴感受到,从而浸润他的心灵,影响他的行为。作为一名教师,我们要对每个孩子充满希望,用爱与包容,点亮每一个闪耀的他!

家校共育，让爱滋养生命

北京市第一七一中学附属青年湖小学　邓写烩

一、案例情况

（一）案例背景

小A，三年级男生，身材瘦小，患有严重的干性湿疹和注意力缺陷多动障碍。3岁以前，小A跟随父母和姥姥生活，由于父母工作繁忙，由姥姥照顾；3岁至6岁，跟爷爷奶奶在老家生活，上小学时回到父母身边。小A妈妈因工作原因早出晚归，常常下班到家时孩子已经入睡，小A主要由爸爸抚养，每日的生活流程是下午5点半放学后去校外托管班，7点左右由爸爸接回家，简单补充一些食物后洗漱睡觉。周末又被各种兴趣班排满，这使得小A严重缺乏父母的关爱。

（二）问题描述

小A自控能力较弱，基本不能按照老师的要求来学习，学习习惯欠佳，成绩不理想。经常违反纪律，课堂上一会儿挠胳膊，一会儿玩笔，一会儿撕纸等，被制止后就抠手或发怪声，甚至离开座位。而课堂上一旦有他感兴趣的话题，就随意大声发言，无论老师如何引导，他都要把自己想说的话说完。与同伴交往能力不强，课间喜欢追跑打闹，随意翻动同学的书本、文具等，遇到自己喜欢的就自行拿走。他时常与同学发生矛盾，不仅大喊大叫，甚至大打出手，并将错误归结于别人，无法认识到自己的问题。

二、案例分析

（一）成长环境

小A问题产生的原因主要是受家庭影响。自幼缺少父母的关爱，让他内心孤独，缺乏安全感。特别是在儿童建立规则的关键时期，小A与爷爷奶奶生活，爷爷奶奶教育观念陈旧，对小A多是溺爱，没有给他立好规矩，也没有帮他养成良好的生活习惯，这使得他缺乏规则意识，从而导致频繁违反纪律。小A上小学后，母爱依旧缺失，爸爸脾气急躁，教育方法单一，孩子一旦犯错，多是责骂，甚至通过动手来解决问题。小A也有样学样，学会了指责，学会了用打架来解决矛盾，脾气也比较暴躁。

（二）疾病影响

小A是先天过敏性体质，患有无法根治的干性湿疹，又因皮肤护理缺失而时常复发，他浑身瘙痒，挠破大片皮肤组织，留下层层结痂。饮食上也有诸多禁忌，从小就营养不良，严重影响了小A的身体发育。小A 9岁时又被诊断患有注意缺陷多动障碍，父母没能正确引导并及时采取有效的治疗，这使得他的言行出现一些偏差。

（三）年龄特点

9岁的小A随着身心的进一步发展，自我意识也不断增强，他更加渴望得到周围人的关爱。当他得不到家庭的关爱时，就在学校选择了不恰当的方式来获得老师与同学的关注。

三、辅导过程

注意缺陷多动障碍的成因复杂多样，但有研究表明它的形成与生理因素、心理因素以及家庭教育密切相关。因此，我及时运用积极心理学进行干预，运用家庭教育理论与方法辅导家长，用心关注孩子的内心世界，帮助孩子健康成长。

（一）用心接纳，用爱滋养

作为班主任的我接纳了生病的小A，接纳他给我带来了一次又一次的

"麻烦"，我用满心的关爱去滋养他，让他能够听从我的建议。早上他进班，我就叮嘱他收拾整理好物品。外出上操、上体育课就提醒他带跳绳、穿外套。午饭他喜欢吃的食物适当地多盛一些给他，也鼓励他去品尝更多他所能吃的食物，还时常给他酸奶和水果做一些补给。每天关注他的湿疹情况，及时提醒他按时抹药。我在班级建立不同学科的学习小组和习惯帮助小组，倡导学生们互相学习、互相帮助，旨在帮他逐步树立正确的学习观，养成良好的学习习惯。只要他有一点进步，我就及时表扬他，给他发铅笔、橡皮等小奖品。当他与同伴发生矛盾时，我从不急于批评他，而是运用延时处理的方法，等他平静以后，温和地鼓励他说出原因，跟他一起分析问题，和他一起探讨解决问题的方法等，逐步帮他树立规则意识，增强与同伴交往的能力。

（二）家校携手，共促成长

1. 有效沟通，达成共识

一个孩子就是一个家庭的缩影，孩子表现出来的问题往往就是他家庭问题的外在呈现。我多次与小A父母长谈，家长从最初的极力掩饰、应付老师到逐步敞开心扉，再到后来建立信任关系。我始终积极沟通，认真聆听，尊重家长，平等以待，共同探讨解决孩子的教育问题。最终我们达成了共识：在病情上，积极寻求专业帮助，家长与学校创设环境，积极配合孩子的治疗；在日常生活及教育教学中，了解孩子的心理需求，给予孩子更多的鼓励与关爱，增强孩子规则意识，培养良好习惯，逐步提升学习能力。

2. 传递方法，用爱养育

在赢得小A父母信赖的基础上，我及时给予他们一些积极心理学的方法辅导。首先，绘制"生命线"，觉察自我。家长和孩子一起来绘制各自的"生命线"。通过绘制"生命线"帮助家长和孩子觉察到自我、他人与环境，觉察到自身的心理状态，思考自身的亲子关系。其次，家长和孩子分别写出喜欢自己和不喜欢自己的三个方面。在不喜欢自己的三个方面的转变探讨中，家长引导孩子接纳生病的自己，学会管理自己的情绪，并承诺往后会更多地陪伴孩子。最后，家长和孩子一起来观看《跳跳羊》影片，感受"生命会有高潮，也会有低谷，失落时就多去看看周围，也许换个角度，就会发现世界其实多么美好"。以此引导小A发现生命中负面事件的积极意义，帮助他转换视角，获得新的成长。

我进一步对小A父母进行家庭教育的辅导。父母都要肩负职责，家庭要实现家庭应有的功能，孩子从小就应该跟父母生活在一个温馨和谐、充满爱的家庭里，这样孩子才能得到很好的成长。了解孩子的心理特点，一起和孩子给家取个温暖的名字，定期开家庭会议，绘制家徽，共同制定家规、家训，开展周、月家庭活动，注重仪式教育，等等。把正面管教和心理养育融入日常的教育中，给孩子建立一个安全温暖、和谐有爱的家庭。

3.及时反馈，积极配合

小A的父母在真正接纳孩子的问题后，从多个方面对孩子积极开展治疗。去看中医调理脾胃，调整饮食，补充营养；去看西医治疗干性湿疹，除了适量的药物涂抹，每日做好皮肤护理。对于孩子注意力缺陷多动障碍，在考虑西药的副作用后，家长选择了带孩子进行每周三次的专业注意力训练。医生也对老师提出了一些更细致的建议：降低学习要求，让小A适当走动。针对医生的建议，我首先把小A的学习目标进行拆分细化，帮助他逐个完成。其次，交给他一些发作业、擦黑板等能适当走动的小任务。每周五我还会把小A一周的在校情况细致地反馈给家长与医生，也会根据他的具体情况随时进行反馈，一旦出现特殊情况，给小A注意力训练的专业人员就会根据我的反馈调整小A的训练内容与强度等，从而帮助他逐步康复。

四、辅导效果

在一年多的时间里，我多次与小A父母沟通，达成了共同的教育目标和理念。小A得到了父母更多的关爱，得到了专业的治疗，身体发育也达到了正常水平，不仅个子长高了，身体也渐渐结实起来，皮肤也好了很多，越来越认真，也逐步养成了良好的学习习惯，各科学习成绩都达到了良好水平，和同学相处也越来越融洽，有时还能主动帮助同学。

五、辅导反思

（一）有效沟通，深入了解孩子与家庭

沟通是打开心灵的钥匙，是解决问题的关键。良好的家校沟通是搭建家校共育的桥梁。无论是教师与家长、教师与学生，还是家长与孩子都要做到深入有效的沟通，相互了解、相互信赖。出现问题及时沟通，及时解决。走进学生的家庭，在孩子的心田播撒希望的种子。

（二）家校携手，共同关注孩子的心理状态

孩子的心理健康至关重要，无论是家庭教育还是学校教育都要高度重视。教师与家长都要高度关注孩子的心理健康状态，发现问题时，家长与教师及时沟通、配合，有效引导与疏导，及时进行治疗，让孩子感受到来自家庭与学校的关爱。此外，和谐的家庭氛围、良好的亲子关系都是孩子健康成长的保障。

"焦点"美化心灵，
促进入学适应
——焦点解决方法促进小S适应一年级学习生活的个案分析

北京市第一七一中学附属青年湖小学 杨 雪

一、案例情况

小S，6岁，一年级新生。刚入学时，老师便发现了小S的"与众不同"，他会在课堂上不定时发出怪声、头部抽动，无法持续坐在座位上，也会突然从教室中跑出去，攀爬扶梯和窗台。小S的行为对同班同学的学习环境造成了较大影响，由于其"特殊"行为的存在，其他同学不愿与其交往，这也对他的交往需求产生了影响。

二、案例分析

小S的成长环境不算温和有爱，平时与姥姥、姥爷一起生活，但姥姥更倾向于丰富自己的退休生活，不太关注小S的起居，姥爷年近七旬，全面照顾小S及全家人的日常生活。孩子的父母工作忙碌，鲜有时间陪伴他。据孩子姥爷描述，小S的父母在其很小的时候便在他面前争吵，甚至大打出手，导致小S受到惊吓，出现抽动症的症状。身负重担的姥爷对于照顾年幼的孩子也会时常失去耐心，多以打骂为主，说一些伤害孩子自尊心的话。所以，小S不能感受到来自家人的充分关注与关爱，更不愿意也不会与家人沟通。

小S在幼儿园阶段，曾两次因行为、情绪过激对其他儿童造成伤害而转园。进入小学，也长时间无法融入班级。他的情绪问题也一直是家人的困扰。由于年龄较小，小S尚不能对自己的情绪状况做出评判，但他知道没人愿意和他做朋友，这让他心里很不舒服。我知道当下亟待解决的是，不能让小S的各种问题持续累积，将他"成长中的行为问题"标签化，更不能认定他是"问题儿童"，而是要发掘他的自身资源，对于小问题一经发现，立刻解决。因此，对于小S因家庭环境所产生的无法控制自己情绪的问题，我决定采取焦点解决短期疗法，这种疗法在青少年和学校心理咨询中的适用性尤其突出，对小S情绪失控行为的改变能起到积极的治疗效果。

三、辅导过程

（一）刻度化询问技术

刻度化询问技术即评分技术。和孩子交流时，用数字表达比用文字更加直接、清楚。在最初与小S的接触中，我针对其制定了一份详细的情绪评分细则，评分的范围从0分至10分，10分代表了他的心情最佳，即使与其他同学发生了一些小冲突，他也愿意选择原谅。如果是0分，则说明他的情绪十分不好，很有可能会与其他同学发生肢体冲突。基于此范围进行思考，小S认为当他的心情数值处于6分及以下时，则很有可能会发火。因此，6分就是一条分割线。小S很喜欢使用这种方式进行交流，利用手指比画数值对于身为儿童的他来说是一件很有意思的事情。在与小S的一次沟通中，当他为自己的情绪打分后，忽然对我说："自己给自己打分的感觉真好！"由此可见，借助刻度化询问让孩子发自内心地改变自己的行为，是比由外界判断他的行为正确与否更加有效的方式。通过制作一张竖形图表来统计小S某段时间的整体心情状态，最下面是1，最上面是10，用数值将每天的情绪进行标注和记录，并将它们连成一条线，将结果直观地呈现在小S面前，让他感受到他自己也具备评分能力，因此他非常喜爱这个方法。

（二）称赞及振奋性的鼓舞技术

称赞技术是通过对当事人进行鼓励，使其确信自己付出了努力，从而促使对方展现出某种正面的倾向。因为小S经常犯错并被他人批评，大部分时候他都感觉自己不能把事情办好。但随着对小S了解的加深，我发现，他每次犯错后，都会下意识地做出一些改变。有一次，小S在午饭时与同学发生矛盾，当时他情绪十分激动，直接把餐盘摔在了地上，但他立刻意识到这是一种情绪过激的行为，在事情没有变得更加严重之前，他采取了补救措施，主动找老师承认错误，寻求老师帮助。他想要让事态朝着好的方向发展的努力，是值得称赞的。

从幼儿园开始，小S便意识到自己是一个"特殊"的孩子，因为他总被外界批评，他渴望得到鼓励。我在心理辅导的过程中给了他大量积极的鼓励，当他在课堂上出现离开座位或行为散漫等问题时，我首先做的不是批评，而是与他之前的行为做对比，寻找相对进步来进行表扬。当鼓励发生时，我能看到他的脸上欣喜及振奋的神情，小S的自信也在一次次称赞中得到迅速提升。

（三）关系询问技术

小S的问题在更深层次上归因于他的家庭，因此与小S父母的交流十分重要。每个人都生活在与自己的重要他人的互动之中，因此关系询问技术旨在通过改变重要他人的期待、态度及做法从而促进孩子自身的改变。小S的重要他人便是其父母。在家庭成员的相处当中，父母和孩子的作用是相互的，这就要求我帮助小S一家三口各自描述自己的处境及想要达到的目的，促使问题在互动中得到解决。小S的母亲对于孩子出现的问题没有正确的认知，而其父亲也很少能静下心来与孩子交流。父母大多数时候只能看到小S的不足之处，缺少对于孩子进步的正面反馈。在对小S进行关系询问之前，我先帮助其父母建立起对于孩子的信心和期待。在沟通中让其父母假设，当他们平静地与小S聊天时，孩子会做何反应。在此过程中，父母逐渐意识到，小S也能够与他们交心，甚至在聊天时还会迸发出一些新奇的想法。当父母从孩子的角度出发且看到较好的优点时，便能够改变自己对于孩子的期待和态度。

在对其父母进行辅导的同时，我也利用关系询问技术对小S进行了辅导，主要围绕以下几个问题进行询问：

（1）当你不开心时，你最想和哪位家庭成员倾诉？

（2）如果是你的父亲或者母亲遇到了这件事情，他们会有什么反应？

（3）你的父母会如何解决这件事情？

重要他人的反应和做法在很大程度上会影响孩子的改变。在一次辅导中，小S表示十分希望父母看到他的进步。我让小S试想："当你因为一件事生气，但控制好情绪没有乱发脾气时，你觉得谁能够最先发现你的变化？"小S认为是他的父亲。在对父母进行辅导后，每当父亲发现小S的变化时，便能够及时对孩子进行鼓励和表扬。这种态度的转变让小S得到了重要他人的认可，在确认父母对自己的期待后，他控制情绪的能力也逐渐得到了提升。

四、辅导效果

（一）小S的初步改变

在焦点解决技术的应用下，小S慢慢改变着自己的认知，控制着自己的情绪。虽然年龄较小，但在采取刻度化询问技术后，他能够更加清晰地评判自己的情绪。在一段时间后，老师和同学都明显感觉到与小S的沟通更为顺畅了，也不再把他当作"问题学生"。

同时，对于自己的情绪和行为有了更为明确认知后，小S能够逐渐对不良行为有所控制，当类似事件再次发生时，小S也能够立刻意识到并通过自己的方式去控制情绪、停止不良行为。在持续了两个学期的辅导后，小S有了明显改变，他的校内问题行为发生频率下降到了每周1—2次，大家也都为小S的改变表示欣慰。

（二）小S父母的初步改变

通过我多次的辅导及引导，父母能够回忆起与小S和谐相处的情景，回想他们曾经有过的成功经验，从而提升处理家庭和孩子问题的自信心。最明显的改变是，他们意识到了在孩子面前争吵对孩子心灵会产生很大的伤害，他们杜绝了再次发生此类行为。同时，虽然小S父母的工作依然繁忙，但在与其有限的亲近相处过程中，改变了强硬的表达方式，通过深入的沟通和交流使小S感受到了父母对他的关爱，收获了幸福的亲子时光。

五、辅导反思

在教育的过程中，我们总是会遇到行为上存在各种问题的学生。这些问题或是由其家庭原因造成的，又或是因学生本身的意识存在误区而发生，但我们不能因此就把他们标记为"问题学生"，而是应该寻找其问题出现的深层原因，尝试解决。将焦点解决短期疗法应用于"问题行为学生"的个案辅导，需聚焦于孩子与父母的资源和优势，而并非他们的缺点与不足，这与传统心理咨询模式不同，它强调每个"问题儿童"和父母都具备解决问题的能力，关注孩子本身的资源、成功经验、能力、小的改变与合理可行的目标，通过以解决问题为导向的对话，让他们在遇到问题的时候愿意思索：哪些解决办法是有效的，这些办法是如何产生的，怎样才能减少挫折感、提高自我效能感。而我们要做的就是不断给予支持和鼓励，让孩子与父母认识到自身的资源及潜能，期待他们的每一个进步。

健美操精灵的蜕变传奇

北京市第一七一中学附属青年湖小学 杨 帆

一、案例情况

小慧，女，四年级学生，给人的初印象是安静、腼腆、害羞。但健美操队老师对她的评价却是身体僵硬、节奏感差、心理素质差……

队员反馈：小慧在队里总是独来独往，和大家的交流很少。她的动作不标准，还经常忘记动作，这让整个团队的训练进度受到了影响。大家都觉得她不适合练健美操，对她的态度也比较冷淡。

前教练反馈：小慧在健美操队的表现也不尽如人意。她的身体协调性较差，动作总是比其他队员慢半拍，还经常出现失误。这让她在训练中经常受到教练的批评，也让她对自己的能力产生了怀疑。在比赛中，小慧因紧张发挥失常，影响了整个团队的成绩。这让她感到非常自责和失落，甚至产生了退出健美操队的念头。

二、案例分析

通过对小慧的案例进行深入分析，我们可以清楚地看到，她在健美操队的表现不佳是多种因素相互作用的结果。

首先，家庭环境对小慧的心理状态产生了显著的负面影响。父亲的严厉批评和母亲的唠叨让小慧长期处于高压状态，这使她感到压力很大，缺乏安全感和自信心。这种心理状态在她面对挑战时表现得尤为明显，容易让她感到紧张和焦虑，从而影响她的正常发挥。

其次，小慧内向和腼腆的性格特点使她在与他人交流和寻求帮助时面临诸多困难。她害怕表达自己的想法和感受，担心被拒绝或嘲笑，因此选择将情绪深埋在心底，不愿与他人分享。这种做法无疑进一步加重了她的心理负担，使她在困境中越陷越深。

最后，团队氛围对小慧的表现也有着重要的影响。健美操队的老师和同学对她的负面评价让她感到自卑和失落，严重削弱了她的自信心和动力。团队成员之间的不友好关系更使她难以融入集体，无法充分发挥自己的潜力。在这样的环境中，小慧很容易产生孤立感，进而对训练和比赛失去兴趣。

三、辅导过程

（一）场景一：建立信任关系与提供情感支持

我特意寻找到一间格外安静的教室，与小慧面对面地相对而坐。我脸上展露出最为温暖的微笑，在内心深处默默地告诉自己，无论如何都一定要让小慧真真切切地感受到我的真诚与善意。"小慧呀，我真的特别想知道你最近心里究竟都在想些什么呀，无论是什么都可以放心大胆地和我畅所欲言哦。"此时的小慧确实还有些犹豫和拘谨，不太敢轻易地开口，她的双手不停地绞着衣角，眼神里也透露出一抹难以掩饰的不安，但我始终保持着真诚而关切的目光紧紧地注视着她，非常耐心地等待着，我在心里不断地对自己说我一定要拥有足够的耐心，只有这样才能让她慢慢地卸下心理防御。

随着时间的推移，慢慢地，她似乎感受到了我的真诚，开始逐渐地敞开心扉，缓缓地向我倾诉着她在训练过程中所承受的那种犹如巨石般沉重的压力，以及对于即将到来的比赛所怀有的种种担忧和不安。"杨老师，我真的好怕自己在比赛中表现不好呀，我每次进行训练的时候都特别特别紧张，总觉得自己无论怎么努力都做不到最好。"小慧低着头，声音略微有些颤抖，心里满满的都是对自己的怀疑。我倾听着她的每一句话，不时地微微点头给予回应，心里想着我必须要让她清楚地知道我是真的在用心地关心她的每一种感受。当她说完后，我轻轻地拍了拍她的肩膀，语气无比坚定地说："别担心，小慧，你从来都不是一个人在战斗，我会一直在你身边全力以赴地支持你的。"

从运动心理学的角度来看，在面临重要比赛时产生紧张和担忧是很常见的反应。这种情绪可能缘于对比赛结果的过度关注、对自身能力的不自信以及对失败的恐惧。而建立良好的信任关系可以帮助运动员缓解这些负面情绪。我通过持续的耐心和理解，让小慧感受到安全和被接纳，这有助于她降低心理防御，更坦然地面对自己的内心。在后续的日子里，我不仅在这次谈话中展现出十足的耐心和理解，还在每一天都特意抽出时间与她交流，分享一些我自己的经历和故事，让她能更深入地了解我从而建立更多的信任。

（二）场景二：培养自信心与调整心态

在一次紧张的训练中，小慧竟然出人意料地出色地完成了一个难度很大的动作。我完全抑制不住激动之情，立刻扯开嗓门大声喊道："太棒了小慧，你这个动作做得简直太完美了！"小慧脸上瞬间绽放出了惊喜和自豪的笑容。

从运动心理学来讲，及时的正向反馈对于运动员自信心的建立至关重要。当运动员获得肯定时，他们的自我效能感会增强，更愿意相信自己有能力去完成困难的任务。

之后，我趁热打铁，又和她一起细致入微地分析了她自身所具备的一些独特优势，比如她那令人惊叹不已的柔韧性。我鼓励她在接下来的训练中要继续充分地发挥这些优势，我在心里默默地想着，一定要让小慧清楚地知道她有多么优秀。然而，在另一次训练中，小慧却遭遇了挫折，那个动作她反复尝试了好几次都没能成功，她有些沮丧地站在一旁，双手无力地垂在身侧，眼神里满是失落。"小慧，失败只是暂时的，这只是成功路上的一点小坎坷而已。我们一起静下心来好好想想怎么调整，以你的能力一定可以克服这些困难的。"接着，我带着她一起做深呼吸，耐心地引导她慢慢放松心态，重新找回自信。小慧咬着嘴唇，在心里暗暗地给自己打气："我一定可以的。"

为了帮助小慧持续不断地提升自信心，我还特意收集了很多优秀健美操运动员的故事讲给她听，让她明白只要坚持不懈地努力就能取得好成绩。并且我还不断地在她训练中给予及时而又具体的肯定和赞扬，我就是想让她知道她的每一点进步我都清晰地看在眼里。因为运动员在面对失败和挫折时，容易产生自我怀疑和消极情绪，这时教练需要帮助他们进行认知重构，让他们看到失败中的积极因素，调整心态，以更好的状态迎接后续的挑战。同时，榜样的力量也能激励他们勇往直前，让他们相信通过努力可以达到更高的成就。

（三）场景三：制订个性化训练计划与定期评估和反馈

根据对小慧身体特点的深入了解，我精心为她制订了一份详尽的训练计划。在这份计划中，我尤其侧重于提升她的节奏感。要知道，对于像健美操这类对节奏感要求极高的运动来说，良好的节奏感简直就是灵魂所在，它能够让运动员的动作变得更加协调和流畅，展现出无与伦比的美感和力量。

在实际的训练过程中，我始终保持着全神贯注的状态，时刻都在用心观察她的每一点细微的进展和变化。我的心里始终坚定地想着，一定要紧密结合她的实际情况，随时随地进行灵活且及时的调整。每周，我都会专门抽出一段固定的时间，和她一起全面细致地总结训练情况。记得有一次评估时，我非常郑重地指着她的训练记录，极其认真地对她说："小慧啊，这周你的节奏感真的有了极为明显的提升，这真的太棒了！一定要继续保持这样良好的状态哦。不过你看啊，这个动作其实还可以再进一步改进一下。"说着，我给她示范了正确的做法，我的动作标准而有力，每一个细节都展现得清晰可见。随后，我又十分详细地讲解了其中的要点和技巧，从动作的发力点到身体的姿态，从节奏的把握到呼吸的调整，每一个方面我都讲解得清晰透彻。小慧听得格外认真，她用力地点点头，眼中闪烁着坚定而又充满渴望的光芒，接着便毫不犹豫地再次投入紧张的训练中。

从运动心理学的角度深入分析，及时的反馈和明确的目标对于运动员的进步真的是至关重要的。当我们给运动员明确指出具体的进步之处以及还需要改进的地方时，这能让他们在训练中更有方向感，进而增强他们的自我效能感和内在动力。

四、辅导效果

通过针对性的辅导，小慧在多个方面产生了显著的变化。首先在心理状态方面，她变得越来越自信和积极，持续的耐心倾听、鼓励以及对她优势的肯定，使她逐渐克服内心的自我怀疑与恐惧。其次在技术表现方面，她的健美操动作有了明显的提升，这得益于个性化训练计划的实施以及对节奏感的着重培养，她的动作更加协调、流畅且充满节奏感，整体表现力也更强。最后在心态调整方面，她学会更好地应对挫折，当遇到失败或困难时，她在教练的引导下进行积极的认知重构，始终保持冷静和乐观，将挫折视为成长的机会而非自我否定的理由。另外，她与教练之间建立起十分深厚的信任关系，为她提供了极为强大的心理支持，她更加依赖教练的指导和建议，同时也在训练中更加投入和努力，形成良好的训练氛围和动力循环。

五、辅导反思

（一）个性化辅导计划的重要性

根据小慧的身体特点和技术水平，制订个性化的训练计划对于提高她的节奏感和整体表现非常关键。

（二）心理支持的力量

给予小慧足够的情感支持和鼓励，帮助她建立自信心，对于她在训练和比赛中的表现有着积极的影响。

（三）心态调整的关键

教会小慧调整心态的方法，让她能够在面对挑战时保持冷静和积极的态度，对于她克服困难和提高心理素质至关重要。

（四）团队合作的重要性

组织团队活动，增强团队成员之间的凝聚力和合作精神，对于小慧更好地融入集体、提高团队整体水平起到了积极的作用。

（五）持续评估和反馈的必要性

定期对小慧训练和比赛情况进行评估，及时发现问题并给予反馈，根据评估结果调整训练计划和辅导策略，确保她能够不断进步。

后现代主义视角下青少年的规则教育
——厘清"尊重"与"纵容"

北京市第一七一中学附属青年湖小学　彭秀兰

一、案例情况

小Z，10岁，五年级男生，生活在单亲家庭，由母亲张女士单独抚养。小Z性格活泼好动，但缺乏自律，容易情绪化。小Z的母亲是一名服务企业的中层领导，工作繁忙，早出晚归，无法陪伴小Z，因此在生活中采取了极其尊重孩子意愿的态度，导致小Z在遇到不满时习惯通过发脾气和威胁来达到目的。

小Z选择了他非常喜欢的折纸社团。几周后，社团老师反馈了一系列问题：小Z在课堂上大声说话、随意离开座位、与其他同学发生争执等，严重扰乱了课堂秩序。每次老师试图纠正他的行为时，小Z总是情绪激动，甚至认为老师在针对他，进而跺脚、摔门。经过多次教育，小Z的行为依然没有得到改善，严重影响了社团课的正常进行。

二、案例分析

（一）家庭教育因素

1. 过度尊重

小Z的母亲由于工作繁忙，经常无法陪伴小Z，不仅生活中尊重孩子意愿，在教育上同样如此。每当小Z在学校的座位安排、午餐、捐款等方面遇到不满，甚至在家中威胁不去学校时，母亲总是尽力满足他的要求。这种过度的尊重逐渐演变成了纵容。

2. 缺乏规则意识

母亲在教育上的态度导致小Z缺乏规则意识和自律能力。小Z在遇到问题时，习惯于通过发脾气和威胁来达到目的，而不是通过合理的方式解决问题。

（二）学校教育因素

小Z在不同老师的课堂上表现不同。在严厉老师的课上，小Z表现得认真且自觉；在温和老师的课上，他则显得自由散漫，甚至与同学发生冲突。这种差异使小Z误以为只要遇到温和的老师就可以随心所欲。

（三）后现代主义视角

1.亲子关系的变化

后现代主义理论认为，传统的权威结构正在瓦解，家庭中的亲子关系也在发生变化。父母不再是绝对的权威，孩子有更多的自主权和表达意见的机会。这种变化在一定程度上影响了孩子对老师和学校规则的态度。小Z的母亲在教育上过于尊重孩子的意愿，实际上削弱了她的权威地位，导致小Z在面对学校规则时缺乏敬畏感。

2.多元价值观

后现代主义强调多元价值观和个体差异。在这种背景下，孩子更容易接受不同的观点和行为方式，有时会质疑传统规则的合理性。小Z在面对学校规则时，可能因为家庭中缺乏坚定的规则意识，而对学校的规则产生抵触情绪。

三、辅导过程

（一）初步沟通与评估

班主任发现小Z在折纸社团课上表现出严重的行为问题，如大声说话、随意离开座位、与其他同学发生争执等，严重影响了课堂秩序。班主任与学校分管领导沟通后，决定暂时停止小Z参加折纸社团的课程，让他重新选择一个社团。然而，小Z面对众多社团选择时却一言不发，似乎还在与折纸老师的"矛盾"中无法自拔。

班主任联系了小Z的母亲，详细解释了小Z在社团课上的种种不当行为及其对其他同学的影响。然而，小Z母亲仍然坚持认为老师在针对小Z，希望班主任能重新考虑，让小Z继续去折纸社团。班主任建议小Z母亲协助小Z冷静下来，重新选择一个合适的社团，但未取得明显效果。

(二)深入交流与沟通

老师：感谢您抽空来学校。我们今天主要想和您讨论一下小Z社团课的一些行为问题。

张女士：李老师，我也听说了这些情况，但我还是觉得是老师管不住学生。而且我在家也是教育他要遵守学校规则的。

老师：是呀，小Z在不同老师的课堂上表现是有很大差异的。在严厉老师的课上，小Z表现得认真且自觉，但在温和老师的课上，他则显得自由散漫，甚至与同学发生冲突。这说明小Z的问题不仅仅是老师的态度问题，更多的是他自身缺乏规则意识和自律能力。

张女士：这么说，是我平时太宠着他了？

老师：在我们之前交流中发现，小Z在遇到不满时习惯通过发脾气和威胁来达到目的。这可能是因为他在家里得到了过多的宽容，缺乏必要的规则约束。《中小学德育工作指南》明确指出，学校是青少年规则意识教育的重要场所，通过规则教育不仅能够促进学生的身心健康，还能够培养他们成为未来和谐社会和法治社会的合格公民。

张女士：我明白了。那我们应该怎么做呢？

老师：首先，家长应继续认真倾听小Z的描述，但要多询问相关的细节，帮助他尽可能还原事情的全貌。通过分析问题和责任，做到赏罚分明，让小Z明白自己的行为后果。其次，在家庭生活中，家长不应该去满足孩子的所有要求，而是要鼓励小Z尝试提高自我管理的能力。面对小Z提出的不合理要求，家长要学会坚定地说"不"，并强调小Z需要做什么来表达对母亲的爱。当小Z遇到沟通困难时，家长要学会放手，让他自己尝试解决问题。

张女士：谢谢老师的建议，我会认真考虑并努力改进我们的家庭教育方式。希望能和学校一起帮助小Z改正不良行为，树立正确的规则意识。

老师：非常感谢您的理解和配合。我们会继续关注小Z的进步，并及时与您沟通。相信在大家的共同努力下，小Z一定会有所改变。

(三)家校合作与改进

1.家长的积极参与

小Z母亲开始在家里制定一些基本的规则，如按时完成作业、合理安排作息时间等，鼓励小Z尝试提高自我管理的能力。同时，也开始注意自己的言行，帮小Z分析问题和责任，做到赏罚分明，让小Z明白自己的行为后果。每周增加与小Z的互动时间，通过共度家庭时光、倾听小Z的心声等方式，让孩子感受到家人的关爱。

2. 学校的支持与跟进

班主任和心理老师共同为小Z制订了个性化的辅导计划，定期与小Z进行个别谈话，帮助他认识自己的问题并寻找解决方法。

学校组织了一些团队活动，鼓励小Z积极参与，通过与同学的合作与交流，增强他的团队意识和合作精神。

四、辅导效果

（一）小Z的变化

小Z在班主任和家长的共同努力下，逐渐开始发生变化。遵守规则，学会了在集体中和谐相处。在一次班级评选中，小Z还获得了"课堂文明之星"的称号，这让他感到非常自豪和自信。

（二）家长的感悟

小Z母亲深刻反思了自己的教育方式，意识到过度的尊重实际上是一种纵容，让孩子失去了应对挫折和困惑的能力。小Z母亲逐渐学会了如何正确地尊重和支持孩子，同时也学会了如何坚定地引导孩子遵守规则，培养良好的行为习惯。

（三）班主任的感悟

在处理学生问题时，不仅要关注问题本身，更要关注问题背后的家庭和社会因素。只有全面考虑这些因素，才能找到有效的解决方案，帮助学生健康成长。

五、辅导反思

教育是一项系统工程，需要家庭、学校和社会的共同努力，才能真正实现学生的全面发展。在后现代主义背景下，教育者需要在尊重孩子的个性和意愿的同时，引导他们遵守规则，培养自律能力。鼓励他们表达自己的意见和想法，但同时也要引导他们理解规则的意义，学会在集体中和谐相处。家长和教师应共同营造一个既尊重孩子个性又注重规则教育的环境。

家长应以身作则，为孩子树立良好的榜样。通过自身的言行，传递正确的价值观和行为准则，帮助孩子形成良好的行为习惯。

通过小Z的故事，我们可以看到，青少年的规则教育不仅是学校的责任，更是家庭和社会的共同任务。在教育过程中，我们需要厘清"尊重"与"纵容"的界限，既要尊重孩子的个性和意愿，又要引导他们遵守规则，培养良好的行为习惯。只有这样，我们才能培养出既有独立思考能力，又能适应社会规则的优秀人才，为构建和谐社会和法治社会做出贡献。

从"社恐"到自信
——小A的转变之旅

北京市第一七一中学附属青年湖小学　李海龙

一、案例情况

小A是一名五年级学生。新学期伊始，他就表现出明显的社交恐惧症状。在课堂上，他总是坐在教室的角落，尽量避免与老师和同学的目光接触。当老师提问时，他即使知道答案，也会因为害怕答错或被人注意而保持沉默。在课余时间，小A更是独来独往，很少参与集体活动，甚至在与同学交往中也显得拘谨和不安。小A在家时表现正常，但与外人交往时就显得特别紧张。

二、案例分析

（一）家庭背景分析

小A成长在一个相对保守的家庭环境中，家庭氛围传统且限制较多。父母对他的期望较高，对他要求严格，这使得他从小就承受着较大的压力。然而，在这种高压期望下，小A却很少得到父母的鼓励和肯定，他的情感需求并未得到充分满足。家庭氛围时常紧张，亲子沟通不畅，每当小A犯错时，父母往往只会批评，而缺乏理解和引导。长期在这样的环境下成长，小A总是感到不安和拘谨，他的个性发展也受到了一定程度的影响。保守的家庭环境与父母的高压期望，无疑限制了小A的社交能力。

（二）学校环境分析

在学校中小A总感到自己像是个局外人，缺乏归属感和认同感，觉得自己与周围环境格格不入，难以融入。比如，在课间休息时，他常常独自坐在一旁，看着其他同学欢声笑语，自己却无法加入。

有一次，他在课堂上回答问题不够准确，即使老师和同学们都用期待的眼光看着他，希望他能改成正确答案，小A还是害怕发言。曾经的负面感受，可能在小A心中留下了阴影，加深了他的社交恐惧。

每当需要与他人互动时，小A都会感到紧张不安，担心自己会出错被别人"看不起"，这种恐惧感让他更加孤立。比如，在一次小组作业中，他因为害怕自己的想法被否定，而选择了沉默，导致小组作业效果不佳，影响了小组的整体表现。

（三）个人心理分析

小A内向和敏感的性格使他在社交场合中显得尤为拘束和不安。他对自己的评价较低，缺乏自信，常常怀疑自己的能力和价值，这种自我怀疑进一步加剧了他的社交焦虑。

小A在社交中常常感到焦虑和恐惧，担心自己的表现会被他人否定，害怕在交流中出错或显得尴尬。这种担忧导致他在社交场合中更加紧张和不自在，往往选择沉默或回避。

小A对他人的言行举止格外在意，可能会过度解读他人的表情、语气，将其视为对自己的不满，进一步增加了他的心理负担，使他更加难以在社交场合中放松和自信地表现自己。

三、辅导过程

我制订了一套个性化的心理辅导方案，旨在帮助小A逐步克服社交恐惧，增强自信心。

（一）建立信任关系

建立信任关系是心理辅导的第一步。我多次与小A进行一对一的谈心，耐心倾听他的感受和想法，确保他能够感受到我真诚的关心和理解。在这个过程中，我向小A详细解释了社交恐惧是一种常见的心理现象，很多人都可能经历，并非他个人的缺陷或不足。这有助于减轻他的心理负担，让他明白自己并不孤单，也无须为此感到羞愧或自责。通过这样的沟通，我们逐渐建立起了稳固的信任关系，为后续的心理辅导打下了坚实的基础。

（二）认知重构

我帮助小A认识到他的社交恐惧主要来源于对自我和他人的过度负面评价。我引导他关注自己的优点，鼓励他回顾过去，思考并记录下自己在不同场合下所展现出的积极品质和成就，无论是学业上的进步、某次成功的社交经历，还是他对待朋友的真诚和善良。通过这些具体的自我认知分析，小A开始意识到，自己其实拥有很多值得骄傲和自信的品质。通过引导他关注自己的优点和成就，他可以逐渐建立起积极的自我评价。我还告诉他，这些优点是他独特的魅力所在，也是他与人交往时的宝贵财富。

（三）社交训练

我专门针对小A所在的班级设计了一课一案，加入了一系列社交技能训练活动，如角色扮演、小组讨论等，让小A在安全的课堂环境氛围中练习社交技能。我鼓励小A从简单的社交任务开始，如与同桌合作、参与课堂小组讨论等，逐步扩大他的社交圈子。

（四）家校合作

家校合作是促进学生全面发展的重要环节。我与小A的家长进行了深入的沟通，共同探讨如何更好地支持小A的成长。我强调了家庭环境对于孩子心理健康的重要性，并建议他们在家中创造一个更加开放和鼓励的沟通氛围。具体而言，我建议家长多关注小A的情感需求，不仅仅关注他的学业成绩，更要关心他的内心世界和成长过程中的困惑。我鼓励家长给予小A更多的支持和鼓励，让他在家中也能感受到温暖和肯定，从而增强他的自信心和社交能力。通过这样的家校合作，我们希望能够共同为小A创造一个更加有利的成长环境，帮助他更好地面对社交恐惧，实现全面发展。

（五）持续跟踪与反馈

在整个辅导过程中，我定期与小A进行反馈会谈，了解他的困难和进展。我根据小A的反馈及时调整辅导策略，确保辅导的有效性。

四、辅导效果

经过几个月的辅导，小A的社交能力取得了显著的提高。他开始愿意主动地与同学交流，甚至在课堂上也能积极发言。他的自信心得到了明显的提升，不再像以前那样害怕与人交往。此外，他还开始参与学校的集体活动，如运动会、班级文艺会演等，展现出了自己的才华和活力。

小A的家长也对他的变化感到惊喜和欣慰。他们表示，小A在家中变得更加开朗和自信，愿意与家人分享自己的学校生活和感受。他们对我的辅导表示衷心的感谢，并希望我能继续关注小A的成长。

五、辅导反思

回顾整个辅导过程，我深感心理辅导对于学生成长的重要性。辅导不仅是对学生学业上的指导，更是对他们心灵的关怀与呵护。对于像小A这样的"社恐"学生，我们尤其需要给予更多的理解和支持，帮助他们逐步克服心理障碍，走出自我封闭的圈子，实现自我成长与突破。在辅导过程中，我深刻体会到，要帮助学生克服社交恐惧，以下几个要点至关重要。

（一）建立信任关系

建立信任是心理辅导的基石。只有当学生真正信任我们，他们才愿意敞开心扉，分享内心的困惑和挣扎，接受我们的帮助和引导。为了建立这种信任，我注重倾听学生的声音，尊重他们的感受，以真诚和耐心的态度与他们沟通。

（二）个性化辅导

每个学生都有其独特的背景和需求，因此，我们需要制订个性化的辅导方案，以满足他们的具体需求。对于小A这样的"社恐"学生，我特别注重培养他的自信心和社交技能，通过角色扮演、小组讨论等方式，让他在安全的环境中逐渐学会与他人交流和合作。

（三）家校合作

家庭是学生成长的重要环境，与家长建立合作关系，共同支持学生的成长，是心理辅导不可或缺的一部分。我积极与家长沟通，了解小A在家庭中的表现和需求，共同制订辅导计划，确保家校之间的教育理念和方法相一致，形成教育合力。

（四）持续跟踪与反馈

心理辅导是一个长期的过程，需要持续跟踪学生的进展，并根据反馈及时调整辅导策略。我定期与小A进行面谈，了解他的心理变化和成长需求，同时鼓励他自我反思和自我评价，以便更好地调整辅导方案，帮助他克服社交恐惧，实现自我成长。

通过这次辅导经历，我更加坚信心理辅导的力量。我相信，只要我们用心去理解学生、支持学生，他们就能克服各种心理障碍，展现出无限的潜力和才华。同时，我也意识到自己在心理辅导方面的知识和技能还有待提高。我将继续学习和实践，不断提升自己的专业素养和实践能力，以便更好地服务于学生的成长和发展。我希望通过我的努力，能够帮助更多的学生像小A一样走出困境，迎接更加美好的未来。

是"润物无声"还是"狂风暴雨"？

北京市第一七一中学附属青年湖小学 梁莎莎

一、案例情况

小飞,男,10岁,五年级学生,爱思考,喜欢科普读物。父亲母亲工作忙,回家较晚,大部分时间由姥姥和姥爷照看小飞。

孩子姥爷反馈:父母对孩子期待很高,父亲认为要对孩子各方面进行严格管教,非常关注孩子的一举一动,如果孩子达不到期望的标准,就会指责批评,甚至进行打骂。母亲则认为要宽和地对待孩子,几乎从不批评孩子。父母管教方式的不一致,导致孩子遇到指责时无可适从,不知道该听从谁。

任课教师反馈:孩子对于老师和同学对待他的态度比较敏感,如果老师语气严厉,他就表现得非常抗拒或据理力争,或干脆堵上耳朵,跑到走廊、厕所等地方躲起来不愿跟人交流。

班级同学反馈:小飞与同学有时发生很小的摩擦时也会大发脾气,甚至对前一个学期发生的事情依旧耿耿于怀。

二、案例分析

该生受父母教育方式影响,加上自身性格因素,小飞引发了人际交往沟通障碍,主要表现为较敏感、易怒。父亲经常挑孩子的错,反复唠叨和指责,使得孩子的大脑和身体都得不到放松,一直绷着弦儿。紧张的父子关系使小飞产生了很强的不安全感和不信任感。长期处在压抑的情绪里,每天被小事消耗心力,导致性格易怒,不能较好地控制情绪,一旦感觉受到冒犯,就进行对抗。

对小飞首要的辅导目标是帮助他控制自己的情绪,正确看待别人对他的态度，用积极的行为塑造良好的性格；缓解紧张的父子关系、师生关系和同学关系，最终能够与家人、老师、伙伴建立良好的人际关系，身心得到健康发展。

三、辅导过程

（一）遇到矛盾，尝试控制情绪

学生在班级图书角前排队借书时吵吵嚷嚷，小静同学眼圈红红的，小飞认为小静没给班级图书角带书，就没资格参加借阅，而小静认为图书角的书一直都是大家共享的，心里觉得委屈。

我找到这两位学生询问了一下情况。小静说，从建立图书角开始，无论有没有给班级图书角带书，大家都能共同分享借阅。而小飞却昂着头，振振有词地说，他刚才已经给小静道歉了，还想怎么着啊。我看小飞一副不服气的样子，就没有再跟他谈，而是说："要不先别借书了，冷静一下。"其实我是借此机会考虑怎么跟小飞沟通才更有效。没想到他却大声冲我吼道："不借就不借，有什么了不起！"然后扭头就走，砰的一声把教室门关上了。

我当时很气愤，真想立刻追上去再找他理论一番。做了个深呼吸后，我要求自己一定先冷静下来，我想起之前小飞妈妈和姥爷跟我交流时，曾提到过小飞有些敏感、爱发脾气的情况。我告诉自己：必须想到一个有效解决问题的办法，而不是简单地教育他"要乐于分享、团结同学、尊重老师"，这样的说教肯定起不到真正的效果。

我换位思考，去琢磨为什么他会没控制好情绪，尽量从他的角度去思考问题。我想道：小飞特别喜欢看书，而我却不让他借了，他由此迁怒于我，便用吼叫和摔门来宣泄。所以，如果当时我将心比心，多考虑他内心的需要，可能就不会造成他情绪的失控。

冷静地思考后，我在课后主动找到小飞与他交流。小飞见到我，表情很不自然，欲言又止。看得出来小飞在平静下来之后，也开始后悔自己的言行了。

我问小飞："你是不是觉得我没让你借书自己很委屈？"

"是。"小飞小声地说。

"我能理解你为什么会那么想。"我轻声问，"你那么喜欢看书，而我让小静借却不允许你借，你觉得不公平？"小飞点点头。

我拉着他的手："那我怎样做，你更能接受呀？是不是像现在这样，先跟你好好谈一谈能更好些?"

"梁老师，是我不好。"小飞哽咽着，"我不该冲您大喊大叫……我就是气急了……我要是好好说话就好了。"

我非常诚恳地说："我理解你当时的感受，可你冲我吼叫时，我真的很难过。希望我们在想发脾气前，都能控制一下自己。我用的办法是先做几个深呼吸，帮自己平静下来再跟你交流。咱们也一起想想办法，看怎么才能更好地控制自己的情绪，做自己情绪的小主人。"

小飞抬起头，看着我："谢谢您，以后遇到不如意的事情，我也先做几个深呼吸，平复自己的心情，有话好好地说。之前在同学们面前大发脾气，我也特别后悔，我想帮班里的同学多做点事情，我来整理图书角好吗?"

这次谈话，小飞能想到控制自己情绪的方法，并且主动做好事弥补自己的过失，让我很是欣慰。那么，还要做些什么来帮助他更好地控制情绪呢?

（二）家校携手，进一步提高情绪管理能力

我主动约孩子的父母在学校见面，转述了我与孩子的谈话。我首先肯定了孩子爱读书的优点，也提出了孩子在情绪管理方面的不足，继而提出了自己的一些建议，期望能帮助孩子提高情绪管理能力。

1.控制情绪，不传递负面情绪

我对小飞父母说了自己当时是如何控制情绪的，即首先要冷静下来，想想孩子为什么发脾气，问题的本质是什么，再针对问题给出合适的处理方案。在处理家庭问题时，大人首先也需要控制自己的情绪，不要轻易地将负面情绪传递给家人，尤其是处于弱势的孩子，给孩子好的示范作用。

2.有效沟通，平等交流

在与孩子相处时，需要更好地理解彼此，以平等的态度进行交流。这样的环境更易于孩子主动表达自己的观点，并根据自己的表达方式进行调整。同时，采用温和的语气和手势，多给孩子一些鼓励性的话语。

3.保持同理心，学会换位思考

有时夫妻双方或者长辈对孩子的表现会有不同的看法，这时就需要保持同理心，尝试换位思考。换位思考会让我们更加真实地理解对方的想法和感受，帮助双方更加开放和包容，并在互相分享的过程中慢慢达成共识。

4.传达爱意，比指责辱骂管用

在与孩子沟通时，我们要尽可能耐心倾听、接纳孩子的想法和感受，避免抱怨、责备和批评。通过积极的方式与孩子进行沟通和解决问题，传递对

孩子的关心和爱意，给孩子足够的关注和解决问题的支持。

我跟他父母约好，把他在家里的表现做好记录，及时与我沟通，而我根据其表现，在学校对他进行相应的肯定，家校两头齐鼓励。

（三）召开班会，同伴互助，学习情绪管理方法

我召开了跟情绪有关的班会，与同学们学习情绪管理的方法。同学们认为当不好的情绪上涌时，可以选择转移话题或者做些其他的事情来分散注意力，还可以适当发泄出来。

小飞也特别乐于参与，还主动邀请一位小伙伴与他结对子，多帮助他。不仅如此，他还跟大家分享自己的收获：在情绪激动时，告诉自己"要忍住""没什么大不了""我有更重要的事去做"，或者回忆过去经历中碰到的高兴事。跟伙伴和家人、老师要心平气和地说话，善于沟通，巧妙地表达自己的情绪。

四、辅导效果

小飞在与父母、老师、同伴相处的过程中，努力改善关系，控制自己的情绪。他开始主动把他的图书借给同学们看，还承担了图书角的管理工作，跟老师和同伴说话也更加温和了。课下，大家看到的更多的是他开心的笑脸，也经常可以在班级的各项活动、劳动中看到他努力忙碌的身影，同学们也更乐意跟他亲近了。他就这样慢慢变化着，而我就在他的变化中享受着为人师的喜悦与满足。

班里的孩子们也找到了控制自己情绪的办法，同学们的矛盾少了，大家更能从对方的角度考虑问题。班里告状的同学也少了，班级氛围也更加和谐了。

五、辅导反思

（一）"润物无声"远比"狂风暴雨"来得有效

在受到学生"顶撞"时，我们首先要控制情绪，设法让自己和学生都冷静下来。不要影响正常的教学活动秩序，等到事后再低调处理，效果会更好。

人们往往会认为遇到麻烦让自己不开心了，就要立刻解决问题。但其

实,这是最不适合解决问题的时机。因为那时我们缺乏理性的思考,容易说出既伤害别人又让自己后悔的话。所以,我们自己应该先冷静下来,再去协商解决。

(二)应追根溯源,多方探索解决办法

面对学生的情绪,老师要与学生真诚、平和地沟通,尝试让学生能够接受的方法。不能仅看学生的外在表现,要主动寻找各方面原因,将心比心。让学生理解我们的用心良苦,才会收到良好的教育效果。

(三)应主动与家长沟通,创设班级氛围

我们是教育者,要帮助家长找寻更好的教育方法,培养孩子良好的性格,提高孩子控制情绪的能力。同时,发挥班级中伙伴互助的作用,用专业的态度和科学的方法形成家校教育合力。这,才是我们作为教育工作者应有的态度。

重新 从心
—— 一位"霉运"男孩的转运之旅

北京市第一七一中学附属青年湖小学　尉馨丹

一、案例情况

小爱，男，10岁。他热情大方、活泼开朗，课堂上认真听讲并且积极举手回答问题的他现在却频繁走神，从不晚交或不交作业的他变得拖拖拉拉，一直以来都能和同学们友好相处的他，变得只是一个人面无表情地趴在桌子上……谈及这些情况时，他也没有过多的言语，只是自认"倒霉"。走神时被提问是"倒霉"，作业忘在家里是"倒霉"，同学没有主动来找自己交流也是"倒霉"……他会把"倒霉"两个字挂在嘴边，所有的事情都能和"倒霉"产生联系。

二、案例分析

小爱生活在一个三口之家，父母是双职工，平日里下班很晚，对于小爱的关注不够。长期缺少与亲近的人进行较为亲密的沟通，不安全感就会大大增强。而缺少安全感的人通常会出现不喜欢说话的情况，交际欲望会大大降低。内心脆弱，遇事容易退缩也是其典型表现。

（一）个人因素

通过观察，我发现小爱近阶段持续情绪低落。在学习以及人际交往方面感受不到乐趣。他的心思格外细腻，善于体谅他人。因此，很少会直接向他人说出自己遇到的困难并寻求帮助，而是将其默默埋藏在心里。但他心中对于自己情况的担心与忧虑，对于进步的渴望与追求一点也不比别人少。当他对于自己的现状束手无策之时，归结于"倒霉"或许就是最好的办法！

（二）家庭因素

家庭是学生性格、心理状态养成的关键场所。通过与小爱妈妈沟通得知，因为她与小爱爸爸工作较忙，自己对于小爱有所亏欠，主要采用顺从的教养方式，即无论其提出什么样的要求都去满足他。爸爸与小爱的沟通很少，而且沟通时也多是批评和指责，不留任何情面。在家庭之中，小爱没有一个积极有效的情感沟通渠道。久而久之，对于自我的不认同感以及不安感都会大大提升。

三、辅导过程

（一）家校通力协作，开启"转运"之旅

教育学家苏霍姆林斯基曾经说过："把这块大理石塑造成一座雕像需要六位雕塑家，其中一位便是家庭。"这块大理石指的便是儿童。为了能够对小爱进行有效的帮助，我积极进行家校沟通。

1.深度沟通，关注问题所在

我将细数小爱身上的优点作为开展家校沟通的起点。接下来，话锋一转将近期他在学校里面的反常表现也一一告知家长。小爱前后行为上如此强烈的对比，一瞬间便引起了家长的高度关注。此时，沉默许久的爸爸开口的第一句话便是："老师，孩子为什么会变成这样啊？"发觉家长开始关注小爱的巨大变化时，我也趁势询问了许多关于家庭的基本情况。家长言语之中的关切，让我感受到来自家庭的力量。

2.换位思考，共情增进理解

小爱的心理困境与家庭有着密不可分的关系。我以情境模拟的形式向家长展现了在学校里曾经发生在小爱身上的两件事情：一件是代表学校去区里参加比赛；另外一件则是与同学之间发生言语上的矛盾。邀请家长在当下情境下给予他最为真实的即时反馈。不分青红皂白的指责或是以忙作为理由进行搪塞，成为小爱家庭教育中的常用托词。对此，我建议家长以换位思考的方式，站在10岁的小爱的角度去体会他的心理感受。在共情的帮助之下，家长切身体会到来自被最亲近的人的忽视带来的焦虑与不安。

3.调整方式，给予积极反馈

对于家长而言，此时最为需要的就是方法上的指导与帮助。爸爸平日里不苟言笑，久而久之会让小爱对于沟通望而生畏。因此，他要与小爱增加亲

子沟通时间，建立专属亲子档案袋。在每日特定的宝贵时光里，真诚且专注地倾听彼此的生活，走进彼此的生活。而妈妈则过于宠爱，针对问题及情绪，只是以买玩具、增加电子产品使用时长等几乎毫无关联的形式进行解决。为此，我建议妈妈要善于对小爱所倾诉的问题加以甄别并分类。在体谅他情绪的基础上，要在同一类问题上花时间去和他探讨解决办法。更要关注及时与他进行复盘和总结。在做得好的方面，给予积极反馈。

在后面与家长的持续沟通中，我了解到爸爸妈妈无论多忙都会亲自接送小爱上下学，这段不太远的路程也成了他们亲子交流的重要时间。而当小爱社团里有比赛的时候，他们也一定会亲临现场，共同创造独属于他们的美好回忆……这些无条件的爱与陪伴，让小爱长期所积攒的不安全感得到了一定的缓解，他口中的"霉运"也变得越来越少了。

（二）搭建沟通桥梁，助力"转运"之旅

家长因工作而带来的忙碌会持续存在。作为教师，我在日常在校与学生沟通的基础上，以线上的方式尝试弥补小爱放学后独自在家缺少陪伴的空白时段。

1.以情为先，寻找教育契机

在征得家长的同意后，我第一时间与学生建立了线上联系。本着以情为先的教育原则，期待着通过我的关注与关心，能够打消小爱的不安全感。然而，最初的时候，他的沟通态度是回避的。无论我问什么问题，他都视而不见，压根不回。面对着冷冰冰的对话框，我的大脑却在飞速运转着。我仔细回忆以往观察到的他的兴趣爱好，果然找到了突破口——绘画。

2.以趣促转，搭建沟通桥梁

利用小爱对绘画的兴趣，作为沟通的切入点，我逐渐打开了他的心扉。我试探性地问及了他的绘画作品："小爱，我听说最近你又画了几幅关于暖暖（他的宠物小猫）的漫画，我可以看一看吗？"怀着忐忑的心情等待着他的回复，随着悦耳的消息提示音逐渐响起，映入我眼帘的是他传来的一幅又一幅关于暖暖的漫画。"哇塞，好可爱的暖暖啊！你写作业的时候，暖暖在；你读书的时候，暖暖也在；就连你发呆的时候，暖暖都会陪着你啊！叫它暖暖名副其实！"随着这些语句发送出去之后，又是一阵短暂的沉默。"暖暖是我最好的伙伴，它总是在陪伴着我。我很爱它。"为了进一步拉近与小爱之间的关系，我饱含期待地询问他能否送给我一幅画作为微信头像。他毫不犹豫地就送了一幅他最得意的画给我，画的主角当然是他和暖暖。看到我换

好了的头像，他仿佛是打开了话匣子一样，和我谈起了许多生活中的琐事。

3. 以智见远，持续助力改变

为了能够实现对小爱长远的教育效果，我特别设置了师生心语会议室。每周一次的视频沟通，我们共同回顾近期的成长与变化。同时，我也耐心地倾听他的困惑与不安。在表示理解的基础上，把方法也一字一句地教给了他。

（三）用心安排活动，完满"转运"之旅

1. 班级支持，以童心助重新

小爱转变的进程之中，离不开同伴的陪伴与支持。在班级中宣传友爱文化，鼓励同学们主动与小爱交流，减少他的孤独感，帮助其解决问题，减弱其不安感。慢慢地，在语文课堂上，能听到同学对于小爱这样的赞扬："聆听你的发言是一种享受。不仅语音语调动听，而且思考上也有一定的深度，真好！"在活动排练的现场，能看到同学们对于主持人小爱的喜欢与敬佩……当同伴关注的积极内容被不断放大、重现，小爱也逐渐变得爱笑起来，他的自信心也得到了极大的提升。

2. 活动参与，以信心铸从心

班级布置板报、书法大赛以及辩论赛等活动，我都会积极鼓励小爱进行参与。在每一次的亲身体验之后，他的热情与自信就会随之增加几分，在班集体内的归属感也在与日俱增。

四、辅导效果

（一）笑开了花心跳起舞

经过一段时间的沟通与交流，小爱、小爱家长和我的心贴得越来越近了。小爱脸上的乌云一扫而尽，小脸喜气洋洋的。他会主动走近我，询问我是否需要帮助。面对一些偶发情况时，他再也不会自认"倒霉"，而是积极归因，并主动寻求帮助……看到如此喜人的变化，我也由衷地感受到了开心与快乐。

（二）习惯重新上线学习自律自觉

小爱课堂上笔直的坐姿在告诉我，现在的我是愉快的；小爱及时回交给我的作业仿佛在说，现在的他是开心的；课堂上积极主动进行发言的他也在表明着，现在的他是高兴的……

重新，从心，小爱真的改变了！

五、辅导反思

学生的每一个反常表现的背后，都隐含着他当下的心理需求。一切问题都需要我们教育工作者从根源上去追寻原因。"育人"固然重要，但是如何"育人"才更加值得我们每一位教师进行思考。从"心"开始，让学生从心底里感受到被爱、被理解、被支持，那么我们心与心之间就是零距离的。"育人"重在"育心"，"启智"更要"铸魂"。

阳光重现　爱心重归心

北京市第一七一中学附属青年湖小学　田　洁

一、案例情况

小明，男，11岁，五年级学生，头脑灵活，身体健壮。一到四年级给同学们的印象是尊敬师长、遵守规矩、团结同学、热情开朗、课上认真听讲、积极回答问题。但上了五年级，小明变得沉默寡言、精神涣散、不完成作业、情绪失控时有打骂同学的情况。

家长反馈：五年级时父母离异，之后小明跟爸爸、后妈、后妈的孩子（妹妹）生活在一个重组家庭。后妈有着很强的不安全感，总是疑神疑鬼，在家中情绪失控时有损坏物品的现象。

班级学生反馈：原来小明活泼开朗，上课认真，不知为什么变得昏昏沉沉，上课走神，写作业心不在焉，经常忘带作业；上科任课出怪声，老师让写检查，他写的检查是搞笑版本；一次吃过午饭，同学之间讨论问题，他嫌声音大，对同学怒吼："你们烦不烦！"课间有时会因为琐碎小事跟同学发生争执，并打骂同学。

二、案例分析

小明原本有一个幸福的家庭，因父母离异，爸爸重组家庭，小明跟着重组家庭生活。面对突如其来的变化，小明不得不面对一个陌生环境，后妈自身有不安全感，在家中因情绪问题有破坏物品的行为。因此，小明变得不知所措、缺乏安全感、遇事敏感、情感脆弱、叛逆、有攻击性行为等。

要从根本上解决小明的心理问题，只对小明进行心理辅导是不够的，重要的是要对小明重组家庭成员进行心理辅导，增强家长在心理健康教育中的参与度。例如，跟家长沟通如何建立重组家庭和谐的亲子关系，如何帮助重组家庭成员理解孩子的心理需求，如何引导孩子健康成长等。

不但要构建温馨和谐的家庭关系，家庭成员还要多关注小明的心理需求，并适时采用科学的方法引导孩子，这样小明的心理问题才能从源头上解决。最终通过教师、家长协同合作，达到共促学生身心健康成长的目的。

三、辅导过程

(一)第一次辅导：与小明沟通——敞开心扉

作为小明的班主任，我与他相处的前四年建立了充分的信任和尊重。面对小明五年级时突如其来的变化，我首先找到小明，通过谈心的方式，力图让小明说出内心深处的感受。

"最近怎么老是因为一点小事儿跟同学起冲突？科任老师让写检查，竟写出搞笑版的？同学之间讨论问题，你嫌烦？最近总忘带作业，压根儿没写吧？你能跟我说发生了什么吗？"

小明理直气壮地跟我说："您和我爸妈都告诉我，要做个有规矩的孩子。可我看见的却不是这样的，为什么后妈情绪不好时可以损坏物品发泄情绪，她可以不守规矩？她在家很强势，我想学她，我怕受欺负。""我妈曾跟我说她是天底下最爱我的人，不会离开我，可她还是离开我了。为什么大人能说谎，小孩却不能？"

通过促膝长谈，我对小明内心深处的想法已经准确掌握。想要解决小明的心理问题，光靠教师一方对学生进行心理疏导只能治标不能治本，想要治本还得从源头抓起。于是，我了解完情况后决定先从小明家长入手。

(二)第二次辅导：与小明爸爸沟通——构建和谐的家庭关系

我第一时间约见了小明爸爸，我把小明近期在学校的异常举动以及内心深处的想法逐一做了沟通，小明爸爸这才意识到问题的严重性。接下来我跟小明爸爸探讨了如何利用心理学知识改善家庭关系。例如有效沟通、尊重和倾听、表达感受和需求、建立规则意识等，初步达成了以下几点。

1.增加安全感

为了不引起误会，没有特殊情况暂不与前妻联系，这样可以最大限度增加现任妻子的安全感。

2.有效沟通

多跟现任妻子沟通，做她的忠实听众，努力让她敞开心扉，倾听并尊重她的内心想法。对于她的不良情绪宜疏不宜堵，这样可以让现任妻子有稳定的情绪。

3.以身作则

对现任妻子的孩子视如己出，用真情打动现任妻子，用真心温暖现任妻子，这样可以期待现任妻子对小明关爱有加。

4.组织活动

周末或节假日，带着全家人一起爬山、野炊等，在愉悦的气氛中有利于构建家庭成员之间的和谐关系。

5.家庭规则和界限

家庭成员之间要相互尊重、相互信任、彼此接纳、真诚沟通；不说攻击性语言，不做破坏家庭和谐气氛的事情。

过了段时间，小明逐渐适应了现在的环境，安全感得到满足，脸上逐渐恢复了往日的微笑，整个人逐渐有精神气了。但他还是遇事急躁敏感，情绪失控时与同学发生争执。

我再次找到小明，他说："最近不太舒心，家长不能一碗水端平，明明妹妹做错了事情，可他们却偏向妹妹，说我是男子汉要让着妹妹，心里觉得很委屈不公平。"于是我再次约见了小明爸爸，跟他沟通怎样才能理解孩子。

(三)第三次辅导：与小明爸爸沟通——理解孩子的心理需求

再次约见小明爸爸，我首先跟家长沟通了孩子近段时间可喜的变化，爸爸很欣喜。看来家校协作，方法得当，孩子定会有转变。接下来针对"孩子觉得不能公平对待他"这一新问题进行了沟通，我们探讨了如何利用心理学知识了解孩子真实的心理需求。例如培养共情能力、换位思考等。

1.共情

作为家长要有同理心，多与孩子沟通，了解他的内心感受，这样才能理解孩子，千万不能简单粗暴地解决问题。例如一味袒护妹妹，小明会把问题封闭在心里，不愿与家长沟通，时间长了很容易产生新的心理问题。

解决这个问题可以换个角度，在家中树立哥哥的榜样形象，让哥哥引领妹妹，确立哥哥在家中的地位，哥哥自然会用高标准要求自己，遇到事情自然会心甘情愿地保护妹妹，能够起到事半功倍的作用。

2.换位思考

遇到问题站在小明立场，设身处地为孩子考虑，这样时间长了，孩子的安全感越来越强，情绪越来越稳定，遇事自然就没那么敏感，遇到问题也愿意跟家长协商解决方案。

这次沟通后，我又持续观察了小明一段时间，发现小明渐渐地跟同学玩耍时不那么计较了，没那么敏感了，多了几分温和，一切都在向着积极的方向发展。为了能够让小明更有安全感，我乘胜追击，再次约谈了小明家长。

(四)第四次辅导：与小明爸爸沟通——引导孩子心理健康成长

这次跟小明爸爸沟通，气氛轻松了许多，我与小明爸爸商讨并选用了几种适合小明的方法，尝试引导孩子朝着健康的方向快速成长。

1.鼓励法

每个孩子都想得到肯定，尤其当孩子在某方面取得进步时，作为家长一定不要吝啬自己的赞扬和鼓励，这样会让孩子充满自信，越来越阳光。

2.提问法

小明很喜欢数学，利用这一优势，在家中可以请小明编题考大家，再由家长编进阶题制造困难。通过编题、改题、提问、批判、质疑，不但能激发孩子的思考能力，培养独立思考的习惯，还能让孩子面对挑战，体验困难，更好地应对挫折。

3.讲故事法

妹妹特别喜欢听故事，在家中可以通过故事互动，增进与家人间的感情，同时还能学到人生的道理和经验。

四、辅导效果

辅导过程中教师和家长协作，利用心理学知识进行专业指导，帮助小明家庭构建了和谐的家庭关系，指导小明家长及时了解孩子的心理需求，引导小明家长使用适合孩子的心理健康成长的方法。

小明在温暖和谐的家庭氛围中，家长及时关注孩子的心理需求，利用科学的方法引导孩子健康成长，缺乏安全感、情感脆弱、敏感多疑、叛逆、攻击性行为等心理问题，随时间的推移迎刃而解。

家校携手，曾经尊敬师长、遵守规矩、团结同学、热情开朗、认真听讲、积极回答问题的小明又悄然回到了同学们身边，阳光的小明重现！小明的家庭氛围越来越和谐，有爱的家庭重归！

五、辅导反思

重组家庭的孩子心理问题多发。作为班主任，要利用教育学、教育心理学等知识，与家长协作，引导家长营造和谐的家庭氛围，建立健康的家庭关系，接纳新的家庭成员，指导家长及时关注孩子的心理变化，创造一个友好的环境！

重组家庭的孩子需要面对更多的挑战和困难，他们应该得到更多的关爱和支持。只要我们家校协作，共同携手，用心去关爱他们、去理解他们、去帮助他们，他们一定可以拥有一个美好的未来！

乘风破浪　为爱护航

北京市第一七一中学附属青年湖小学　郭新影

一、案例情况

小磊，男，11岁，四年级学生。他个子不高，浓眉大眼，是一个能量极其充沛的男生。低年级时他和班里其他学生一样，爱说爱笑，调皮捣蛋，但他聪明，学习成绩一直不错。

三年级后，他开始出现不爱写作业、不爱听讲的情况，与父母沟通后，作业能够在父母的督促下完成。直到四年级，小磊开始彻底放飞自我，课上不听讲，还故意扰乱课堂秩序，如发出各种怪声；冒出与课堂无关的言语；趁着老师不注意，偷偷在地面上爬行，引得全班哄堂大笑；课间操时段嫌操场太晒，不去上操；嫌体育课太累，经常逃课；午餐时不用餐筷或餐勺，用手抓米饭吃……同学们都觉得他的行为"怪异"，不再与他玩耍。

二、案例分析

小磊的诸多问题，与家庭教养氛围有很大关系。他从小生活在一个典型溺爱型的家庭中。而溺爱型家庭教养方式主要表现是包办代替、袒护包庇和纵容放任等。小磊的父母工作都很忙，平日没有更多时间照顾孩子，爷爷奶奶溺爱娇宠，一切围绕孩子转，生活上给予全方位的关怀。低年级事事帮着做，中年级事事哄着做。爸爸妈妈在有限的陪伴时间里，更是尽显对孩子无微不至的"呵护"，即便孩子犯了错误，关注点也不在孩子错误的言行上，而是更关注他的情绪与心理。在这样的家庭环境中，小磊自然而然就形成了以自我为中心、任性、没有规矩、怕吃苦、人际交往能力弱的状况。一、二年级时，他更倾向于依从作为权威人物的教师，基本能完成教师的指令。升入四年级后，11岁的小磊进入青春期初期阶段，随着交往范围和自我认知能力的发展，他的行为会发生显著变化。

对待小磊的问题，首先要适当调整家庭教养氛围；其次通过家校携手，帮助小磊树立规矩意识，并逐步养成良好的行为习惯；最后帮助小磊建立良好的同学关系。

三、辅导过程

（一）走出老宅，迈出勇敢的第一步

面对小磊的学习现况和家庭现况，我与小磊爸爸、妈妈进行了一次以"家庭教养方式"为主题的谈话。面对小磊出现的种种问题，爸爸妈妈认同我的观点，并开始反思。我建议妈妈爸爸克服困难，带孩子与老人分开居住，尽量独立带孩子，帮助小磊养成良好的生活习惯和学习习惯。小磊爸爸妈妈经过深思熟虑，终于搬出老宅，回到自己的小家。

（二）家校携手，磨平"任性"的棱角

家庭长期的溺爱，导致小磊比较任性、自我，规矩意识淡薄。一次道法课，老师正在讲课，他突然从座位上站起来，大摇大摆地走到讲桌前，拿了几张纸抽，一边走回座位一边使劲儿地擤鼻涕。老师和同学们都惊愕地看着他。同学们都知道课上不能私自下位，更何况老师正在讲课。道法老师立即叫住他，问："你在干吗？"小磊说："拿纸抽擤鼻涕。"老师说："现在正在上课，有事情需要先举手，经过老师允许后才能下位，不能自己随便下位。"但小磊依然坚持："我有鼻涕，必须下位拿纸抽……"就这样，小磊与老师"理论"起来。我及时把小磊带到办公室，看到他喘着粗气，一副刚打完架的样子。我让他先坐下来平复情绪，然后耐心地询问事情经过。我先肯定他："有鼻涕即时处理是对的，但是老师正在上课，突然站起走向讲台会影响全班同学上课，这样做对上课老师也不尊重。"他脖子一歪，没有说话。我又说："遇到这种情况，你可以向老师举手示意，经过允许后再去拿纸抽。""我必须去拿纸抽。"他强调道。我说："如果在课间、在家里，你可以随时去取纸抽，但是刚才这样的场合，你的方式不合适。"见他没有回应，依然气鼓鼓的，于是我换了话题，说："我送你一包纸抽，放在桌洞里，随时用随时取，这样既能及时处理鼻涕问题，也不影响老师上课。"他同意了。

这是小磊第一次在课上"光明正大"地下位，更是第一次与老师"起冲突"，看似情绪平复了，但是他并没有认识到自己的错误行为，也没有接受正确的处理方法，如果这件事处理不好，他可能还会出现第二次、第三次……这非常需要家长的协助，共同教育孩子认识错误，纠正言行。

于是，放学前我与小磊妈妈取得联系，并描述了事情的经过，希望得到她的配合。妈妈答应我晚上与小磊进行沟通，共同教育孩子。没想到第二天早晨我见到小磊时，他像什么事情都没有发生一样，依然是一副无所谓的样子。我再次与家长取得联系，了解到昨天回家后，妈妈刚提及此事，小磊就大发雷霆，强调自己没有错，妈妈看到他的情绪，又考虑到他的心理，就没再进行沟通，而是哄了一晚上。妈妈的做法让我意识到：妈妈只关注孩子的情绪与心理，即使小磊的言行再不恰当，她亦是如此，我想这也许是造成小磊任性、以自我为中心的原因之一。只有引导妈妈改变认知，才能与我形成合力。于是，我以此事为契机，再次与小磊妈妈进行沟通，并达成共识：在关注小磊情绪与心理的基础上，帮助他纠正错误言行。当天放学，妈妈与小磊进行沟通，目标是：第一，小磊要认识到自己的行为不对，违反了《中小学生日常行为规范》，对老师不尊重，影响同学上课；第二，知道正确的处理方法是课上应该先举手向老师说明情况，老师同意后再下位取纸抽；第三，小磊需要为自己的行为承担责任。可以向老师承认错误，也可以向全班同学表态等。第三天清晨，小磊到校后第一时间找到我，主动承认错误，并在大队委的带领下，向道法老师道歉，同时也向全班同学道歉，并保证下次绝对不影响班级上课。通过这件事，我更坚信：家校携手是对孩子最好的教育方式。

（三）用爱环绕，重塑人际关系

一年一度的集团运动会即将在奥体中心召开，各班开始选拔参赛队员，每班推荐两名男生两名女生，代表全班参加运动会50米决赛。当我在班会课上将这个消息一公布，教室就沸腾了，同学们都跃跃欲试，我也看到小磊那渴望的表情，随后他又默不作声地低下头。我先让全班同学进行推荐，必须是男生中跑得最快的、最能代表咱们班水平的同学。同学们稍停两秒，不约而同地喊出小磊的名字。只见小磊猛地抬起头，涨红了脸，摆着双手说："我不行，我不行。"我忙问全班同学："他到底行还是不行？"同学们抢着说："他是男生中跑得最快的。"我大声地告诉小磊："同学们说你行你就行！"他腼腆地笑了，说："那我试试吧！"这时，一位男生带头喊："你一定行……"教室里响起了雷鸣般的掌声，小磊自信地点点头。

那次运动会我特意邀请小磊妈妈一起参加。赛场上小磊奋力奔跑，赛场外同学们呐喊助威。在冲破终点线的那一刻，同学们欢呼雀跃，小磊听到同学们为他发出的呐喊与助威，开心地笑了。他奔向妈妈，兴奋地说："妈妈，我跑了小组第一，为班级争光了！"妈妈笑得合不拢嘴，然后握着我的手说："老师，谢谢您对小磊的关心，谢谢您给他参赛的机会！"我说："这段时间小磊变化很大，跑步是他的强项，同学们一致推荐他参加，我们都相信他！"在妈妈的感谢声中，小磊已经被同学们围住，赞扬声此起彼伏……

四、辅导效果

通过不同层面、不同角度的介入辅导，小磊的家庭教养方式发生了很大变化，爸爸妈妈对孩子的爱变得越来越有力量。小磊在正确言行导向下，规矩意识越来越强，好的生活习惯正在逐步形成。面对困难，他不再退缩，眼中也闪烁着自信的光芒。与同学相处很融洽，脸上常常挂着灿烂的微笑。在被温暖、被需要的过程中，也慢慢开始关心、帮助他人。

五、辅导反思

学生在成长的过程中，无时无刻不在变化中，作为教师，我们要随时保持敏锐的洞察力，感悟学生身上发生的变化，并随之抓住更适合学生个性特点的教育契机，调整教育策略，使教育效果发挥四两拨千斤的作用。同时，"教育始于家庭"，父母的言传身教、家庭氛围的熏陶对孩子的品德塑造、价值观形成和习惯养成有着深远影响。学校是知识殿堂和系统教育的主要场所，只有"家校携手"，才能"共育英才"。

教育如同一艘航母，我们都是摆渡人，让我们承着未来的希望，坚定信心、乘风破浪、护航远行！

用画笔打开心灵
——关于唐氏综合征学生的教学案例

北京市第一七一中学附属青年湖小学　姜　曦

一、案例情况

小谭，男，6岁，特需生，与家长沟通后我们得知该生是一名唐氏综合征儿童，他的外形特征明显不同于其他学生：行动不灵便，走路不稳，上下楼梯时双腿不能连续交替，需要人搀扶，且他的心理也不同于常人。我在与小谭相处的过程中，发现他胆子很小，喜欢熟悉的人与环境，对外界的新事物适应性弱、排斥，拒绝陌生老师的任何接触。除此之外，他说话时气息较短，仅能发有限的几个含糊不清的单音节，完整地说出一句话都很困难。

二、案例分析

小谭的症状符合典型的唐氏综合征儿童的特征，家长表示孩子平时很喜欢拿着画笔涂涂画画，虽然没有美术基础但对绘画颇有兴趣。所以从美术教育切入会是一个很好"打开"他的途径，相信在老师们的耐心引导下，能为他的成长提供助力。

虽然已经了解了小谭的情况，但本着对每个学生负责的原则，我在课堂中因材施教，分阶段对他提出一些需要努力才能达到的要求，来帮助他有所收获和成长。最初要求他能够安安静静地听老师讲课，然后能有序地使用工具，接着鼓励他与同学一起合作学习，最终让他对美术产生浓厚的兴趣，并利用画笔打开心灵。

经过一段时间的相处，加之老师的耐心引导，大家都慢慢地理解他并主动给予帮助。课余时，同学从好奇旁观到上楼梯主动搀扶；楼道里遇见，同学从陌生绕行到热情打招呼；见到老师，同学还会教他一起鞠躬问好。小谭在师生的正向影响下不知不觉地告别了怯懦。课堂上的小谭也有进步，从出怪声、不理人，到能安静坐住听周围人讲话，这个转变也是从美术课开始的。我在课上与他互动，还引导同学和他互助学习，让他能和其他同学一样坐好听讲，甚至惊喜地发现他能举手表达自己简单的想法。虽因先天原因学习能力不足，但能看到他正在一点点地成长和进步。

三、辅导过程

我鼓励小谭积极参加学校的各种活动，让他时刻感受到自己是集体的一员，体验协作精神的重要性和为他人服务的幸福感。同时，我注重培养他的创造力和想象力、促进情感发展、提高认知能力，所以美育对特需生的重要性不言而喻。

(一)发掘兴趣点：提高认知能力

美育的奇妙世界，如同一扇扇五彩斑斓的大门，等待着每一位孩子去探索与发现。可以通过绘画、音乐、舞蹈等形式，鼓励特需生表达自己的情感和想法，激发他们的创造力和想象力。这种表达方式不仅有助于他们更好地理解和表达自己，还能增强他们的自信心和成就感，更能提高认知能力。

在日常美术活动中，我利用一些特殊的美术工具或材料——手指画、吹画等，来激发小谭的创造力和想象力。在"我的手"教学课程中，我发现他眼睛紧盯着我的教具，手还时不时地比画，从这些小细节中体现出他对课程内容非常感兴趣，恰好这节课的绘画形式比较简单，但需要细致的观察力和丰富的想象力。听完讲解，见他在往手上涂画颜料，我边指导同学绘画，边向着他走去。走到他身边我先肯定了他对手的研究很认真，然后给他布置了一个特别的小任务。先征得他的同意后让他把小手放在画纸上，然后用他另一只小手中的画笔描着手的外形缓慢绘制，画好抬起手来发现不仅有小手的形状，中间还有手上的颜色粘在纸上，别有一番美感。我对他表示了赞美后，让他继续用小手变换姿势再画，别人想象着画，他则比着手画，最后他再根据自己的想法用彩笔将自己的这幅作品涂上漂亮的颜色。所以在给小谭提供帮助前，要充分了解他的兴趣和需求，再借助小任务更好地为他们提供个性化的帮助。同时，要保持亲切、温和的态度，避免使用可能引起不适或误解的语言和行为，确保辅导顺利进行。

通过美术课上的多种活动吸引小谭的注意力，从而让他能够有效地学习，掌握知识和技能。不仅让他感受到绘画的乐趣，还能帮助他锻炼手眼协调能力，切实提高他的认知水平和健康发育。

(二)布置特殊任务：促进情感发展

美术教育对于特需生来说，不仅是一种技能的学习，更是一种情感的表达和交流。通过绘画、涂色、手工制作等活动，孩子们能够自由地表达自己的想法和感受，从而增强他们的自信心和成就感。美育作品往往具有情感共鸣的力量，能够帮助这些孩子更好地理解和表达自己的情感，让他们在美术的世界里找到心灵的慰藉。

1.观察与引导

在美术课堂上，我细心观察每个孩子的兴趣和特点，以便为他们布置合适的小任务。当小谭在看到各种水果表现出浓厚的兴趣时，我及时捕捉到这一瞬间，引导他进一步观察和描述水果的颜色、形状等特征，从而激发他的绘画灵感。

2.创造机会与鼓励

为小谭提供表达的机会是非常重要的。我通过提问、示范等方式，鼓励小谭积极参与课堂活动。在课堂提问："谁能看出这是什么水果？什么颜色和形状？"然后递给小谭肯定的眼神，他会兴奋地举起手回答问题，我再及时给予肯定和鼓励，让他感受到自己的进步。同时，让其他同学为他鼓掌，可以进一步增强他的自信心和成就感。

3.适应个体差异

特需生在绘画表达能力上可能存在差异。因此，我在布置任务时需要考虑他的个体差异，为小谭提供适当的支持和帮助。对于绘画技能有限的学生，我降低要求，让他从简单的涂色或线条描绘开始，逐步培养他们的绘画兴趣和技能。

通过布置特别的小任务，我利用美术教育的力量，促进特需生的情感发展。这些小任务不仅能够帮助孩子们更好地理解和表达自己的情感，还能够让他们在绘画的过程中找到属于自己的快乐和成就感。

(三)促进合作学习：打开心灵，获得社交归属感

对小谭来说，美育活动是他感知世界、理解万物的神奇钥匙。绘画、雕塑、音乐等，让他对形状、颜色、声音等概念有了深刻的认知。在小谭的心

中，始终怀揣着一个温暖的梦想——融入班级，而更重要的是从中找到归属感。于是，我巧妙地引导其他同学与小谭携手合作，共同完成课堂任务。

由于特需生在认知能力上存在一定的障碍，于是在美术活动中我适时地提供个性化指导及设置适当的分层学习目标。在绘画技巧上，辅导他从基础开始模仿同桌作画。我为他细致地讲解基本的绘画方法。在色彩搭配上，我鼓励他先听别人说，再学着说自己为什么选择那些颜色，以培养他的色彩感知能力。在"图形变变变""可爱的家""看谁摆的花样多""包书皮"等课程中，我采用"拼一拼""摆一摆"的方式来进行小组合作学习。起初我选择与他共同展示示范，再利用简单的图形大胆地引导他拼摆，同学们也都给予肯定和鼓励，增强他的自信心。再回到小组合作中，他能更积极认真地去参与作品设计，时而还会带来惊喜，这更增强了他的合作意识和归属感。对小谭进行合作训练是一个漫长而艰苦的过程，师生不仅要有信心和耐心，而且要有心理准备，适当降低预期才能见证其成长。

就这样，在美育的舞台上，小谭与同学们共同演绎着一场场精彩绝伦的"合作交响曲"。他们相互扶持、激励，在探索与创造中收获了知识的果实，也收获了珍贵的友谊。小谭也在这个充满爱与包容的集体中，绽放出了属于自己的光芒。

四、辅导效果

经过一个学期的学习生活，发生在小谭身上的变化，让我们有目共睹，也更加坚信了我们的教育理念——做有层次无淘汰的教育，热爱每一位学生。师生的情感支持和关爱使小谭建立了更积极的自我认知，减少了自卑感，提高了自信心。通过合作学习让他和同学之间的距离拉近，让他有了归属感、参与感，以及被充分尊重的良好感受，学习和生活中的各种陪伴练习增强了他的社交互动能力，使他在与同龄人相处时更加地融洽。美术教育的引导使得小谭在认知能力方面得到了显著提升。

五、辅导反思

在小学美术课堂教学中我采用因材施教的方法，主要体现在针对不同层次的学生进行教学、激发学生的学习兴趣和积极性、促进学生的个性化发展等方面，这些方面的应用价值对提高小学美术课堂的教学效果和质量具有重要意义。

对于小谭的进步，我由衷地感到欣喜，他的改变和进步不仅来自教师、家长和学生的帮助，他自己自身的努力也是很重要的。今后，我们将继续持之以恒地帮助他、陪伴他、引导他和鼓励他。绘画是一个可以让人放松的事情，小谭也越来越喜欢绘画，我希望通过美术打开小谭的心灵这个愿望已实现大半，希望让他可以通过美术融入社会与人交流。

综上所述，从美术的角度辅导特需生的效果是显著的，不仅有助于提升儿童的心理健康和社交能力，还能促进他们的认知发展和行为改善。美术可以为所有学生提供更多的表达和交流机会，让他们在美术的世界里自由翱翔、快乐成长。

请相信"相信的力量"

北京市第一七一中学　刘　燕

一、案例情况

小微，女生，高二学生。文静、腼腆，性格偏内向。高一至高二上学期期中时，化学成绩一直较弱，经常处在"需补测状态"。在化学课堂上几乎"零存在感"，课后也基本不主动与老师交流或问问题等。

二、案例分析

在高二上学期期中考试后的家长会上，小微妈妈与我进行了"一对一交流"。小微妈妈充分肯定了孩子的学习态度，但同时对孩子的学习现状有所担心。因为觉得孩子在学习上的投入时间是很多的，但是提升效果不明显，孩子在家已经表现出来比较焦虑了。家长想通过校外社会资源给孩子进行"一对一"针对性辅导，但是孩子十分抗拒，表示那是对她能力的否定。此外，小微妈妈特别谈到孩子对我的信任和喜爱，并举例说明了一些细节。比如，我在她的试卷上写了评语"有进步"，就能让她高兴好几天。

根据小微妈妈的描述和我平时的观察，我当场和小微妈妈就进行了深入交流与分析，并达成共识：第一，孩子的学习态度是好的，但是学习方法需要改进，有的学习观念也需要更新。第二，孩子对自己还不够自信，有自卑的情绪。第三，我对小微很喜爱，孩子对我很信任。在这种融洽的师生关系下，我对小微的帮助要更多地体现出来。要让学生充分感受到"相信的力量"！学会自信、增强自信！

三、辅导过程

（一）双向"相信"，成效逐渐显现

家长会后的第二天，我趁着小微到办公室领取作业时，就和她进行了亲切而深入的交流。我首先转达了小微妈妈对她的肯定。从心理学的角度来看，第三方的转述更容易被人关注到，并且相信与认可。我表达了对她家融洽的家庭氛围的赞美。小微同学的脸上立刻流露出来认可与喜悦。同时，我也表达了我对她的肯定，肯定了她一贯的良好学习态度，以及对她本人的喜爱。被自己信任与喜爱的老师认可与赞美的时刻，所有学生都会油然而生一种幸福感。小微也不例外，幸福的气息立刻洋溢在整个人的身上，扑面而来。紧接着，我趁热打铁指出她学习上存在的一些误区，包括学习方法上有待改进的地方。提出不仅要投入时间，更要注意方式方法，以及如何开展针对性训练巩固，指出了她个性化的问题所在。通过我有理有据、细致分析和娓娓道来，小微非常认可我说的增强"针对性训练"与"及时性反思巩固"，包括能接受由她自己主动安排辅导内容的前提下的课后辅导，并且和我约定，定期向我汇报她课后是如何开展针对性训练的、训练效果如何等。在双向"相信"的力量作用下，成效逐渐显现。

（二）拓展"相信"，成效遍地开花

在几乎每天一次交流的过程中，小微的状态越来越好。在学校时，面对化学学科上的问题，我俩总是及时交流并完成答疑。周末来临之前，就把需要回家去巩固的学习计划列出，并认真去落实。等下周一返校后，再和我交流巩固。同时，我还经常和她交流其他方面的事宜，充分肯定与鼓励她全面发展。比如小微喜爱听歌，也会去看自己喜欢的明星的演唱会。独立性强，并且不盲目追星，不沉迷追星，自己的三观很正。这些表现就是非常好的。我对她及时的、多方面的肯定与表扬，使得她更愿意敞开心扉和我交流。同时，我还跟她提出，学习要以点带面，不能止步在化学成绩的提高上，其他学科也要迎头赶上。把好的学习方法和学习状态拓展与延伸，争取更大的进步。小微十分认同，干劲更足了。在"相信"的力量作用下，小微的各科学习均有明显的进步，同时也增强了自信，更加阳光开朗。

（三）增强"相信"，成效稳中再进

人的成长是螺旋式上升的过程，学习的进步也是如此。小微同学在一段

时间的持续进步之后，迎来了"瓶颈期"。学习态度和方法没变，投入时间也和原来差不多，但是学习成绩的反馈上开始有所退步下滑。面对压力、逆境乃至挫折时，如何发挥自身潜能，积极应对问题，从而获得良好适应和发展呢？通过查阅学习心理健康教育的文章，我和小微又进行了促膝长谈，充分肯定了她的努力，说明了学习本身就是螺旋式上升的过程，并不是她个人独有的现象。指出她对自己现状的不够满意，其实是一直在"进步的路上"前行着。鼓励她遇到困难时不放弃，不轻易言败，要能够直面挫折。同时，要积极调节自身心理状态，要专注于及时反思与巩固，在学习中找到乐趣，寻找自己的最近发展区。在不断进行心理健康干预与交流的过程中，小微同学顺利地度过了学习的"瓶颈期"，相信"相信的力量"继续发挥出很大的作用，成效稳中再进。

四、辅导效果

对比小微同学高二上学期期中和高二下学期期中考试情况：总分年级排名由170名左右到现在100名左右；化学单科年级排名由160名左右到现在20名左右。可以说，成绩发生了巨大的变化。自信的笑容一直浮现在孩子的脸上，她的学习积极性更高了。班级、年级的文体活动积极参与着，与同学相处得更加和谐友善。

五、辅导反思

（一）家校沟通，共建支持体系

回想小微的进步，我对小微的"特殊关注"，与家长会上和家长的交流有着密不可分的关系。如果小微妈妈没有及时反馈孩子在家的表现，没有强调孩子对我的强烈信任，我可能不会那么坚定、及时、准确地介入对小微的心理健康干预以及学业帮扶的具体指导中。如果不是家长积极了解和关注孩子的成长过程，建立了良好的亲子关系，我的介入与帮助也不会开展得这么顺利。由此可见，和谐稳定、善于沟通的家庭氛围对一个孩子的成长多么重要！

（二）情感交流，学会陪伴成长

在与小微的交流中，我一直采用的是积极、开放、欣赏、包容的视角去关注她的成长。这种视角和理念有助于营造友好和谐、积极向上的氛围，有利于彼此都感受到积极的情绪价值，让大家都体验到幸福感、愉快感、爱等。我们教育工作者就是要让学生们知道自己被看见、被认可、被陪伴，让他们自然地成长才是教育的意义。

（三）观念更新，关注"人的成长"

学校是教书育人的场所。教书是途径，育人是目的。所有教师在传授学科知识的同时，都应具备思想引领、心理关怀、人格塑造的育人意识。让学生在学习的同时寻找到人生的意义，提升自我教育的能力，增强学生的心理弹性，引导学生人格的健全发展，培养学生的心理素养，使其快乐学习、健康成长、幸福生活，是我们育人的目的。人的成长是立体的、多维度的，是长期的，是各有不同的，每一个人都是独一无二的，都是"闪光"的。我们教育工作者就是要帮助他们发现自己的"光亮"，让他们学会自信，相信"相信的力量"。学习成绩本身不是学生发展的全部。

（四）专业学习，提升心理健康干预能力

"没有健康的心理，就没有健康的人生。"学生是发展中的人，学生的心理健康状况本身也是一个动态的变化过程。因此，积极地开展心理健康干预，可以有效减少心理问题的发生，为学生学习、生活乃至今后的工作创造基础条件，没有心理障碍的学生可以更积极、独立地进行各科学习，这是提高学习成绩和整体综合素质的重要保障。此外，没有心理障碍的学生能够更加积极地面对艰难困苦，在日常生活中更容易获得满足，也更容易养成热爱生活、关心他人的品质。因此积极开展心理健康教育，对于确保学生均衡全面、健康发展具有现实意义。

学校从事专业心理健康教育的老师人数是有限的，精力也是有限的。学生的心理健康教育需要所有的老师共同参与。心理健康教育的专业知识的学习也是所有教师要共同面对的终身学习内容。此外，学生的心理健康发展还与家庭、社会的联动配合密不可分。只有家庭、学校和社会三者协同合作，才能构建一个完善的青少年心理健康教育的支持系统。

泰戈尔在《用生命影响生命》中说道："把自己活成一道光，因为你不知道，谁会借着你的光，走出了黑暗……请相信自己的力量，因为你不知

道,谁会因为相信你,开始相信了自己,愿我们每个人都能活成一束光,绽放着所有的美好!"我将保持心中的善良和信仰,通过努力,让更多的学生学会相信自己,相信"相信的力量",面对更美好的自己和未来!

小微同学给我的元旦贺信,也谨以此文回赠给我更多"相信的力量"的小微同学。现在,你就是我眼中的"光"!教学相长!

> 尊敬又亲爱的刘老师:
> 　展信佳。
> 　不知不觉已经与您相遇相识快一年半了,心里最多的数来数去还是感谢。感谢的很多,天时地利,但最重要的,一直是您的付出和对我的关照。
> 　回溯到与您相遇的前半年,我应该是个十足的小透明。大概只有小测补测的时候我才会出现在您面前。成绩不突出,一个不上不下的中等生,处在一个特别容易被忽略的位置,但您关注到了我。这可能对当了很多年老师的您来说是很平常的本职工作,但对我来说却是莫大的鼓励。但说实话,那时候,我是有点怕您的。
> 　然后便到了分班。我刚开始其实特别不自信,分班后上第一节化学课前我在班门口徘徊了特别久。后来您便让我当班的科代表,当时我其实特别诧异,虽然当时没有明白您这么做的原因,但我感觉自己被信任了,真的特别特别开心。
> 　再后来呢,借着科代表的便利,我与您的接触也越来越多,我也认识了更多面的您。而对心地

为我答疑。我也很享受每次您答完疑是后我恍然大悟的感觉。我的成绩有所进步了，您为我高兴，没考好您会帮我分析，给我支招……其实也见到了您很多日常的一面，有中午闭目养神的您，也有开怀大笑的您（嘿），所以就越来越喜欢您啦，也越来越喜欢化学，一切都在往好的方面发展。

最后，感谢，以及希望即将到来的2024年和以后的不管多少年，您都可以身体健康，开开心心。

万事顺意。

2023.12.27

心有故事

229—300

心育故事

心灵绘卷
——害羞男孩的觉醒之旅

北京市第一七一中学附属青年湖小学 李鹏举

在初秋的晨曦中，我轻轻地踏入了这个洋溢着生机与活力的低年级教学区，肩负起美术教学与副班主任的双重职责。在与同事们的温馨交流中，我了解到一位名为小晨的"特别"孩子——一位被温柔岁月细细雕琢的害羞男孩。他的名字，如同晨曦中晶莹的露珠，纯净而独特，闪烁着属于他自己的光芒。

开学典礼上，小晨宛如一只羞涩的小鹿，在熙熙攘攘的人群中显得格外引人注目。他的眼神总是飘忽不定，仿佛在躲避每一个试图窥探他内心世界的目光。然而，当姐姐轻柔地呼唤他的名字时，他的嘴角便会微微上扬，露出一抹温暖而难以察觉的微笑。我了解到，他与姐姐是龙凤胎，他们的生命如同琴弦上和谐共鸣的旋律，却又拥有各自独特的音色。

在美术课上，我特意将小晨和姐姐安排得相近却又不紧邻，希望他在能感受到姐姐陪伴的同时，学会独立探索艺术的奥秘。我与姐姐进行了深入的交流，鼓励她以更多的耐心和爱心去陪伴弟弟，成为他成长路上的坚强后盾。

在姐姐的陪伴下，小晨开始尝试着在美术课上独立创作。然而，他依然保持着那份害羞与沉默，仿佛将自己封闭在一个只属于他自己的秘密花园里。我深知，每个孩子都是一颗独一无二的种子，需要用心浇灌、耐心等待，才能绽放出最绚烂的花朵。

于是，我决定以更加细腻和温柔的方式对待他，用我真诚的心去触碰他那颗敏感而脆弱的心灵。我用温柔的语言向他介绍自己："你好，小晨，我是你的美术老师李老师。我很高兴能成为你的老师。你知道吗？老师很喜欢安静的学生，因为他们的内心往往更加丰富和深邃。而你是第一个让老师深深记住的学生，我非常期待看到你的艺术作品，因为我相信你一定有着自己独特的天赋和魅力。"

他抬起头，用那双清澈如水的眼眸静静地注视着我，害羞地笑了笑，依旧没有说话。但我能感受到他内心的波动，那是一种被理解和接纳的温暖。我心中涌起一股淡淡的喜悦，我察觉到，我们之间建立情感联系的黄金时机来了。

在随后的几次课上，我开始有意识地观察他的绘画过程。我发现他每次拿起素描纸时都会先细细端详，然后轻轻地、优雅地撕成一片片小纸。那动作熟练而优雅，仿佛每一片纸都承载着他的情感和思绪，诉说着属于他自己的故事。

我静静地站在一旁，思考着如何能够引导他敞开心扉，释放内心的情感。我走到他的身旁，轻声问道："小晨，你最喜欢什么小动物呀？"他依旧沉默不语，沉浸在自己的世界里。我并不气馁，转而询问他的生肖。这时，他的姐姐抢先回答："我和弟弟都是属猴子的。"我微笑着转向他，再次问道："小晨，姐姐说得对吗？你是属小猴子的吗？"

他缓缓地抬起头，眼中闪过一丝羞涩，但最终还是点了点头，轻声说道："是。"那一刻，我看到了他内心的冰山开始融化，释放出温暖而明亮的光芒。我趁机提议："那我们来用你撕的纸拼出一个小猴子吧，你愿意吗？"他犹豫了一下，羞涩地轻声答道："好。"

那一刻，我看到了他心灵的觉醒与绽放。我们开始了默契的合作之旅，我负责拼摆纸片，他负责在我拼摆的纸片下面小心翼翼地涂上胶水。我们就这样默默地配合着，将一片片小纸拼凑成一只栩栩如生、活泼可爱的小猴子。在这个过程中，他逐渐放松了心情，开始与我交流起来。他告诉我他喜欢猴子，因为它们聪明、活泼、好动。我告诉他，每个人都有自己独特的优点，就像他撕纸一样，虽然无声，但也一样独特而迷人。

随着我们合作的深入，我逐渐发现他的内心世界其实非常丰富而多彩。他有着敏锐的观察力和独特的创造力，只是缺乏一个合适的表达途径。于是，我开始运用《绘画心理学》中的方法，为他创设一个安全、舒适、无压力的绘画情境，让他能够自由地表达自己的情感和想法。我与他建立起了亲密而信任的关系，让他感受到被接纳和尊重，从而更愿意通过绘画来表达自己的内心世界。

我开始更多地引导他参与课堂互动，鼓励他大胆表达自己的想法和感受。我教他如何通过线条的运用、颜色的选择、形象的描绘等来表达自己的心理感受。同时，通过对画面内容的提问、反馈等方式，帮助他更好地理解自己的情感，学会调节情绪。

他也逐渐变得自信和开朗起来，作品也开始展现出独特的风格和魅力。在日后的每一次课上，我都更加关注他的细微动作。他拿起画笔时的坚定、选择色彩时的果断、绘画时的投入……这些都成为我了解他内心世界的窗口。我发现他虽然画得慢，但每一笔都非常认真；他的作品虽然简单，但每一幅画都是他心灵的写照，充满了真挚的情感。

有一天，我注意到他紧紧地盯着画布，好像在思考着什么。我走到他身边，轻声问道："小晨，你也想试着画画吗？"他点了点头，害羞地笑了笑。在我的期待与鼓励中，他拿起画笔，将内心的想法和感受倾诉在画布上。从最初的拘谨与犹豫到后来的大胆与自信，他的每一笔都是心灵的觉醒与绽放。他的作品尽管在同龄人眼中并不完美，但每一幅画都展现出独特的风格与视角。

我在课堂上展示他的作品，并鼓励其他孩子向他学习。在同学们的掌声与赞美中，他逐渐找回了自信与勇气。他开始主动参与到课堂中来，不再低着头害羞地沉默不语。他的笑容越来越灿烂，仿佛整个世界都因他而变得更加美好和温暖。

在这个过程中，我深刻体会到了绘画的美好与力量。它是一种强大的表达工具，允许每一位艺术家通过色彩、线条、形状和构图等元素来传达他们的思想、情感和观点。绘画可以成为与他人沟通的桥梁，帮助人们理解彼此的情感和内心世界。人们可以将自己的情感投射到画布上，从而达到疗愈和舒缓的效果。

作为教师的我深知，我们不仅要关注学生的学业成绩和技能的掌握程度，更要关注他们的心理健康与成长。我们应该用爱与耐心去倾听每一个孩子的心声，去发现他们身上的闪光点并给予他们足够的鼓励与支持。只有这样，我们才能帮助他们克服心理上的障碍和困难，让他们成为更加自信、勇敢、优秀的人。

这个故事如同一首优美的诗篇，诉说着一个害羞男孩的成长与蜕变之旅。它让我们看到了教育的力量与美好，以及心理教育的重要性。让我们携手共进，为每一个孩子的心灵播下爱与希望的种子吧！愿他们的未来充满无限可能与光彩！

师生一场，成为彼此的光

北京市第一七一中学附属青年湖小学　于　涵

大学生变成为班主任

六年前初夏，阳光洒在校园里，我刚刚大学毕业，怀揣着满腔的热情和些许的不安，踏上了讲台，成为小学一年级的班主任。那一年，我22岁，面对着一群天真烂漫的孩子，我心里既兴奋又紧张，不知道如何当好这个班主任。于是，我点灯熬油向书本求教，向有经验的前辈请教，但似乎每种方法都有它的局限性，没有"神仙一把抓"包治百病的"灵丹妙药"。于是，我一边摸索一边管理，开始与孩子们一起成长。

这一届学生我从一年级带到六年级，很幸运见证了他们整个小学阶段的成长。坦白地说，这个班里的小A真的是我最不愿碰到的一类学生，他一个人具备了班主任工作有可能面临的所有"难题"和"苦题"。一方面，小A的家中实行散养式教育，小A过早接触到了成年人之间的话题，缺乏必要的引导和约束。另一方面，小A顽皮淘气，上课干扰同学，下课与同学之间的纷争不断，从小学习泰拳，喜欢用暴力解决问题。

从一年级开始，我的工作日常就变成了这样："老师！小A和小B又打架啦！""老师！小A抢我的笔！""老师！小A上课下座位招我！"……小的问题都在校解决，涉及安全管理的，我会联系家长协助处理。但是，一次次的无效沟通和无效教育，让我感到非常沮丧。尤其是有一次，小A用红领巾勒住小B的脖子。我联系家长，建议家长暂时带小A回家批评教育一番，家长却脱口而出："你这样是犯法的，你无权让我们把孩子带回去。"当时，年轻气盛的我，也是"啪"的一声把电话挂了。虽然心里气愤，但几分钟后，我还是冷静下来，重新拨通了家长的电话，道了歉，说清楚事情的原委，最终与家长获得了表面的和谐。

发现闪光，点燃希望

最初的日子里，我尝试了用各种方法来引导小A，但效果并不理想。我曾一度感到沮丧和无力，甚至有些淡漠地对待小A。然而，一次偶然的机会让我看到了小A不同的一面。那天，我抱着厚厚一叠作业本走在走廊上，小A看到后主动上前帮忙，那一刻，我看到了小A内心深处渴望被认可、被关爱的一面。我开始转变策略，每当小A有所进步时，我都会及时给予肯定和鼓励，而不再是简单的批评和指责。慢慢地，小A发生了变化，他学会了控制自己的情绪，不再随意动手打人，也开始主动帮助同学，成绩更是有了显著提升。

特别是在一次数学课上，小A竟然高高地举起了手，回答了一个较难的问题，这让我不由得感到无比欣慰。我忍不住在家长群里分享了这一喜讯，家长们也为小A的进步感到高兴。那一刻，我意识到，教育不仅是知识的传授，更是心灵的交流和情感的共鸣。我开始更加用心地去了解每一个学生，尤其是像小A这样需要特别关注的孩子。

共同进步，携手前行

转眼到了三年级，我决定组织一次班干部选举，旨在培养孩子们的责任感和团队合作精神。选举前让学生们选择好自己想竞选的职位与竞选稿。让我出乎意料的是，小A竟然偷偷找到我说："老师，您说我有没有可能竞选一下体育委员？"看着他充满期待的大眼睛，我立刻给予了肯定的回复："哇！可以啊！重在参与！我们试试！"在竞选当天到小A上场的时候，他偷偷看了我一眼好像在说："老师我真上了啊？！"我随即冲他举起了大拇指给予鼓励，他笑了。小A的表现超出了所有人的预期，他不仅流利地完成了竞选演讲，最终还以20票的高票数成功当选体育委员。那一刻，小A的笑容格外灿烂，仿佛整个世界都在为他鼓掌。

我随即采访了一些同学对于此次选举看重的方面有哪些，谈到体育委员小A时，孩子们的回答让我感动不已："以前我们都不太喜欢他，因为他总是惹事。但现在不一样了，他学会了控制自己的行为，不再喜欢打人了，还会帮助同学，数学成绩也一直名列前茅。"这些话语不仅是对小A的认可，更是对他改变的肯定。小A的变化不仅是个人成长的见证，更是师生之间相互成就、共同成长的美好例证。

教育的真谛，双向成长

随着孩子们即将步入初中，我回想起与小A以及全班同学共同度过的六年时光，心中充满了感慨。我意识到，每一个孩子都是独一无二的，他们或许会在成长的路上遇到各种困难和挑战，但只要给予足够的耐心、理解和爱，就一定能够帮助他们找到属于自己的光芒。

我开始反思自己这六年的教育经历。我意识到，教育不仅是单方面的付出，更是一种双向的互动和成长。在与小A的相处中，我不仅见证了他的改变，也让自己成长为一个更加成熟和有爱心的教育者。我深刻体会到，教育的力量在于细节，每一个细微的肯定和鼓励都能激发学生的潜能，让他们在成长的道路上走得更远。

家校合作，共同支持

在教育的过程中，我们常常将目光集中在学生身上，却忽略了家长的角色。家长不仅是孩子的监护人，更是他们成长过程中的重要支持者。然而，许多家长在面对孩子的教育问题时，也会感到困惑和无助。教育不仅是学校的责任，更是家庭和社会的共同任务。我开始主动与家长进行深入的交流，了解他们的想法和需求，帮助他们更好地理解和支持孩子的成长。

在与家长们数次谈心之后，我逐渐意识到，做家长本身就是一件非常难的事情。家长有自己的压力和困扰，他们同样需要关心和支持。通过一次次放学后的面对面谈心，帮助他们建立正确的教育观念。通过这些努力，我不仅赢得了全班所有家长的信任和支持，尤其是小A爸爸妈妈的支持，也进一步促进了家校合作，为孩子们创造了更加和谐的成长环境。

照亮彼此，美好未来

这段师生情谊，就像是一首未完待续的歌，唱响了教育中最温暖人心的旋律。我深知，教育不仅是一份职业，更是一种责任和使命。我希望未来在遇到更多的"小A"时，更有能力用自己微小的力量成为他们生命中的一束光，照亮他们前行的道路。同时，我也希望通过自己的努力，让更多人认识到家庭教育的重要性，给予孩子们一个更加健康、积极的成长环境。

与小A的相处，是一次真正的"在教育中成为彼此的光"的完美体验，不是始于教师走上讲台的那一刻，而是始于他和学生的交互活动，在触手可及的地方，等待教育的契机，学生在成长，老师也在成长。我真诚地希望，将来无论孩子们走到哪里，心中都能够保留一些属于他们童年校园时光的美好记忆。

在美术的星球上遇见小精灵们

北京市第一七一中学附属青年湖小学　孟　茜

在浩瀚的宇宙中，有一颗独特的星球，它散发着艺术与创意的光芒。这里是一个天马行空、色彩斑斓的世界，居住着各式各样的小精灵。他们用自己的画笔，在这颗星球上留下了无数斑斓的印记，每一笔都承载着他们的喜怒哀乐，记录着他们的成长轨迹。

金色小精灵：快乐与成长的交织

在美术星球的金色区域，小A如同一束温暖的阳光，照亮着每一个角落。她活泼开朗，对美术有着近乎痴迷的热爱。课堂上，小A总是第一个举手，用她那充满创意的构思和生动的笔触，赢得老师和同学们的阵阵掌声。

然而，随着时间的推移，小A开始为了得到更多的关注，不再专注于自己的作品，而是更多地在意别人的评价。渐渐地，她的作品失去了往日的灵动与真挚，金色光芒也似乎被一层薄雾笼罩。

我注意到了她的变化，决定找她谈谈心。在一个宁静的午后，我们坐在金色的草地上，我轻声问道："小A，你最近怎么了？为什么感觉你的作品没有以前那么有灵气了？"

小A低下头，眼中闪过一丝迷茫："老师，我怕如果我不举手，大家就会忘记我。我想成为最耀眼的那个。"

我微笑着摸了摸她的头："小A，真正的光芒不是靠举手次数来衡量的。你的才华和热情，才是你最宝贵的财富。试着静下心来，倾听自己内心的声音，画出真正属于你的作品。"

小A若有所思地点点头。从那以后，她不再盲目追求外在的认可。她的作品再次焕发出金色的光芒，每一笔都充满了真挚与情感。

灰色小精灵：从羞涩到自信的转变

与金色区域不同，灰色区域的小精灵们总是默默无闻，仿佛被世界遗忘。小B，就是这个区域里一个内向而羞涩的孩子。他从不主动发言，总是默默地坐在角落，用眼神与我交流。

然而，在一次关于汽车的课程中，我发现了小B隐藏的才华。当我说到下节课要学习汽车的知识时，小B的眼中闪过一丝难以察觉的兴奋。课后，我单独找到了他，询问他是否对汽车感兴趣。他羞涩地点了点头，但随即又摇了摇头，似乎有些犹豫。

"小B，你的眼神告诉我，你对汽车有着浓厚的兴趣。为什么不和大家分享呢？"我鼓励道。

小B低头不语，我能感受到他内心的挣扎。于是，我提议让他在下节课上给大家介绍汽车的知识。他听后，脸上露出了惊讶和羞涩的表情，但还是摇了摇头拒绝了。

我没有放弃，而是告诉他："小B，你的知识如此丰富，如果不分享出来，岂不是太可惜了？我相信，你的讲述一定会让课堂更加精彩。"

在我的再三鼓励下，小B终于鼓起勇气，在第二节课上给大家介绍了汽车的知识。他的讲述生动有趣，赢得了同学们的热烈掌声。那一刻，小B的脸上洋溢着自信的光芒，他不再是那个羞涩的灰色小精灵，而是变成了一个勇敢、自信的少年。

红色小精灵：情绪的风暴与自我控制

红色区域的小精灵们热情奔放，但情绪也如同风暴般难以捉摸。小C，就是这样一个孩子。他性格急躁，常常因为一些小事而暴跳如雷。

在一次"自画像"的课程中，小C因为忘记带镜子而崩溃大哭。他责怪妈妈没有提醒他，甚至扬言要放弃整节课。他的哭闹声打破了课堂的宁静，让其他同学也感到不安。

我走到小C身边，轻声安慰他："小C，忘记带东西是很正常的事情。你可以试着用门上的镜子或者想象自己的模样来完成作业。重要的是，我们要学会控制自己的情绪，不要让情绪左右我们的行为。"

小C听后，情绪逐渐平复下来。他按照我的建议，用门上的镜子完成了自画像。虽然画面有些粗糙,但他能很快安静下来,认真完成了作品。从那以后,小C开始学会控制自己的情绪,变得更加理智和成熟了。

蓝色小精灵:悲伤的画卷与心灵的治愈

蓝色区域的小精灵们总是给人一种深沉而忧郁的感觉。小D,就是这样一个忧郁无助的小精灵。她的画面总是充满了悲伤的色彩和沉重的氛围。

在一次"美丽的家园"的课程中,小D画出了一座破败不堪的房子和一只孤独的小猫。这幅画让我感到非常震惊和担忧。我意识到小D可能经历了一些不愉快的事情,导致她的内心充满了悲伤和痛苦。

于是,我与小D进行了一次深入的谈话。我轻轻地询问她:"小D,你的画面为什么总是这么悲伤呢?是不是有什么心事?"

小D沉默了一会儿,然后低声说道:"我爸爸妈妈总是吵架,有时还会动手。我觉得很害怕和无助。"

听到这里,我的心里一阵酸楚。我告诉小D:"你可以用画笔描绘出美好的事物来治愈自己的心灵。比如你可以把小猫画得更加生动可爱,让它有一个温暖的家。这样你的内心也会变得更加温暖和美好。"

小D听后,眼中闪过一丝希望之光。她按照我的建议修改了画面,并把小猫画得更加生动和可爱。从那以后,她开始尝试用画笔描绘一些美好的事物来治愈自己的心灵。她的画面逐渐变得色彩斑斓起来,内容也变得积极向上。她的蓝色光芒也变得更加明亮和温暖起来。

美好时光:梦想的远方与心灵的绽放

在美术星球上,每个小精灵都有着自己的梦想和追求。他们用自己的画笔描绘着对未来的憧憬和期待。

小A成了一个优秀的艺术家,她的作品充满了创意和想象力;小B则成了一个知名的汽车设计师,他的设计深受人们喜爱;小C学会了控制自己的情绪,成了一个理智而成熟的人;小D则通过画笔治愈了自己的心灵,找到了属于自己的幸福和快乐。

作为美术星球上的一名教师,我见证了这些小精灵们的成长和蜕变。他们用自己的画笔描绘出了属于自己的心灵画卷和美好时光。我为他们的成长感到骄傲和自豪!

在未来的日子里,我将继续陪伴着这些小精灵们一起成长和前行。我相信只要我们用爱和关怀去引导他们、支持他们、鼓励他们,就一定能够让他们在这片神奇的土地上绽放出属于自己的光芒!让我们一起期待着更加美好的明天吧!

情绪马拉松，友谊向前冲

北京市第一七一中学附属青年湖小学　张　硕

友谊跑走了

小豆包们刚刚进入小学校园一年级，丽丽就"脱颖而出"，让各位老师率先记住了她。丽丽提笔临帖时，她淡定自如像个小书法家；回答问题时她博学多识，像个小演讲家。作为班主任和语文老师，每次看到她的作业都非常自豪，不仅正确率高，而且字迹工整、美观。这样优秀的小榜样却因时常作怪的情绪让老师们印象深刻。

她经常会因为一些芝麻大的小事和同学闹别扭、发脾气，甚至和老师做对抗，像是一头随时准备撕咬的"小狮子"。上课回答问题时，总要率先发言，如老师没有第一个邀请她，她会马上大声叫嚷，打断课堂教学；学校里，如果谁"多"看了她一眼，不管距离有多远，她都会立刻跑过去"理论"；她把玩具带到学校，同学告诉她学校不应该带玩具，她就追着同学踢，嘴里还喊着"你是坏蛋"；当同学获得奖状，而她没有得到时，便会全力争抢同学的奖状改成自己的名字……同学与她沟通交流，她大喊大叫或是动手动脚；老师与她讲道理，她扭过头不予理睬或是在校园里四处奔跑。

通过和丽丽父母的深入沟通，我了解到她是一个性格固执且自尊心极强的孩子，有着不服输的劲头。对于她的古怪脾气，父母也是束手无策，常会采取一些强硬手段让她听话。由于规矩意识淡薄、情绪容易激动，丽丽不知该如何表达出来，当负面情绪不断累积后，就只能用不正确的动作、行为或语言来释放自己的情绪；当她在学习生活中遇到挫折或失败时，她还会产生焦虑和逃避的心理。这些情形不仅对自己造成了伤害，也损失了和同学们的友谊。

赛场得信任

我该怎么办呢？作为班主任老师，我不仅要时刻关注"小狮子"的情绪波动，更要对37位同学负责，得想个办法让她在校园收获快乐、收获友谊。

通过和丽丽父母的多次交谈，我发现他们一家有个共同的爱好——跑步。丽丽每天放学后，都会雷打不动地进行半小时跑步锻炼，她的父母都是长跑爱好者，经常会参加大大小小的长跑赛事。不太擅长跑步的我，马上着手搜集跑步方面相关资料，为下一次交锋做好准备。

那天，"小狮子"又因为同学回答问题，先于她说出了正确答案，就下座位找同学"理论"，违反课堂纪律和同学发生矛盾，被任课老师邀请到了办公室，在老师摆事实、讲道理的过程中，她满是不服气，一边跺脚一边叫喊："我就要说，我就要说。"紧接着，跑出了办公室。见此情境，我赶快追了出去。这一次，我们不是像"猫和老鼠"那样一个追一个跑，而是来了一场比赛。"老师听说你每天都练习跑步，我带你到操场跑一圈，你跑赢了，今天这个事情老师当没发生过。"我略带生气地说道。丽丽一听，顿时从刚才激动的情绪中缓和了一些，慢吞吞地走了过来。

我们两个人站在起跑线前，丽丽大声喊："预备！开始！"瞬间铆足劲儿蹿了出去，后半圈我凭借大人的身高和步伐优势逐渐占领上风，但她依然咬牙坚持，绝不放弃，快到终点时，我突然来了一个急刹车，让丽丽拿到了冠军。但她并没有拿冠军的喜悦，而是用大眼睛盯着我问："老师，您为什么要让着我？"我愣了一下，回答说："老师比你大很多，当然要谦让你啊。"她却摇摇头说道："爸爸说过跑步比赛时，每一位选手都要遵守规则，既不能耍赖皮，也不能故意谦让对手，跑步时不管遇到什么困难都要坚持到底，不能放弃，只有这样才能不断超越别人。"

我很惊讶她会说出这样的语言，但我又在心中窃喜，我的"小狮子"有救了。看着她那通透又明亮的眼睛，像两颗水汪汪的葡萄珠，我忍不住问丽丽："你不希望老师让着你，因为你觉得每个人都要遵守规则，不能故意谦让，那就更不能故意……你能说说在上课时，如果同学们都想回答问题，老师需要怎么处理这个问题吗？"丽丽似乎有些不好意思，耳朵红红的，声音小小的，说了一句："老师可以叫之前没有发过言的同学，还可以叫举手规范的同学，我那会儿没忍住……"

我俩拉着手往回走，我附她在耳边说："希望接下来的课程你能用一个好心情去面对，偷偷告诉你，只有心尖上的好朋友，才会和你有一样的答案。虽然别的同学先于你说出了答案，但你依然可以再次举手，把你的答案再说一遍，让别的同学也知道，你把他们也放在了心尖上。"她看着我笑了，红扑扑的小脸上多了一丝快乐，让我也多了一丝信心。

后来，丽丽把这个小秘密又悄悄告诉了和她闹别扭的小同学，小同学和她交流越来越多了，两个人的笑容也越来越多了，似乎真的变成心尖上的好朋友了。再后来，她学会用彩色纸折爱心，又给每一位老师送了不同颜色的"爱心"。

情绪马拉松

一次心理课上，老师给每一位同学发了一张白纸，请同学们发挥自己的小创意，用这张白纸表达"最辛苦的人"。有的同学用这张纸叠成了水杯、扇子、飞机、椅子、花朵；有的同学给妈妈、老师、警察叔叔、保洁阿姨、食堂叔叔写了一封信；有的同学在这张纸上画画，一部分同学把爸爸的形象画成了竹子、老虎、房子，一部分同学画出了拥抱、用餐、讲故事、洗衣服的画面……而丽丽，却在这张干净纯白的纸上画了两幅画，第一幅图上有大大的操场，红色的跑道，一大一小两个身影在赛跑。第二幅图上有一大一小的两个身影，手拉手站在一起，脖子上都挂着一块小奖牌，奖牌上面写着——第一名。

当我看到这幅画的时候，我的心里面有种说不出的感觉，仿佛那个倔强又固执的小身影正趴在我的耳边说着什么，我猜她也许会说"老师，您辛苦了"，也许会说"让我们一起得第一名吧"，还会说什么呢？我的心里满是期待却又不忍张口询问，生怕把她心里的这幅画打碎。

当我和丽丽父母分享我们之间赛跑的小故事，以及丽丽近期在校情绪表达方面的进步，丽丽的父母颇为感动，也切身感受到孩子近期在家里发脾气的次数少了，时常还会和父母说说学校里有意思的事，看到孩子越来越快乐，他们也能安心工作了。借此机会，我提议在一家人都喜欢跑步的基础上，有针对性地为丽丽创设"情绪马拉松"这条情绪管理游戏赛道。此想法得到了家长的大力支持，后来，丽丽妈妈还专门发消息说："老师您好，丽丽听到这个消息，高兴得都蹦起来啦，她觉得爸爸妈妈这次终于不再批评她了，不仅没有批评，还要和老师一起做游戏，她很开心。"

丽丽开心又激动地与我交流"情绪马拉松"的比赛规则，这一刻，她似乎和我有说不完的话,像树梢的小鸟一样,小嘴巴叽叽喳喳说个不停。最终我们做好了约定:参赛选手是丽丽小同学,裁判员由我和各位老师来承担。丽丽还邀请爸爸作为监督员,一方面防止老师又"耍赖皮"偷偷谦让她,另一方面监督丽丽的每日跑步锻炼情况。邀请妈妈作为颁奖员,甚至连家里的两条小鱼都被她邀请来,作为2号参赛选手,3号参赛选手。

丽丽在我的协助下,也给自己提出了两点"情绪马拉松"比赛行动指南:

第一点:需要遵守学校及课堂规则,学会自己控制情绪,心情不好的时候可以和老师交流,或到办公室、医务室休息调整,不能再独自跑走。

第二点:感受在学校的快乐时光,需要用文明、友善的语言或动作与同学们交往。

如果每天都能做到以上两点,就可以在绘制好的赛道图中前进1小段,利用一周的时间接力完成7段赛道的奔跑绘制,如当天未达到以上两点要求,则需要后退1段,当日的跑步练习由爸爸监督,需额外增加15分钟。如一周内可以按要求完成"情绪马拉松"赛道图绘制,则由妈妈举行颁发仪式,为她颁发"情绪马拉松"奖牌一枚。

友谊向前冲

刚开始丽丽有不顺利的时候,也有控制不好情绪的时候,甚至还有过退出"情绪马拉松"赛道的想法,但当班级里面越来越多的同学都成为"情绪马拉松"的啦啦队员,不停地为她加油助威、出谋划策、摇旗呐喊时,丽丽得到的奖牌越来越多了。得到妈妈的允许后,她开始把自己的"情绪马拉松"奖牌分享给更多"心尖上"的好朋友。我还记得在那一年初夏,学校举办运动会,丽丽被全班同学推选,带领班级运动员们参赛,那时的她仿佛就像一位威风凛凛的大将军,驰骋在她最熟悉的运动场上。

我的"花园"里有38朵小花,每朵小花姿态不一、颜色各异,如果想让我的花园百花齐放、万紫千红,不仅仅需要书本知识的浇灌,更加需要对每一位小同学身心健康的细心呵护。作为一名年轻的班主任老师,我还会不断地在教育之路上探索、反思,"情绪马拉松"依然会继续帮助每一位"参赛选手"找到适合自己的赛道。我也相信,我的班级花园里还会有更多双"大手",拉着小手,共赢"情绪马拉松"奖牌。

我和我的搭子

北京市第一七一中学附属青年湖小学　白　歌

孩子们像一棵棵小树苗,他们各自具有独特的生命力和成长潜力,需要在适宜的环境中扎根、吸收营养,很重要的一种养分就是科学的教育方法。为了帮助小A这棵"小树苗"快快成长,我开始借助教育心理学方面的书籍,调配适合他的"魔法药水"。

小A是我们班里的"点子大王",脑袋瓜里的点子,简直比天上的星星还多。每次大家遇到难题,找他准没错。可当他自己遇到困难时,就像变了个人似的,成了只"小鸵鸟",头一缩,什么也不说了。这样下去,怎么得了?我决定,得找个时间,跟小A好好聊聊。

那天,我和他一起坐在校园的草坪上,开始了一场心灵对话。聊着聊着,我渐渐发现,小A心中的那片阴霾源自对学习的不自信,几次数学考试失利,就像一记记重锤,狠狠地砸在他的自信心上。作为班主任,我深知要想驱散学生心中的阴霾,首要任务便是点燃他学习的自信之火。而这把火,我决定从数学这一学科开始点燃。我想起了桑戴克的联结论,那里面提到的学习三原则:准备律、练习律、效果律,这不正是小A现在最需要的"魔法药水"吗?借助心理学教育的"魔法药水",我制订了小A的育苗成长计划。

学习搭子——目标引领,初见成效

从准备律开始,这瓶"魔法药水"就是让小A在学习之前做好充分的准备。自主预习,这是敲开小A"学习大门"的金钥匙!

一次数学课后,我在教室角落找到小A,轻轻拍拍他的肩,笑眯眯地说:"小A,老师想请你帮个忙,可以吗?"小A立刻抬头,爽快答应道:"老师,您说吧,我一定尽力帮忙!"我心里暗喜,轻轻摸了摸他的小脑袋,说："我想找一个学习搭子，一起探讨学习问题。我觉得你很有潜力，怎么样，愿意和我一起并肩作战吗？"小A惊喜得瞪大眼睛，问道："老师，我们要怎么做呢？"我微笑着解释道："很简单，我每天备课时，你来找我，我们一起预习和讨论第二天的课程内容。"他听完，眼里立刻闪烁起了兴奋的光芒，用力点了点头。那一刻，我看到了他脸上洋溢出的坚定和决心。就这样，我们成了"学习搭子"。

我们一起翻阅课本，满怀期待地探索着未知领域，心中不断回响着几个问题：明天要迎接哪些新知识的挑战？哪些已经在预习中有所领悟？哪些谜团待解？这些疑问就如谜题，吸引着小A的好奇心。每当他遇到不懂的问题，我们都会停下来进行讨论和分析。有些问题是旧知识的延伸，我便提示小A回顾过往，在温故知新的过程中找答案。而有些问题，则显得尤为有价值，如待解的谜团，我们则会在各自的课本上标注下来，准备课上探讨。这样的预习，不仅让小A对新知识有了大致的了解，更激发了他的学习兴趣和好奇心。

慢慢地，我发现课堂上原本"蔫耷耷"的小A直起了腰板，抬起了头，眼神中是满满的求知欲。再后来，他勇敢地举起了小手，虽然发言的声音还不是很有底气，但"魔法药水"已然初见成效。

游戏搭子——多元练习，茁壮成长

和小A组成"学习搭子"后，他的课堂表现愈加积极，但成绩仍原地踏步。我琢磨着，光听课可不够，得多练习才行。桑戴克的联结论有力地支撑了这一想法，联结的强度取决于使用的频次，使用及练习得越频繁，联结就越强，若使用频次越少，联结则会越弱。

对小A来说，繁重的习题如沉重的枷锁，逐渐消磨他的学习兴趣。于是，我转变策略，用数学游戏为学习增添乐趣。我们用"口算大转盘"练习计算，每当他快速、准确地算出答案，都会兴奋地跳起来；在学习人民币这节课时，我与他的妈妈联手，让他用真钱在超市实战演练。小A兴奋地挑选物品，精打细算，每次成功购物后都得意地向我炫耀"战果"。

课余时间，我和小A畅游益智游戏的世界，既锻炼了他的数学能力，又提升了思维。每当他赢了我，都得意扬扬道："我太天才了，居然赢了白老师！"我笑着回应："你本来就很出色，如果勤加练习，相信成绩会更棒。"就这样，我们从"学习搭子"，升级成了亲密无间的"游戏搭子"。随着时间的推移，我惊喜地发现，小A的作业质量和完成速度都有了很大的提高。

数学学习上的成功，像是给小A注射了一剂强心针，他的自信心也水涨船高。我抓住这个契机，积极鼓励他参与班级各项活动，希望他能在更多的舞台上展现自己的风采。才艺展示、古诗领读等活动都有了他的身影。那天课间，他走到我身边，开心地问我："老师，学校的好书推荐活动我也想参加，能帮我报名吗？"我听着他自信满满的话语，心中涌起一股暖流。我坚定地告诉他："当然可以！老师相信你的推荐一定很精彩。"

成长搭子——正向反馈，枝繁叶茂

孩子的成长之路上总是走走停停、进进退退的，他们的兴趣往往就像是一阵风，来得快去得也快，缺乏一份坚持到底的毅力。效果律便是巩固好习惯的关键所在。它告诉我们：喜悦是加强行为联结的魔法，而厌恶则会削弱这种联结。于是，我和小A携手成了"成长搭子"。

我们一同设计的小苗成长记录册，就像是小A成长路上的里程碑，上面标明了下一阶段的成长目标。像探险家一样，我们得清楚地知道哪些路径是通往宝藏的。

每当小A在某一方面取得了小小的进步，我都会像魔术师一样，变出各种惊喜给他。有时是温暖的语言鼓励，有时是小巧精致的礼物，还有时是一张张象征荣誉的奖状。当小A胸前贴满小红花时，他的脸上洋溢着从未有过的骄傲和满足。

但成长并非一帆风顺，有时会遇到一些考验和挑战。我会故意制造一些小"断联"，让小A在一段时间内通过自己的努力取得成果，然后再给予他更大的奖赏。这样的间隔奖赏，就像是在游戏中设置的隐藏关卡，让学习的联结更加长久和稳固。

就这样，我和小A在成长的道路上并肩前行，一起探索、一起挑战、一起收获。

小A，那个眼中闪烁着迷茫的孩子，如今在我们共同的努力下，变得自信而快乐。小A的转变让我感受到作为教师的自豪和满足，更加燃起了我的教育热情，也让我意识到，光有一腔激情是不够的。教育，需要专业的知识和技能，需要科学的育人方法。这就是我和我的搭子的故事，一个关于教育和成长的故事。

双向奔赴在"迟缓"之路上

北京市第一七一中学附属青年湖小学　张丽云

明媚的阳光洒满9月的校园，又到了新一年级小豆包们开学的日子，学生们怀着期盼的心情走进校园。在这么多学生中，我注意到了一位小男孩，他高高壮壮的，看起来特别结实，圆圆的脸庞上长着一双小小的眼睛，他叫小华。

第一次见到小华，我就发现小华和其他学生不一样。他不能和人顺畅交流，我说什么他似乎也听不懂，给我的回应也只是"啊啊"叫。他总是跑来跑去，边跑边叫，而且力气特别大，拉都拉不动，就更不要说坐在教室里好好上课了。随后，孩子妈妈来校陪读。

我从妈妈口中了解到小华是全面发育迟缓，而且曾因意外致右手重伤，至今无法完成抓握。他未满周岁就已随父母驻外，身心智方面都较同龄小朋友有很大差距，内心敏感，不善沟通；认知和理解水平不及同龄人，分析和解决问题的能力处于低幼阶段，只会用极其简单的词来表达，不能和同学正常交流；身体的协调性、稳定性和大运动能力不及同龄。家长希望得到学校和老师理解与帮助，多给予他一些耐心和机会，帮助小华尽快成长并适应学校生活。

小华很不适应集体生活。晨读时，学生的齐读声刚响起来，小华"哇"的一声大哭打断了读书，其他学生不明情况，大家齐刷刷地看向他。除此之外，课上的一切齐读、抢答、讨论等都会引起小华的不适感，而表现出烦躁且大哭。我想，这不仅会让小华什么都学不到，产生排斥心理，还会让其他正在幼小衔接过渡期的学生们受到影响。

我尝试寻找突破口，拉近和小华的距离。有一天，小华哭的次数比前一天少了，晚上我给他发语音鼓励他，说："今天就哭了四次，比昨天有进步，老师相信你明天能更棒。"

第二天，小华一到校，我放慢语速、温和地对他说："昨天的语音听到了吗？我相信你今天一定能比昨天还有进步！"并伸出手和他击掌，他的反馈淡淡的，仿佛这些和他没有关系。这一天，孩子虽然还是控制不住自己，但眼神稍微能聚焦了，我和他说话时能看出他在努力听。放学时，我非常开心地在他的本上盖了一个"你真棒"的奖励印章，孩子看到印章，仔细端详了好一会儿，并露出一丝不易察觉的微笑。我的心弦被拨动了，心想：只要坚持不懈地去关注，把鼓励跟进，一定能让小华越来越好。

第三天，我惊喜地发现，小华在课间主动找到我，想靠近我，我有些惊讶，随即给了他一个拥抱，小华对我笑笑，露出不太整齐的牙齿，然后迅速蹦跳着离开了。我顿时有种"受宠若惊"的感觉，他在慢慢接纳我了！我深知，建立良好的师生关系后，更重要的是，我不能只去同情他，更要尊重他、理解他，让小华感受到老师对他的爱。

就这样每天的语音鼓励，每天坚持不同图案的印章奖励，加上手势、动作等表扬形式，慢慢地，小华见到我能主动挨着我，对我笑一笑。有一天放学时，妈妈和小华说："去和张老师说再见。"可以看出小华想说但不好意思，我马上挥挥手大声说："小华，再见！"看到我的主动，小华也和我挥挥手，腼腆地微笑着说出一句不太清楚的："再见。"我很惊喜，心情久久不能平静。对于我来说，这一句"再见"是宝贵的回应；对小华来说，是巨大的进步。

每周一、二、四的下午，小华都会去上校外的训练课，我就会趁他不在时，让其他学生通过换位思考的活动，了解特殊学生的不易，真正地去接纳他并且包容他，从心底里去呵护小华。渐渐地，中午小华离开学校时都会有学生亲切地跟他说再见，他也会和大家挥挥手；课下，也会有小朋友去找他玩，和他做游戏，甚至抱抱他。妈妈和我说，小华很喜欢上学，觉得班里的孩子都很喜欢他，偶尔在家闹小脾气不听话时，妈妈会说如果淘气就不能去上学了。其实，对于小华来说，知道小学是有趣的、同学之间是友爱的更重要。

对于"特殊"学生，和家长的沟通需要更加频繁有系统性。在得知小华的情况后，我就制订了非常详细的计划，细致到每天记录、每周总结、每月和家长深度交流，从康复、认知、情绪与行为管理三方面着手，进行复盘和制订下一步计划。小华妈妈也特别感动，非常支持，也会把在校外训练的内容和我进行反馈交流。

经过不懈努力，到了学期末，小华基本能够做到课上不下座位、不乱出声，数学课上能够和大家一起"开火车"做口算，能够读出算式；自理能力有很大进步,比如自己背书包、自己摆桌椅、自己喝水;和同学老师的相处上,也不那么腼腆了,能够听懂并愿意做出我针对他的一些小指令。

一年级下学期的一次诵读古诗,轮到小华到前面带领大家诵读了,妈妈特意给小华戴了一个小麦克风,尽量让所有学生听到他的声音。小华不自在地站在讲台上,用不是很大、不是很清晰的声音读出"李白乘舟将欲行",停顿了两秒钟,其他同学马上跟着读"李白乘舟将欲行",小华听到回应,感觉放松了很多。我知道,小华的声音不清楚,但同学们都在配合。就这样,小华浅浅的声音和同学们琅琅的声音传出窗外,阳光洒在小华的身上,好像一位自信的学者在为大家解惑。妈妈看到这一幕,默默留下了眼泪,我也为小华的逐渐改变而感到欣喜,仿佛看到自己耐心浇灌的苗苗开出了小花。

在这条"迟缓"的成长之路上,小华并不孤单,有老师的关爱、同学的呵护、妈妈的配合。更重要的是,小华变得敞开心扉、努力上进,让我更加相信融合教育会带来教育公平和教育质量的整体提升。

音符间的温暖蜕变
——年年与音乐课的故事

北京市第一七一中学附属青年湖小学　王启迪

在那个充满希望的初秋，校园里再次迎来了一群稚嫩而活泼的小学生，他们的到来，为学校注入了新的活力与生机。在这众多新面孔中，有一个名叫年年的男孩，他以一种近乎静默的方式，悄然走进了我的视线。

年年，一个名字中带着无限循环与期待的孩子，却似乎总是将自己包裹在一层看不见的壳里。他的沉默，不是简单的寡言，而是一种深邃的、不易被察觉的孤独。在音乐课的第一次相遇中，他就像是一朵独自绽放于荒野的小花，静静地观察着周围的世界，却不愿主动伸出触角去触碰。

那是一个阳光明媚的午后，同学们在音乐教室的门口排起了整齐的队伍，期待着即将开始的课程。而我，作为他们的音乐老师，正站在一旁，用温柔的目光扫视着每一个孩子。突然，我的目光被年年吸引。他低着头，眉头紧锁，双手不安地抓着胸前的衣服，仿佛那是一块即将被撕裂的布帛。我轻轻地走过去，拍了拍他的肩膀，用尽可能柔和的语气问道："年年，怎么了？有什么不开心的事情吗？"

年年抬起头，那双清澈却略带忧郁的眼睛与我相遇。他缓缓地松开了紧握的双手，露出了胸前那块被污渍浸染的衣角。那一刻，我看到了他内心的挣扎与无助，微笑着对他说："年年，是不是中午吃饭的时候不小心把衣服弄脏了？没关系，老师这里有湿纸巾，我们一起来把它擦干净吧。"

年年点了点头，声音细若蚊蝇般地说了一声"好"。我拉着他的手，带他来到了讲台前。在温暖的阳光下，我用湿纸巾小心翼翼地擦拭着他衣服上的污渍，然后用吹风机轻轻地吹干。当那件衣服再次变得干净而整洁时，年年的脸上终于露出了久违的笑容。他抬头看着我，那双明亮的眼睛里充满了感激与信任。那一刻，我知道，我已经跨出了走进他内心世界的第一步。

随着时间的推移，我逐渐发现年年对于音乐的独特情感。在一次学习唱队歌的课程中，同学们的热情如同燃烧的火焰，而年年却显得异常严肃与认真。他的眼神中闪烁着一种与众不同的光芒，那是一种对音乐的热爱与敬畏。我突然意识到，年年并不是不喜欢上音乐课，只是他还没有遇到那些能够触动他心灵的歌曲。

于是，我开始有意识地为年年寻找那些充满正能量、节奏感强的红歌。当《打靶归来》《只怕不抵抗》等歌曲在课堂上响起时，年年的眼睛仿佛是被点亮的星辰。他跟着旋律轻轻哼唱，每一个音符都仿佛是他内心的声音在回响。那一刻，我看到了一个全新的年年，一个在音乐中找到了自我与快乐的年年。

课后，年年故意放慢脚步，等到同学们都离开后，他才走到我的身边。我们并肩走在校园的小路上，开始了第一次真正的对话。年年告诉我，他的爸爸是一名军人，虽然不常在家，但只要在家的时候，就一定会唱《打靶归来》给他听。每当他想爸爸的时候，就会在家里默默地唱起这首歌。那一刻，我仿佛看到了年年心中那份对父爱的渴望与怀念。

这次对话让我更加了解了年年，也让我更加坚定了要帮助他走出孤独、拥抱快乐的决心。在与班主任老师沟通后，我们共同策划了一个特别的计划——在新年联欢会上，请年年的爸爸作为特邀嘉宾上台献唱《打靶归来》。

联欢会前夕，年年每天都沉浸在排练的喜悦中。然而，在一次排练中，我却发现他的状态大不如前。他身体斜靠在墙壁上，眼神空洞而疲惫。排练结束后，我再次找到了年年，试图了解他内心的想法。起初，他并不愿意开口，但在我耐心的询问下，他终于吐露了心声。原来，他的爸爸已经一个多月没有回家了，他想念爸爸，却又不知道该如何表达。

听到这里，我的心被深深地震撼了。我意识到，年年需要的不仅仅是音乐上的陪伴与鼓励，更需要的是来自家庭的温暖与关怀。于是，我立即与班主任老师取得了联系，告诉了她年年的情况，并提议在联欢会上给年年一个惊喜——邀请他的爸爸上台献唱。

联欢会那天，当年年穿着漂亮的演出服站在舞台上时，他的脸上依然带着一丝漠然。然而，当《打靶归来》的旋律响起、他的爸爸作为特邀嘉宾出现在舞台上时，年年的眼睛立刻亮了起来。他演唱得更加卖力，表情也更加生动。那一刻，我仿佛看到了他内心深处的喜悦与激动在肆意流淌。

演唱结束后，年年与爸爸紧紧拥抱在一起。爸爸向年年道歉说因为工作忙而忽略了陪伴他的时间，而年年则懂事地回应说理解爸爸的辛苦并会努力学习。那一刻，我看到了一个被爱包围的年年、一个充满希望的年年。

从那以后，年年像变了一个人似的。他在课堂上开始主动举手回答问题，放学后和同学们一起回家，脸上的笑容也越来越多。在音乐课上，他甚至主动要求上台表演爸爸新教给他的歌曲《没有共产党就没有新中国》。他站在舞台上，满怀骄傲地唱着每一个音符，每一个词句都充满了力量与感情。那一刻，我仿佛看到了年年心中的花朵在音乐的滋养下绽放得更加绚烂。

学期结束时，年年的爸爸妈妈一起到学校为老师们送锦旗。他们说："我们年年因为父母工作忙、疏于陪伴，一直不太爱跟别人交流。我们做父母的也很焦心。直到那次参加了新年联欢会，老师们的鼓励和同学们的陪伴都带给年年更好的情绪体验。谢谢老师们的付出！"听到这里，我的心中充满了感动与欣慰。我知道年年的进步不仅是老师和同学们的帮助与鼓励，更是他内心那份对爱与被爱的渴望在驱使着他不断前行。

现在的年年已经不再是那个沉默寡言的孩子了。他用自己的努力和勇敢在音乐的世界里找到了属于自己的位置。我相信在未来的日子里，他会继续用自己的歌声去传递爱与希望，去照亮更多人的心灵。而我也会一直陪伴在他身边，在他每一个成长的瞬间，为他加油鼓劲。因为我知道每一个孩子都是一颗璀璨的星星，只要给予他们足够的爱与关怀，他们就能在自己的天空中熠熠生辉。

于"色彩"和"光影"中的心灵休整

北京市第一七一中学附属青年湖小学　高亚慧

六年级的少年，花一般的人儿，
自是阳光下的嫩芽儿，是春的风，夏的雨，秋的叶，
是携阳光同行，一树又一树的花开。

——题记

2024年我又接六年级的班，之前接的班大多着重对学生学业的关注，但接这个班，班主任特意和我提到了一个孩子，大家私下叫她小O，因为无论谁和她说话，得到的回答只有一字："哦。"小O聪明敏感却沉默寡言，她总是一个人背着书包上下学，很少和同学说话，更不用说和同学一起玩耍，在外人看来，她只沉浸在自己O型的小世界中。班主任评价看着不像一般意义下的"乖"学生，但需要特殊关注，同时班主任还特别提到小O爱画画，而且画得非常好。在与小O爸爸第一次沟通后，我明白了班主任要特别关注小O的原因，小O五年级时，和家长闹别扭后离家出走。小O爸爸反复和我说："老师，请您多费心关注小O！"

很快迎来了我和小O的第一次正式会面。一节数学课上，我留意到小O一直埋头于课桌中，为了保障正常上课，又能提醒到小O专心听课，我开玩笑地说："经历一个假期的放松，有的同学还没有适应，现在埋头在课桌休息呢。"同学们笑后听课更认真了，小O也缓慢地抬起头来听课了；只是没过一会儿，我发现小O再次"钻"进课桌，我一边安排随堂练习，一边悄悄靠近小O，想看看到底是什么吸引了她。意外的是我在她课桌里看到了一部手机，屏幕上是"胸口疼怎么治""胸口疼最有效的8种疗法"等小视频。鉴于还没下课，在简短沟通以及小O的一声"哦"后，手机由我暂时保管。课后我招呼小O，并耐心地解释道："上课不能看手机，会影响听课学习，我暂时帮你保管，放学给你带回家。""哦。"小O惯常地回答道。

以为这件事就这样结束了，但我很快就见识到了小O的"人小主意大"。下面一节课开始不到5分钟，我收到任课老师的求助，小O"离课出走"了。

毫无头绪的我，只得从班级所在楼层开始地毯式的搜索，找到小O时，她正端坐在电脑前专注搜索。我按捺住自己焦急的心情，没有急着开口，小O发现了我，但她静静地坐在那里一动不动，像是做错了事等着我批评她。我瞟了一眼电脑屏幕，又是"胸口疼怎么治"，我担心地询问："你胸口疼吗？"小O看了看我，没说话，先迅速点击鼠标关掉页面，然后看着我狠狠地摇摇头。

"能上课吗？""哦。"

"放学后空一点时间，我们聊聊？""哦。"

小O平静的、没有一句解释，好像其他言辞都是没有意义的，更不用说情感表达了。针对小O的问题，我请教了几位经验丰富的老教师，显然让小O主动开口、敞开心扉是首要的事，也是难点。

放学后，小O如约前来，静静地等着我开口。在她的眼底我看到了一丝害怕，但更多的是无尽的委屈。我放弃立刻切入手机或逃课的话题，而是放下老师的姿态，像朋友一样和她诉说我最近的烦恼，说道："我正准备'我画你猜'的游戏节目，但我的画技一般，了解到你爱画画，想请你帮个小忙，指导一下我的画画技巧。"小O静静看了我2秒钟，回答了一个"哦"。

"那我先画个人，你来猜猜是谁？""哦。"

怕我可怜的画技让她失去猜的兴趣，我赶紧说："请多包涵，我的画技难为你了。"对照着画作，我抓了把发型，是鸟窝状，"你猜吧。"

"幼稚。"小O居然说了两个字！带有评价色彩的两个字！

我在人前画了一朵粉色的花骨朵，"你猜她在干什么？""看花。"

又在花上画了个鲜绿色的水壶，"这样呢？""浇花。"

最后在人脸下画了两只伸展开的手，像两片树叶托着脸颊，"这样呢？""等花开。"

"对的，你就是这朵花，让我等你开放。""……"

在游戏中我和小O拉近了彼此的距离，用一颗幼稚的心换那颗封闭的童心花开。在这次沟通中我全程都没有提手机和逃课，只是感谢了小O的帮助，并进一步约定下次小O来教我画更漂亮的画，小O答应了。那次之后，再没见小O将手机带来学校。

再次见面，可怜于我的画技，就由小O画，我来猜。

小O用淡蓝色的笔，简单勾勒出轮廓，蓝色让人物看起来清爽又有一点忧郁。

"是一个背影。她看着有点孤单。"她用棕色的笔在旁边画了高大的树干和枝条，又用墨绿色的笔画了零星的、大片的叶。

"看起来是一棵挺拔的树。她在树下干什么呢？"唰唰几笔，一只手搭在树干上。

"她在看树上的鸟儿。"

"不，她在抚摸树干的纹理，感受苍老。"

结合之前看到的查询内容，我自然而然问道："是亲人的健康让你担心了吗？"

小O静静地看着我，犹豫了一下后，说出了自己的担忧："我的爷爷是军人，年轻时训练受过伤，总是咳嗽，去年病毒感染后，咳嗽更重了，总咳得胸口疼。我带手机是想查询下，有什么办法可以让爷爷减轻疼痛。"

"你的担忧和爸爸妈妈说过吗？""没。"又是简单的回答，我心咯噔一下。

"感谢你指导我的绘画技艺，我受益良多。我希望自己也能帮到你，我的同学有从事医务工作的，我可以帮你咨询一些专业护理建议。"

"谢谢。"小O的眼睛变得更加炯炯有神了！我们约定等我咨询好专业护理建议后再见面。

友谊花开不易，为了保险起见，我之后谨慎地联系了小O的爸爸，诉说了孩子对爷爷健康的担忧。得知小O现在和爷爷生活在一起，爸爸和妈妈早年离异后，小O开始和妈妈一起生活，小学二年级时，出于对小O教育的考虑，父母协商后，爸爸将小O接到北京就近上学，后来小O爸爸再婚，生了弟弟，又由于工作忙碌，疏于对小O的关注，那次"离家出走"吓坏了爸爸，特意请爷爷专门照顾小O。家庭是学生教育的主阵地，了解学生的家庭环境，能够更准确地分析学生的习惯、性格、情绪养成的因素，以便在学生需要帮助时给予积极的支持和鼓励，增强孩子安全感和对环境的适应能力。

第三次见面时，我提议一起看个短片，小O欣然答应。心理短视频是"视觉的情境性和具体性与听觉的表现性和延展性相结合的典范"，更易带给学生生动、立体的感受。短视频讲了一个小朋友成长过程中，多次面对与父母和朋友的分离，小朋友内心一次次地呐喊，最终勇敢找回亲情和友情，同时也获得了成长的故事。或许是影片中小朋友的经历和小O很相似，小O

触动很大，悄悄地擦掉眼泪，对我说："他最后一定很幸福，他的妈妈不是不要他，只是隐忍等待他的成长。"

"对，你说的很对！""谢谢您！老师，我懂了。"

一段时间后，我收到了一张红色爱心卡片（正面写着"谢谢您！"）。

六年级的学生，心理有更强的自我意识，而且情绪波动会比较大，也更在意别人心目中的自己，因此，他们善于伪装自己的想法。心育需要循序渐进，教师应客观看待学生的成长以及学生存在的问题，这样才能帮助学生在潜移默化中进步、提升。

师者，如泽如炬，虽微致远！

令人烦恼的"小英雄"

北京市第一七一中学附属青年湖小学　李海霞

在教育的广阔天地里，每一位教师都是辛勤的园丁，他们不仅传授知识，更在孩子们心灵的田野上播种希望，引导他们茁壮成长。而我，作为一位新手班主任，与班里那位充满潜力却又令人头疼的"小英雄"的故事，便是教育旅程中一段难忘的篇章。

初识小亮，是在那个阳光明媚的二年级开学日。我满怀紧张与激动踏进教室，面对着一双双充满好奇与期待的眼睛，深吸了一口气，试图以轻松的方式打破彼此间的陌生感。然而，当我提出看似简单的问题——"同学们，你们特别希望我做到什么"时，整个教室却陷入了尴尬的沉默。就在这时，小亮如同一位勇敢的骑士，微微挪动桌椅，高高地举起了他的小手，用稚嫩却坚定的声音说道："李老师，我希望您在批评我们之前，能先问问我们为什么这么做吗？"

那一刻，我被小亮的表达与需求打动。他的声音里透露出对平等的渴望，对被理解的需求，以及那份藏不住的"小英雄"主义色彩。我微笑着回应他，并承诺会尽力做到。然而，随着时光的流逝，我逐渐发现，这位"小英雄"的准则与行为，却在悄然发生着变化。

从二、三年级的爱出风头，到四、五年级对"英雄"的扭曲理解，小亮逐渐形成了他所谓的"英雄"准则：他以"人不犯我，我不犯人"为处世原则，以"都是我的错，跟其他人无关"的态度面对老师的教诲；以"我觉得他富有正义感，不戴有色眼镜看人"为依据，交到了"好友"。由此，小亮慢慢变成班里令人头疼的"小英雄"。

而更令人担忧的是，小亮这种"英雄"行为的背后，还被学生们盲目追捧。他们似乎将小亮的冲动、任性、从众等不良行为视为"英雄"的表现，这无疑加剧了小亮对"英雄"概念的扭曲理解。由此，诞生了我的教育三部曲："论英雄"之集体讨论、时光倒流之实例分析、"论英雄"之反思总结。

"论英雄"帖

利用班会教育主阵地,我发起了"论英雄"帖。我直击话题:"在你们心中,英雄是什么样的?"同学们展开了从古到今、从民族英雄到历史英雄再到科学英雄的讨论。当话题逐渐升温时,我话锋一转:"咱班有英雄吗?是谁呢?"霎时间,"小亮!"这个名字呼之欲出,成了话题的焦点。

我问道:"小亮,大家把你当英雄,那你认为班级英雄是什么样的?"小亮得意地回答道:"别人不敢站出来时站出来,不出卖朋友,为朋友保守秘密……"这些接地气的话语,赢得了同学们的喝彩,却也暴露了他歪曲的"英雄"观。

为了引导同学们对"英雄"的正确认知,我抛出了一系列问题:"那为了不出卖朋友,损害集体利益呢?""那如果明知朋友是错的,还站出来独揽全部责任呢?""那因为你的保护,别人今日逃避,未来受到损害呢?"这些问题如同一把把利剑,直击小亮和同学们的心灵深处。他们沉默了,陷入深深的思考。

时机成熟,我趁机引导:"是的,你们也认为这些都不算真正的英雄之举,那什么才是真正的英雄?"同学们纷纷发言:"将集体利益置于个人利益之上""为正义挺身而出""辨是非,为他人着想""英雄不一定是站出来,而是不计个人得失,默默付出,为班级和学校做贡献""自己卓越不一定是英雄,要能够影响他人,做正确的事"……

同学们的发言越来越贴近身边的人和事,小亮也沉默了。他再次抬起头时,目光中多了一份真诚与坚定。在思索和讨论中,同学们有了正确的"英雄"观。

如果时光倒流

我及时按下"时光倒流"键,提起了前几天数学课上小亮和小刚在课堂上小声说话、做小动作的事情。我问道:"小亮回忆一下,你当时怎么做的?"小亮不好意思地说:"我当时觉得因为您要是批评我们,小刚会认为都是我害的。所以我当时很气愤,说都是我的错,您批评我吧,跟他人无关。"我继续引导:"你还认为你是英雄所为吗?""不是,我不能因为担心小刚说我不讲义气,就乱逞英雄。""遮掩别人的错,是真义气吗?违反纪律,谁的利益受到了损害呢?"小亮耷拉着脑袋说:"老师,我知道错了。

看似有承认错误的勇气,实则没有认识到错误本身,看似讲义气,实则剥夺了他改正错误的机会,而且还扰乱了课堂秩序,有损集体和他人利益。"

出乎意料的是,我将"伪英雄"事例就这么直接搬到同学们面前,他竟能平心静气地自我反省。这一刻,我看到了教育的意义所在。我欣慰地说道:"同学们,此时此刻,小亮就是咱班的真英雄。在同学们面前,他有勇气承认错误,有勇气把自己当洋葱一层层剥开,说出自己的真实想法。能够站在他人和集体的立场,重新审视自己的行为,就是英雄所为。"同学们自主地鼓掌,目光中充满了肯定。

再论英雄

在随后的"再论英雄"环节,我播放了平日跑操的片段,希望能够以点带面,教育放大化。片段1:跑得快的同学陪跑帮助、相互鼓励,班级队伍整齐划一,跑出了团结奋进;片段2:部分同学不顾横排面向前冲,导致班级队形混乱不堪。虽跑出了个人主义,却丢了团体气势,暗淡了集体。我问道:"同学们,对比视频,学生英雄又该是怎样的呢?"

同学们纷纷发言:"真的英雄可以是默默付出,为班级和学校做贡献""英雄要不计较个人得失,真心帮助他人""要真心关心他人、明理知对错、心系集体"⋯⋯

这次班会后,令人烦恼的"小英雄"开始学会思考、反思,踏上了修正之路。

我深知,在育人路上,我面对的不是一个小亮,而是大部分男生所谓的"英雄崇拜",我面对的不是一个小亮的英雄观,而是一群孩子的人生观和价值观。

走近你，走进你

北京市第一七一中学附属青年湖小学　陈丽华

教育是什么？第斯多惠说：“教育的本质是鼓励和唤醒。”作为学生成长路上的引路人，教师需要用爱心唤醒童心，走近学生，了解他们的现状，倾听他们的心声，打开他们的心灵，让他们得到更好的成长。

在风清气朗的秋天，我满怀殷切的期待，迎来了新一届的学生。在第一节语文课上，我与小Z同学的故事便开始了。当同学们都在大声朗读课文时，我却发现小Z在津津有味地玩着什么。我快速地向他走去，只见他迅速地把手里的东西顺势往桌洞里一丢。我问："刚才你手里拿的是什么？"小Z斜着眼睛，满是戒备地说："没有东西，你看。"他双手一摊，一副很无辜的样子。我顿时皱起了眉头，想要立刻查看他的桌洞。他突然双手趴在桌上试图挡住桌洞，并大声喊道："我说没有就没有，你在针对我！"我心里一惊，此时如果我非要一探桌洞里的究竟，势必会再起冲突。于是，我提醒他上课要认真听讲，继续讲课。

是什么原因导致这个孩子内心如此敏感？课后，我拨通了小Z妈妈的电话，了解到小Z爸爸经常出差在外，妈妈既要上班，又要照顾两个孩子，尤其是妹妹尚小，经常忙得手忙脚乱。我意识到，在两个孩子的教育上，家长也是缺乏教育方法。

没过多久，类似的情况又发生了。我把小Z叫到了办公室，只见他满脸的不在乎，似乎在等着我的责备。我把他手里的作业放在一边，在纸上写了一个"聪"字，抬头问他："你知道这个字是什么意思吗？"小Z不以为然地回答："不就是聪明的意思嘛！""对了，可是怎么才能做到聪明呢？"小Z歪头看着我，很明显这个问题激发了他的兴趣。我指着字慢慢地说："'耳'字旁指的是用耳朵去倾听；'口'字上面的两点，像一对眼睛，告诉我们上课要用眼睛看。'口'呢？""是用嘴巴去说。"小Z一点就通。"你可真聪明！"我大大地夸奖了他。"最下面的'心'，指要用心学。上课，要做到耳眼口心合一，才能使自己越学越聪明。"小Z若有所思，眼神也柔和了很多。

接下来我给他补上了课堂上缺失的学习内容，让他补做了未完成的作业。最后我跟他说要正确对待课堂上老师的善意提醒，并不是有意针对，而是想帮他变得更聪明。小Z点了点头，轻快地走出了办公室。

随后，我又拨通了小Z妈妈的电话，了解到小Z特别喜欢听妈妈讲故事，自从有了妹妹后，妈妈就无暇再给他讲故事了。小Z经常抱怨，觉得妹妹抢走了妈妈的爱，有时甚至故意拍打妹妹。而妈妈总是责备小Z要让着妹妹，没能顾及他的感受。时间一长，小Z因缺乏安全感变得敏感，总觉得周围人在针对他。我跟小Z妈妈分析孩子产生问题的原因，并做了家庭教育方法的具体辅导。

此后，小Z越来越喜欢待在我身边，时常讲讲家里发生的小事。在讲到和妹妹的一些趣事时，他表述了自己其实也挺喜欢妹妹的，我趁机引导他要爱护妹妹、照顾妹妹，要担起做哥哥的责任。我布置让他帮忙的小任务，他都欣然接受，认真完成。虽然小Z在我面前有了较大的改变，但在我看不到的时候，他听讲的状态有时也不尽如人意，时常和其他同学发生点小矛盾。

我依然保持着和小Z妈妈的沟通，并坚持用爱去打开小Z的心门。小Z妈妈也说到了自己的改变、孩子的变化……一切都在往好的方向发展，直到那个周五课间。

我刚走出办公室，几名学生就向我跑来说课上小Z和老师起了争执。我赶紧进班，只见他正站在老师对面，脸和脖子都涨红了，嘴里不停地喊着："你抢我的画，你就是针对我，你就是针对我……"看样子，他俩正处于僵持状态，我赶紧把小Z带回了办公室，厉声对他说："你先在这里冷静、反思自己。"他瞬间安静了下来。

我了解到事情的缘由是小Z上课画画，被提醒了好几次都不听，画才被拿走。小Z看我回到办公室，赶紧低下头不停地抠着手。我打开那幅被没收的画，一只大兔子和一只小兔子映入眼帘。"你画的小兔子多可爱呀，简直就像真的一样！"听到我的赞美，小Z瞬间抬起了头。我又仔细看了看："你还把它画成了连环画，好像在讲一个故事呢。"小Z的眼睛里闪过一丝亮光，顿时来了精神："您知道我画的是什么故事吗？""我猜，你画的是《猜猜我有多爱你》这个故事。"我笑眯眯地看着他。小Z饶有兴趣地和我交流了这个故事，我们还一起模仿着画中的大兔子和小兔子，用动作演绎了这个表达爱的故事。小Z意犹未尽，我鼓励他也用这种方式来向妈妈表达爱。

"小Z，接下来该说说你上课的事了……"没等我往下说，小Z马上意识到："我不应该在上课的时候画画，更不应该在画被没收后觉得老师是在针对我。"我赞许地点点头。"我这就去给老师道歉。"我很欣慰小Z能意识到自己的错误，并主动道歉，我的付出终于迎来了小Z的成长。

从那以后，小Z变化非常大，上课听讲也越来越专心了，妈妈告诉我小Z在家还会给妹妹讲故事，自己有时也腾出时间来给两个孩子讲故事。为此，我专门在班级中开展了"讲故事"的活动，小Z做了充分的准备，讲得绘声绘色，赢得了掌声。小Z通过自己的努力收获了大家对他的认可，和大家相处得越来越融洽，也更加阳光自信了。

"单丝不成线。"我想，任何一个敏感的孩子，都需要给予他足够的安全感。我们要走近他、了解他，对他多些鼓励、少些批评，善于发现他的优点并加以强化，从而能走进他的内心。充满了安全感的孩子，便能开启更好的成长篇章。

心育故事

万花丛中的一抹绿

北京市第一七一中学附属青年湖小学　王华颖

9月的清晨，满载温暖的阳光照射着校园，让人心旷神怡。孩子们走进校园，那洋溢着童真朴实的笑容，仿佛就是新学期开学的一个信号，让人情不自禁地感到兴奋。作为一年级班主任，我站在班级门口迎接着可爱的孩子。

当我准备点名的时候，"王老师，等一下。"只见一位女士拉着一个小男孩快步走到我面前。"老师好，我是小新的妈妈。这孩子第一天来学校，有点陌生，不敢进教室。"说着把小男孩推到我面前，好漂亮的小男生，大大的眼睛，白白的皮肤，十分惹人喜爱。"欢迎来到新学校，你叫什么名字？"小新没有理会我，反而把脸埋在妈妈的腰间，小声嘟囔着。小新妈妈无奈地笑了笑："他不爱说话。"我笑笑："小新，同学都在教室呢，进去吧，可以交到新朋友，和大家一起做游戏。"小新向教室里张望了一下，又抱紧妈妈。我摸摸他的头："小新，一会儿要发新书啦，有许多可爱的图案，你想不想看看呀？"

小新抬头看看我，又看看妈妈，抬起脚，又放下……小新妈妈不安又无奈地看着我。"没事的，您和孩子一起坐在教室吧，慢慢适应。"我向小新伸出手，"我们和妈妈一起进教室，好吗？"小新真的把小手放在了我的手上，我们手拉手一起走进了教室……

我以为，小新不愿进教室只是不适应新环境，过几天就会好的。出乎意料的是，进入班级的第一天，小新什么都不做，谁也不理，只是低着头画画，画呀画……没有图案，只是无规则的线条，特别地用力，仿佛把全身的力量都用上了。这是怎么一回事？从教20年，我从未遇到过小新这样的情况，我陷入深深的迷惘中。

我找到小新的妈妈，了解到孩子不愿和小朋友玩。父母和他交流，他也只是简单地说两三个字。在3岁时才发现孩子的情况，干预训练有些晚，妈妈非常着急，担心孩子不适应学校生活，又担心孩子脱离群体，不利于成长。我有些不知所措。我该如何与孩子相处呢？怎样才能帮助到孩子呢？一连串的问题在我脑海里涌现。迷茫之后，冷静下来，虽然我不是专业的心理医生，但既然做了小新的老师，也要尽我所能去帮助他。小新的情况属于语言交流障碍，在系统的康复训练下结合人文关怀，可能会改善。

于是，我经常找他聊天，也让同学们找他一起做游戏。慢慢地，小新开始逐渐接纳我们。当我暗自欣喜小新已经有些适应校园生活时，猝不及防的事情发生了。语文课，我叫小新回答问题："小新，你能拼一拼这个音节吗？"他没回应，只是安静地看着我。"小新，回答老师的问题。"小新笑着向我走来，用力地"啪、啪、啪"拍了几下黑板，转身跑出了教室。我愣住了，对同学们说："你们先自己拼读，我一会儿就回来。"我冲出教室找到副班老师："侯老师，帮我看下班里的同学……"顾不上解释，我赶紧去找小新。我跑遍了教学楼每一个楼层，又跑到操场，终于在旗杆下看到了他的身影，我悬着的心终于放下了，我急忙跑过去问小新："你怎么跑这来了？我们回教室吧！"可小新根本不理我，眼睛一直盯着拍篮球的同学们。我问："你想拍球了？"他看着我，点点头，"上完语文课，老师陪你来拍球，好不好？"听见我的许诺，小新的眼睛一亮，点点头。

下午的阳光体育活动，我如约带小新在操场上拍球，他拍两三下，球就跑了。我赶紧去追球，把球扔给小新，并说："你这么拍不行，要用手掌拍球的中间，不要太用力，让球往上弹。""你看！"我边说边给他做示范。小新抢过球，又用力地拍，虽然还是拍得不怎么样，我依然夸奖他说："你真有劲，拍得真高，又多拍了一个……"小新抬起头冲我笑了，我也冲他笑。发现小新喜欢体育活动，我便让他和同学们一起跑步、打球、做游戏。在集体活动中培养小新的融入性，体验友谊与温暖。小新的成长需要陪伴，需要关爱，很多奇迹就是爱创造出来的。

本以为和小新的互动可以帮助他增强交往能力、拉近距离、适应校园生活，可实际并非如此，新的状况接连不断：上课突然哭、突然大叫……

有多少了解，才有多少解决问题的办法。作为小新的老师，我不能一味地顺应他，而是要找到更有效的方法来帮助他。我和小新的妈妈又进行了一次沟通，得知小新在家也是脾气暴躁，经常大喊大叫。因为父母工作忙，干预训练断断续续，效果不明显。妈妈也很是焦虑，总是担心孩子在学校出现突发情况。

苏霍姆林斯基曾经说过："没有家庭教育的学校教育和没有学校教育的家庭教育，都不可能完成培养人这样一个极其细微而复杂的任务。"于是，我和小新妈妈商定：每天坚持和孩子共同读书30分钟，陪孩子进行体育活动，放学时当着孩子的面交流孩子表现，在家布置光荣榜，每一次表扬奖励一朵小红花。达到20朵要有物质奖励（零食、玩具）或精神奖励（去公园玩、看电影）。我希望通过和小新妈妈手牵手，一起把温暖和爱播撒在孩子的心里，让他感受来自家庭和学校的关怀，内心不再孤独。

针对小新的情况我和班级各科老师进行了沟通，希望老师们在课堂上调动小新参与同学们的交流，每节课都能给小新一次发言的机会，可以得到老师的鼓励或表扬。"在心理教育中，爱是开启孩子心灵之门的钥匙。"有了老师的关爱、疼爱、喜爱，我相信小新一定能打开心中的那扇门。

渐渐地，小新从把我当成透明人到会主动看我，还主动叫我："老师。"这对我来说是莫大的鼓励。一天，从来不肯做操的小新竟然随着音乐节拍挥动着胳膊，我马上走过去，对他说："老师和你一起做好不好？"小新看看我，点点头，我们一起伸展、跳跃。他还开心地说："歌，好听，好听。"看着他的笑脸，我觉得这朵小花蕾要盛开了。

我又查阅了相关的心理书籍，了解到适当地给孩子安排一些动手活动，尤其是劳动，以建设性的、有意义的行为替代非建设性的、无意义的行为。这样不仅可以消除无意义行为，还可以增进手的灵巧性，开发大脑。根据小新的身高优势，我把擦黑板这项任务交给了他，擦得干净就发给他一朵小红花。我也和小新妈妈说好，让孩子在家里劳动，扫扫地，倒垃圾。小新妈妈配合我马上安排上。小红花一多，奖励也就多了，小新的干劲更足了，每天课上课下，家里学校都有好些事要他忙，生活更充实了。

从心理学角度来看，每个孩子身上都有潜藏的资源，只要我们多留心观察，扬长避短，孩子的发展机会就会大大增多。

又是一天的海量阅读课，当同学们齐声朗诵时，我听到了哼哼哈哈的声音，我寻找声音的来源，发现是小新在大声地读诗。我说："小新读书的声音真洪亮，你真棒！"还对他竖起了大拇指。小新瞪大眼睛看着我，随后低下头继续和同学们一起诵读古诗。

我赶紧把这个好消息告诉了小新妈妈，妈妈听了也是十分激动，连连说："太好了，谢谢老师！"我说："咱们趁热打铁，让他读给您听，如果孩子愿意，明天可以在班上读。"小新妈妈说："王老师，我们一定配合您，回家好好练习。"

第二天海量阅读课时，小新会不时看看我，再看看书。我说："小新今天想给大家朗诵《滁州西涧》，我们一起来欣赏，好不好？"同学们开始鼓掌，看到大家为他鼓掌，小新也受到鼓舞，大声地朗读起来。此时此刻，每个人脸上都挂着笑，笑得最灿烂的就是小新。

小新在进入二年级后，已经能完全听懂我的话，安静地上课，有时甚至只靠我的一个眼神，他就马上知道该做什么。虽然他不能像其他孩子那样完全达到教学的要求，但对于他自己，已经是取得很大的进步了。

这个来自星星的孩子在老师、家长和同学们一点一滴的关爱中获得了成长，各方面都得到了一定的发展，在学校生活中，师生们给予他至诚、至真、至爱的关注。选择合适的方法，使他加快前进的步伐，做到因材施教，人尽其才。把特别的爱给特别的他，使他在爱的环境里高高兴兴学习、快快乐乐成长！

我想，小新已经不再是那万花丛中的一点绿，他会从含苞待放的花蕾一点儿一点儿绽放。让我们一起静待花开！

从"画"中走出的女孩

北京市第一七一中学附属青年湖小学　刘晓微

教育家雅斯贝斯曾说："教育就是一棵树摇动另一棵树，一朵云推动另一朵云，一个灵魂唤醒另一个灵魂。"作为教师，要理解、鼓励、唤醒每个孩子，我们的每一步都应因爱而起、向光而行，让每个孩子的生命都发光。

刚接三年级班主任的第一天，有个叫"小悦"的女孩就给了我一个"下马威"，给我留下了深刻的印象。当天中午吃饭时，所有的孩子都在快速收拾桌面，拿出餐具，准备吃饭。只有小悦低着头聚精会神地画画，仿佛置身事外。

"小悦，把画收了吧，准备吃饭。"我赶紧提醒她，没想到，她没有任何反应，仿佛没有听见我说话似的，依旧埋头画画。

"小悦，听到了吗？现在是吃饭时间，赶紧准备吃饭！"我提高了音量，严肃地说。

"知——道——了——"她懒懒散散地说，但依旧低头画画，没有任何要停下来的意思。旁边的同学也好心提醒她："小悦，快别画了，吃饭啦！"

"哼，我不吃饭！"突然，她把笔往桌子上一扔，嘴巴一噘，头一歪，趴在了桌子上。

"赶紧收拾桌面，准备吃饭！"我压抑不住心中的怒火，语气再也温柔不起来。

"我不饿，不吃！"她瞪大眼睛，满脸不屑。

就这样，我和她立刻陷入了僵持的局面。这一刻，我感觉班主任的权威受到了极大的挑战，没想到这个大眼睛、浑身充满灵气的小女孩竟如此倔强，不容管教。而此时，如果跟她继续交锋只能把我俩的情绪都点燃，我想起了心理学上的"积极暂停"：积极暂停是帮助我们冷静、理性解决问题的工具，当双方体现了尊重的态度时，情绪好转后可以做得更好。而现在我俩都需要一个时间调整各自的情绪，才能更好地解决问题。

于是，我先组织其他同学打饭，然后找同学帮助小悦打好饭放到她桌子上，对她说："你现在正在长身体，不吃饭肯定对身体是不利的，同学已经帮你盛好饭了，多少吃两口，别辜负同学的心意。"小悦没有吱声，看都没看一眼。最后，大家都吃完饭了，她桌子上的饭菜依旧纹丝不动地摆在那儿。

是什么让这么小的女孩如此逆反、充满戒备？我赶紧询问了上届的班主任，了解到：自从妈妈生完弟弟后，小悦就越来越叛逆，不服管教，极具个性。想到这种家庭环境下的孩子容易缺乏父母的关爱，于是，我拨通了小悦妈妈的电话，我把情况跟小悦妈妈进行了说明，只听见电话那头不停地有孩子哭闹的声音，小悦妈妈只说小悦经常这样闹脾气，一会儿就让阿姨把孩子接回家吃饭，就急忙挂断电话。就这样，小悦被阿姨接回家了。

我意识到小悦妈妈是爱孩子的，只不过孩子一闹脾气不吃饭就接回家这种处理方法不太恰当，不能从根本上解决问题。果不其然，类似的事情又发生了。

这一次，我没有让小悦妈妈把孩子接回家，而是下午第一节课后，我把她叫到了办公室，只见她噘着嘴，眼睛斜向上看着，准备随时迎接我的责难。

"饿不饿啊？"我没有立刻责备她，而是关心地问。

她一脸惊愕，转瞬间又仰起头，充满戒备地说："不饿！"

"现在不饿，一会儿肯定得饿，正好老师这里有个特别好吃的面包，要不要尝尝？"我从抽屉里拿出一袋面包，递到她面前。

只见她头上的小辫已经松松散散，很多头发散落着，看她没有伸手的意思，我又说："你的头发都散了，老师先给你扎起来吧！"我边说边用手轻轻地梳理她的头发，小悦没有拒绝我，一动不动地站在我面前。

"你现在可真漂亮，你要愿意的话老师可以每天帮你梳头发。"我猜测小悦妈妈顾不上帮她梳，随口说道。

此时，我发现她眼中多了一丝柔和，小悦摸了摸自己的头发，装作漫不经心地说："嗯，比我爸爸扎得好一些。"

我明白这样的眼神意味着信任的开端，我必须抓住这个难得的机会，于是我紧接着说："那咱们说好了，以后你的发型老师承包啦！"

虽然小悦没有直接回复我，但从她充满亮光的眼神中我看到了答案。

"好了，老师去打印室拿点材料，你吃点面包吧！"我怕她放不开面子，给旁边老师使了个眼色就找个理由走出了办公室。

5分钟后我回到办公室，发现桌子上的面包只剩下个包装盒，"看来咱俩口味相同呀！快上课了，回教室上课吧！"

"谢谢老师。"出办公室前她不好意思地笑了笑，冲我小声地说。听到她这简单却真诚的话，我有点小窃喜，她终于放下戒备，打开心门，愿意接纳别人的心意。我想起之前读到的心理学方面的爱抚与触摸效应，拥抱和爱抚可以使身心更加愉悦，并能快速拉近人与人之间的距离。小悦如此逆反倔强，可见她在家中是缺乏爱抚的，就连这小小的面包都能快速拉近我们的距离。

晚上我又拨通了小悦妈妈的电话，了解到原来小悦喜欢画画也是有原因的，除了她在画画方面很有天赋之外，更是希望能够得到妈妈的关注。小悦的妈妈是美术教师，之前总是陪着小悦画画，但是有了弟弟后，妈妈就无暇顾及了。因此，小悦对弟弟充满了嫉妒和憎恨，总是偷着把弟弟的玩具损坏，或者拿东西扔弟弟，这让爸爸妈妈也很头疼。我分析了孩子这些叛逆行为背后的原因，并根据小悦的性格特点给他们提供了一些建议，让孩子得到足够的安全感。

这次事件后，小悦跟我的关系拉近了很多，在我面前的行为也收敛了很多，我因为懂得了问题的来源，在平时接触中也时不时增加肢体上的接触，比如她回答问题特别好，我会拍拍她的肩，或帮她整理整理衣领，或帮她梳个好看的发型……而小悦非常喜欢这样的接触，每次都表现得很开心。

虽然小悦跟我关系缓和了许多，但是她在跟别人相处时还是没有太大的改变。比如，她还会经常在科任课画画、写练习时画画；老师反映她课上回答问题张口就来，回答问题不举手；经常与同学发生矛盾……

但我没有放弃，继续试着用真心的爱抚融化她冰冷的内心，并多次与小悦爸爸妈妈沟通，针对每次"家庭事件"给予具体的方法指导，直到有一次美术课下课。

我刚进班，一个孩子就哭着跑过来跟我说："小悦说我画得丑，还用黑笔把我画的眼睛给修改了。"

此时，我看向小悦，她又出现了之前常有的表情：噘着小嘴，眼睛向上斜着，一脸的满不在乎。

我先安慰那个孩子说："你先别哭，老师帮你想办法。"然后我拿起那幅画，仔细看了看，说："人物的眼睛真传神啊！"

小悦听完我的话，放下了刚才的戒备，立马来了精神，她还拿出她自己的画让我评论，我用赞赏的语气指出了她画中的亮点："这幅画的色彩搭配真是太美了，看来你用了很多心思呀！"她听完一脸的骄傲。

"绘画方面你确实很有天赋，能够一眼看出画作的不足。"我先肯定了她绘画方面的能力，然后停顿了一会儿。

"嗯，接下来该挨批了。"她好像知道我要说什么，很坦率地说。

"没错，你猜对啦！"我像朋友一样跟她说，"美术课上每个人都非常认真地画了自己的画，不管画得怎么样，都是自己创作的，都饱含了自己的心血，你却评价别人画得丑，人家会是什么感受？"

"不开心，难过。"她小声说。

"是啊，你还随意更改别人的作品，不管改得好坏，你都否认了别人的努力，破坏了别人的'宝贝'，对吗？"我耐心地说着自己的看法。

她听得很认真，最后低下头，小声地说了句："嗯，对，我马上去给晨晨道歉。"

这是小悦第一次放下面子，心平气和地承认错误。这一刻，我激动不已，我的坚持没有白费。

从那之后，小悦变化非常大，经常给我说学习上和家庭中的事情，我也继续保持着跟小悦爸爸妈妈的定期沟通，并及时给予他们专业的指导。

一年来，小悦不仅在课堂上越来越活跃，她还开始主动参与到学校的各项活动中，尤其是她在区艺术节绘画比赛中，凭借一幅充满创意和想象力的画作获得了一等奖。这次比赛的成功让小悦更加自信了，她也逐渐学会了如何与他人沟通和合作。我看到其实她是一个热爱生活、喜欢探索的女孩，而因为爱的失衡让她变成了一个叛逆女孩。而一旦给她细致的爱和表达空间，她就会立刻光彩四射。我相信，在未来的日子里，小悦会继续在"画"中探索世界，在"画"外书写精彩的人生。

师者如光，微以致远。我想正是真挚的爱、充分的理解和支持，才会让小悦从最初的倔强、难沟通变得逐步开朗、懂得倾听与合作。在以后的教育路上，我会继续做有温度的教育，让每个孩子都向光而行，让教育永远闪闪发光。

心育故事

"尖子生"的礼物

北京市第一七一中学附属青年湖小学　丁　晨

　　2023年教师节前夕，我意外地收到了一份精美绝伦的贺卡，上面署名的学生瞬间勾起了我对那段师生情谊的难忘回忆。他，曾是我在音乐课堂上指导过的一名聪颖却略显任性的男孩，我们的故事跨越了从一年级至三年级的时光，充满了爱与蜕变。

　　初入校园时，他仿佛一匹未被驯服的野马，自由不羁，淘气异常，甚至故意捣乱，难以安静地坐在座位上。他时常打扰其他同学，或是旁若无人地自言自语。每当我停下授课询问他原因时，他的回答总是出乎我的意料："我不喜欢音乐课，又不用参加考试""我不想学中文歌，只想学英文歌"。他的这些表现一度让我感到无奈与困惑。

　　为了更深入地了解他，我课后主动与他的班主任和其他科目的老师进行了交流。原来，他在其他课堂上的表现截然不同，不仅遵守纪律，还积极发言，数学、语文和英语成绩均名列前茅，赢得了老师们的一致好评。这种截然不同的课堂表现让我愈加好奇：为何他会如此抗拒音乐课？是否有什么特殊的原因呢？

　　面对这样的学生，我积极请教经验丰富的老师，并广泛阅读教育书籍以寻求答案。雷夫·艾斯奎斯的《第56号教室的奇迹》一书给予了我深刻的启示。雷夫老师用自己的亲身经历诠释了教育的真谛：爱心是创造奇迹的源泉。他是我心中的榜样，他公正而通情达理，尽自己最大的努力将恐惧从课堂中赶走，用微笑和耐心温暖着每一个学生的心灵，用爱心创造了教育的奇迹。

　　这让我意识到，作为教师，信任学生是建立良好师生关系的关键所在。人与人之间唯有彼此信任，方能相处融洽。于是，我开始主动与他交流，试图走进他的内心世界。起初，他对我充满戒备，甚至有些傲慢，不愿多言。我不断反思自己的教育方式，努力将爱心和耐心融入日常教学中。只要有机会，我就会与他聊天谈心，时刻关注他的表现和需求。随着时间的推移，我们交流的次数逐渐增多，他感受到了我的善意和关心，慢慢敞开了心扉。他告诉我，他之所以在音乐课上表现不佳，是因为他发现自己并不擅长这门课程。他对音乐的理解和表达不够准确，音准也不够稳定，还时常把握不好节奏。他觉得自己不再是音乐老师眼中的"尖子生"，因此感到失落，于是想通过捣乱来引起老师的注意。

了解了他的情况后，我恍然大悟。原来，他非常渴望得到老师的关注。低年级的孩子对外界非常敏感，被他人关注能给他们带来安全感，满足他们的表现欲望。当感受不到被关注时，他们可能会通过捣乱来引起他人的注意，以满足自己的心理需求。

针对他的情况，我多次主动与家长取得联系，询问孩子回家后是否与家长主动沟通音乐课的疑惑与问题。家长因我对孩子的关心表达了深深的感谢。他们感受到了我对孩子的关注以及想帮助孩子改变的决心，也感受到了我身为老师强烈的责任感，非常愿意配合我一起帮助孩子克服困难。我向家长提出了建议：多为孩子创造机会以提升他学习音乐的兴趣，例如多听一些他感兴趣的音乐会，尝试参加一些音乐实践活动，在生活中也多听音乐、多和家长一起唱歌、聊一些有关音乐的话题，甚至可以和家长一起制作一些简单的打击乐器进行音乐表演等。对于他的每一点小小改变，都要及时发现并给予鼓励。这不仅是从学生发展的角度考虑，更是充分体现了家校共育的重要性。

在接下来的音乐课上，我开始尝试鼓励他，多关注他的表现，挖掘他的亮点，并在全班学生面前表扬他："今天你的坐姿很好"，"这节课你唱歌的情绪非常饱满""这次你唱得非常动听""你的音准最近越来越稳定了""我觉得你这学期进步更大了"。渐渐地，他在音乐课上表现得越来越自信了。每次上课都愿意积极配合老师，主动和同学分组编创练习，情绪饱满地大声歌唱。他的笑容也渐渐多了起来，班里的同学都看到了他显著的进步，一个个都提出想和他比试一番，看谁唱得更优美、更动听。他的表现得到了大家的一致认可，就连家长也迫不及待地向我表达了感谢："丁老师，最近孩子回家后总是兴高采烈地和家人们分享学习的歌曲以及音乐相关的知识，他好像越来越喜欢上音乐课了！"

记得在三年级期末即将结束的时候，有一天他突然跑来找我，说："丁老师，这是我用彩陶做的首饰，我觉得很漂亮，想送给您，希望您能喜欢。"我很惊讶地问他："谢谢你，但是为什么要送老师这个呢？"他不假思索地说:"丁老师,因为您说过,我用心做出来的东西很漂亮,所以我就记住了。这个彩陶我做了很久,我真的太喜欢上您的音乐课了!"几句简单的话语却让我的内心充满了感动。没想到我曾经的鼓励给他留下了如此深刻的印象,并成了他不断前进的动力。似乎我们这么久以来的"博弈",不知不觉让我们俩都"成长"了许多。曾经那个小小的"淘气包"再次变成了老师眼中的"尖子生",他让我深切地感受到了爱的教育的神奇力量!

教育的责任感驱使着我去关爱每一个学生、深入了解每一个学生、真诚理解每一个学生。我要在他们的心中种下爱的种子,让他们学会爱、学会尊重、学会表达。这更加坚定了我的教育信念:多鼓励学生,让他们在自我超越的道路上勇往直前。即使在他们犯错误的时候,也要换一种方式来告诉他们,他们可以做得更好!我要用创新的教育方式把学生变成热爱学习的天使,用热情的教育态度把教室变成温暖的家园。

作为教师的我更要成为学生的知心朋友、成长伙伴,为他们提供坚定的支持和帮助,引领他们德智体美劳全面发展,为他们的成长之路保驾护航。在今后的工作中,我还需要不断地探索学习、不断地反思总结,进一步提升自己的师德修养和专业理论素养及教育教学水平,去创造更多属于自己的教育奇迹!

从"无所谓"到"有所为"
——小车的寻找自我之旅

北京市第一七一中学附属青年湖小学　张海东

三年前,我接了一个一年级的新班。

记得开学第一天,我便在这群活泼好动的新生中遇见了一个长相清秀的小男孩,他名叫小车。小车长长的睫毛下闪烁着一双水汪汪的大眼睛,看上去性格温和,一副乖巧的样子。通过一天的接触,我却发现他很难坚持坐在教室的座位上,坐着坐着不一会儿人就出溜到桌子下面自己玩起来了,老师需要不断地提醒他回到座位上坐好。和他说话时他的眼神一直处于游离状态,不断躲闪不愿意直视老师,似乎也完全听不见老师说话。"这个看似乖巧可爱的小男孩可能会是班里一个棘手的学生!"我心里暗暗琢磨着,"别急,再仔细观察几天看看。"

一周之后,频频有老师向我反映小车同学的问题:懒懒地趴在桌子上,经常看着窗外出神,不说话也不吵闹,甚至不看老师,更可怕的是课堂上会自己悄悄地爬到桌子下面玩起来,什么书包、餐包随便摊上一地,每日乱翻乱找东西,课间不和同学们一起玩,更不与同学交谈,实在无聊了,他便自己用彩笔在手上、桌子上来回地乱画。小车整个人活在自己的小小世界里,表现出一副不积极、不主动、不在乎的样子,和同龄孩子爱表现或内向胆怯等表现完全不同。

看着这些行为表现,我心里满是忧虑:小车不会就这样无所谓下去吧?他对一切都提不起兴趣吗?

及时沟通,达成共识

记得第二周的一天,放学时恰巧遇到小车父亲第一次来接孩子,小车父母主动留下来和我进行及时沟通,想了解孩子入学以来的情况。

小车妈妈说道:"张老师,咱班的孩子不像一年级学生,刚上学几天就路队整齐,怎么看起来像二年级的学生呀!这几天观察下来,我感觉我儿子和班里同学不一样。感觉他什么都不行!"从妈妈的话语中,我感受到她对小车的表现有了些许认识。我笑着说道:"小车妈妈,你已经察觉到孩子上学的表现不太对了呀!我也想找个时间和你们聊聊小车同学的情况。"接下来,我把近日来孩子在校的表现一五一十地说给了家长听。

交谈期间小车父亲和我提及孩子入学前的家庭情况:父亲是军人、母亲在外企工作,他们工作都很忙,孩子一直和姥姥姥爷生活在一起。老人对孩子太过溺爱,满足孩子的一切要求,目前在家还是老人追着喂饭,自己都不怎么会用勺子筷子吃饭。现在上学了父母才把他接回到自己家中抚养教育。孩子自由散漫,在家根本不听妈妈的话,母亲感到束手无策。爸爸还提及这个孩子从小就不争不抢,任何事情都不怎么积极主动,就是个"佛系"的孩子。

可见,孩子童年的家庭环境造成了他自由、放纵、天马行空的性格。另外,家长总是过多地介入孩子的生活,让孩子不知所措,甚至没有自我角色意识。这些"佛系"的行为,让孩子很难建立目标,也没有毅力,在学习和生活里,往往采取消极、盲目、被动和应付的方式。遇见一点苦难,他们就会放弃,时间久了,就会变得退缩和自卑。他的心理问题根源在于家庭对于小车的教育缺失。

通过及时深入的沟通,我和小车父母达成共识:要共同努力,改变孩子的状态,采取赏识鼓励的教育,让孩子以更快的速度转变目前的状态,帮助孩子找回自我。

关爱鼓励,从教开始

我开始像妈妈一样教他学会自理生活和主动学习。首先把他安排在离老师最近的位置,便于老师们在教学过程中不断提醒他坐好,尽量把简单的问题留给他来回答,开始站起来不吱声,我就请他旁边的学习小伙伴来做示范,然后让他学着别人重复说,结结巴巴说下来了就及时在班级里肯定与表扬他。慢慢地,他找到了自己的角色,在一年级的第一个学期里基本学会了使用勺子和独立吃饭,不再把饭粒和菜叶弄得满身满地都是,初步有了一点自我生活和学习的能力。特别是学会了按照学科整理袋分类整理学习用品,甚至回家把怎么按语、数、英分类整理书包说给妈妈听,小车也逐渐开始和妈妈交流他在学校的表现了。

其次，就是要解决他控制不住自己爬到桌子下面去的问题，每次被提醒从地上爬起来坐好，他可能真的没有意识到自己是个什么状态。怎么样让他看到自己爬到桌子下面的样子呢？一次老师进行录像课，课堂开始他还坐在位子上，可是后半节课人就完全消失不见了。机会来了，我把整节课回放给他看，我问："看这个坐姿端正的是谁？"他开心地回答："我。"老师为小车端正坐姿点赞！接着，快进到消失镜头，我追问小车："人呢，干吗去了？"小车不好意思低声说道："爬地上去了。"我微笑着说："今天我看到了你的自觉，要是能一直这样坐着就更棒了。课堂上老师不能一直提示你呀，你要尽量约束自己。"为了帮助他持续进步，后来我把班里能力超强的小任同学安排在他身后，采取拍一拍的方式来协助老师提醒，帮助小车同学保持坐在位子上。在老师和同伴的关爱鼓励下，小车有了翻天覆地的变化。特别是到了二年级下学期，孩子也开始关注自己与同伴的学习了，告别了自由散漫、没有规则的状态，开始有了自我意识。

淡化不足，放大优点

小车的进步成了老师、同伴和家长们经常谈论的话题。

小车有了自我意识与自我角色认知后，我便和家长商量用皮格马利翁效应给小车继续"加油"。皮格马利翁效应又称"罗森塔尔效应"，即积极的期望会促使人向好的方向发展。

我抓住他身上的闪光点在全班面前表扬小车，然后再针对他待改正的问题私下提出期望、表达信任，让他感受到我们的关爱和信任。在家里家长也采取同样的方式淡化他的不足，放大他的优点。

比如："听老师说，升旗仪式时你能坚持站得笔直，这不仅是尊重国旗、热爱国家，还说明你能做到站如松。站姿挺拔可比坐姿端正难多了，相信你也一定能做到坐姿端正！"80%的称赞加20%的期望，让小车将日常行为进步向学习方面迁移。

在一次次肯定与鼓励中，小车开始在乎老师、同伴和家长的评价。这份在乎化作小车努力养成良好生活学习习惯的动力，规则意识逐渐在他心中生根发芽。

慢慢地，小车也开始关注与同伴交流沟通，在进步中获得了他人的认同，找到了自我价值感，找回了一个孩子应有的自我，向着更好的自己不断努力前行。

看到小车的进步，家长动容地说："小车的成长得益于老师及时将他在学校的表现反馈给我们，并指导我们开展家庭教育。家校共育是孩子进步的一个重要因素。"无论是家庭教育还是学校教育，都要爱而有方、严而有度。没有方法的爱，会让孩子为所欲为，无视他人；没有分寸的严，或是隔靴搔痒，或是令人麻痹。而这份方法和分寸，需要我们在与孩子的相处中一起去探索和习得。

在漫长的教育过程中，我们要努力学会读懂孩子"无所谓"背后的有所期待，温柔而坚定地给予孩子爱与规矩，陪伴孩子在遇见更好的自己的旅途中逐渐"有所为"，最终帮助孩子找到自我。

从笑声到掌声：引导学生以积极行动赢得关注

北京市第一七一中学附属青年湖小学　付　雪

"七、八、九、十！耶！连续投中10个了！"课间篮球场上的欢呼声把我的目光吸引了过去，两个男孩正在庆祝着刚才的投篮成功，激动得在篮球场上边跑边叫。我看着他们高兴的样子，也不由得露出了笑容，一边望望他们，一边朝教室走去准备上课。

"铃——"上课铃响了，班里的同学迅速坐好，等待上课，而此时班级中还有两个座位依旧空着。正当我打算询问缺席同学的去向时，"报告！""报告！"两声此起彼伏的报告声打破了教室原本的平静，他俩就像商量好了一样，你一声我一声地喊报告，音调还忽高忽低，逗得全班同学哈哈大笑。我微微皱了一下眉，看向了班门口，两位同学站在那儿，脸上带着得意的笑容，仿佛在说："我们又成功地逗笑了大家，引来了大家的关注……"这两位就是刚才在篮球场上庆祝投篮成功、欢呼雀跃的小李和小张。

他们的行为，无疑是在寻求关注与认同。这种哗众取宠的方式，虽然暂时赢得了同学们的笑声与瞩目，但在我眼中，这背后隐藏着他们对被接纳、被肯定的深切渴望。我决定与他们进行一次深入的交谈。引导他们认识到，真正的认同和肯定，并非来自外界的喧嚣与热闹，而是源于内心的自信与价值感。告诉他们应该如何以更加积极、更有意义的方式去表达自己，去赢得他人的关注与认可。

那天上课前的大课间，我早早地来到了班级门口，看到他们两个又在一起玩儿，于是我走到他俩面前，夸赞中带着崇拜地说："上次你们连续投中了10个球，好厉害呀！"

"老师，您看到了？"俩人惊喜地问。

"你们的投篮那么精彩，我当然看到了！"我赞赏道。

由于我由衷地赞美，他们脸上露出了自豪的表情，也拉近了一些我和他们的距离。

"你们两个都是特别聪明的孩子,上课的时候思维特别活跃,对于老师提出的问题总有自己独到的见解,这点非常可贵!"我继续肯定他们。

"就是有些时候吧,你们的行为有点太'独特'了,就像上次你俩投篮回来,在班门口制造'此起彼伏''抑扬顿挫'的报告声,同学们都看着你们笑,本来40分钟的课堂,还得给你俩留两分钟。"我温和地说,既表达了对他们聪明才智的认可,同时也指出了他们的行为对课堂产生的影响。

他俩有些不好意思地笑了笑。

"老师觉得你俩不是故意违反课堂纪律的,你们就是想通过自己的方式引起同学的关注,其实得到关注和认可的方式有很多种,咱们这节课换一种方式试试看,怎么样?"我略带兴奋地说。

俩人面面相觑。

我接着说:"如果上课铃声一响,你们就快速坐好,看看同学们能不能关注到,好不好?"我给他们设定了明确的目标,也给他们一个展现自己积极行动的机会。

俩人若有所思地点点头。这时上课铃响了,同学们纷纷回到教室。他们俩动作出奇得快,迅速在座位上坐好,眼睛一直盯着我,仿佛在说:"我们已经坐好了,同学们看到了吗?"我看到他们的表现,心里也有了一些喜悦。

"表扬小李和小张两位同学,铃声一响,就端正坐好,等待老师上课,动作迅速,坐姿端正,特别提出表扬!"我大声地对全班同学说。我相信,我的表扬一定增强了他们的自信。

此时,班里的同学都开始纷纷转头看向他们,从同学们的眼神中我看出了他们的怀疑,他们仿佛在说:"他俩平时总是因为上课影响纪律被老师提醒,今天怎么能是动作最快的,怎么老师还表扬他们了,老师是不是说错了?"

我继续说:"同学们,咱们看看他们俩是不是坐得又快又好!咱们其他同学也得赶快跟上啊!"

小李和小张听到这话,坐得更直了。其他同学看到他们俩确实坐得非常端正,也赶紧调整好坐姿,准备上课。

这节课就从表扬这两位"活跃"同学开始了,在上课的过程中,我也一直在关注着他们,他俩一直都保持着端正的坐姿,面部神情从以往的嬉笑变得严肃认真,显然是在全神贯注地听每一个知识点。当我提问的时候,我特意让他们俩来回答问题,他们认真听课之后,对老师的提问自然是对答如流。

这节课中我有意地表扬他俩三四次,每一次表扬,我都看到他俩的腰板挺得更直了,仿佛在向全班同学宣告:"看,老师又表扬我了吧,看我表现得多好!"

为了进一步激励他们,在下课前,我再次强调了他们的优异表现:"今天,小李和小张两位同学,你们真的长大了,真是令人刮目相看。老师为你们的变化感到高兴,全班同学都见证了你们的出色表现!"此时,班中的同学们不约而同地为他们鼓起了掌。

他俩的脸上又露出了自豪的表情。

下课后,我又找到了他们俩,赞扬地对他们说:"你们俩今天在课堂上听课的状态特别专注,你们今天在课上有什么收获呀?"

"今天,我在课上学到了……"小张自信地说了起来。

"还有,还有……"小李不甘示弱地补充道。

"今天课堂上,同学们给我们鼓掌了,相比之前的笑声,我更愿意听到同学们的掌声!"小李坚定地说。

我为他们竖起了大拇指,说:"老师希望你们下节课继续保持,争做咱们班这门课的小榜样!"我继续鼓励他们。

两个人重重地点点头,眼中闪烁着坚定的光芒。

之后的每节课他们的表现仿佛和原来换了一个人似的,我当然也毫不吝啬地继续对他们给予赞扬,鼓励他们继续保持这种良好的状态。渐渐地,他们不再是违反课堂纪律的"活跃"同学,而是班级中的小模范,同学们学习的榜样。

持续强化的正面反馈,不仅改变了学生的行为,还促进了他们内在品质的养成,逐步构建了他们内在的自信和价值感,让他们认识到应该运用积极的行动去赢得他人的认可和关注。每当给予学生正面的反馈,看到他们脸上洋溢的自豪与满足,我的心中也充满了成就感,仿佛亲眼见证了一株含苞待放的花朵在春风的吹拂下缓缓绽放。

从"猴王"到"悟空"
——为小A戴上"文化"的紧箍咒

北京市第一七一中学附属青年湖小学　岳泽光

新学期伊始我接手了一个新班级,彼此都是新面孔,我们就互相做了介绍。很快我发现,班里一个男孩的行为和其他学生有点不同,我们就叫他小A吧。

小A身材精瘦,皮肤黝黑,头发根根竖起,四肢修长灵活,两只眼睛时而闪出些许金光。他很爱在课上表演"口技",并常以手势配合。他的嘴里总会模拟出枪声、炮声以及各种声音……仿佛一个"军乐团"藏在口中。这常常引得他的三五好友捧腹大笑,遥相呼应。下课后更是以他为中心,呼朋引伴,摇旗呐喊,朝游楼道内外,夜宿伙伴家中,俨然一只不拘束缚的"猴王"。

第一次单元练习后,他的语文学习情况不太理想。于是,我主动与小A妈妈沟通,把孩子目前所有的表现都谈了一下。这时,他妈妈沉默起来,过了好一会儿才说,孩子现在的状况她负有很大责任,悔不当初……

原来小A的父母都是军官,与孩子聚少离多,他从小便由奶奶带大。最初只是觉得孩子淘气,可当武力惩罚后也不见孩子状况有所好转时,妈妈便听从建议去医院检查,竟被确诊为"多动症"。于是,她觉得自己对孩子有愧,便转而放宽要求,因此小A也常常惹出不少事端。

"您要是早些和我们沟通就好了,这样咱们才好一起帮助孩子啊!"我说道。

"我是担心你们会对他产生偏见。现在我实在没有别的办法了。早就听说咱们学校的老师们都很负责,所以放心把他送到这里。老师,您就帮帮我们吧!"

与小A妈妈相谈良久,我忍不住想,如果孩子一辈子都背负着这种心理问题,今后又该如何生活?我必须想办法帮助小A,争取做到不用药也能帮助他稳定情绪。

我静下心来思考,这孩子心理问题的根源是童年起便少有父母的关注与陪伴,更缺乏平等的交流与沟通。所以他才会利用各种博人眼球的方式获得他人的关注,享受他人支持呼应的感觉。将心比心,每个人都渴望获得他人与世界的关注,这本无可厚非,但如果方向错了,只会南辕北辙。于是,我打算以平等交流为基础,用阅读治愈小A的心灵,给小A创造正向展示自我的机会。

在一次语文课上,讲到《己亥杂诗》"我劝天公重抖擞,不拘一格降人材"一句时,我说道:"咱们班也有一个'人材',胆大无畏,敢与老师抗争。粉丝众多,可与明星相比。善于口技,可敌交响乐团。"当同学们把目光都聚焦在小A身上时,我微笑说道:"不如从今天起,你就叫'材哥'吧!来,材哥,给大家说说这句诗的意思。"看到小A面露自豪之色,转而认真思考作答的神情,我便知道,他的半只脚已经迈出了他的"花果山",进入了我的"五指山"。

不久后,我在班级内开展阅读比赛活动。规则是:"我和全班同学比赛,为期两周。每个课间都进行师生共读,只要我有一个课间缺勤,就算我输。每个课间只要有一个学生在看书,坚持满两周,就算同学们赢。"当宣布完这项规则后,小A带头喊道:"如果您输了有什么惩罚吗?"我笑着说道:"如果我输了,就抄课文!"正当全班同学难以置信时,小A露出两排大白牙,笑着说道:"那您抄《景阳冈》吧!"我心想:"就等着你提这种难以做到的要求呢。"于是当即答应:"如果我输了,不仅要抄全书最长的《景阳冈》,还要贴在板报上示众三天。"全班顿时掌声如雷。课后,我将小A叫到办公室,对他说道:"鉴于你的绝佳提议,我送你个奖励。"说罢,便图穷匕首见,拿出了"紧箍咒"——余秋雨先生的最新著作《中国文化课》,交到他手里。他开心地抚摸着精致的书皮,说道:"老师,我头一次见这么厚的书,600多页,多少钱啊?"我笑着伸出了五指说道:"50多元吧!"他的嘴巴则立刻张成了个鸡蛋说道:"这么贵!"我摸了摸他的头,语重心长地说道:"知识无价,好好看吧!"接着他便将书捧在手里,神情严肃地走出了门。之后的课间里,他静坐苦读的时间日渐增多,那是我第一次见他如此认真,于是便花费两个半小时,提前抄好了《景阳冈》。

当我如期输掉比赛后,将抄写的课文交给小A,让他在全班同学的注视下承担校对和张贴的任务。他检查后情不自禁地赞叹道:"老师真厉害,一个错字都没有!"我笑道:"君子一言,驷马难追!你我都是君子!"他眼珠一转道:"老师,那我不贴在板报上了,君子察人之过,不扬于众!"我暗暗一惊,问道:"那你想如何?"他掏出剪刀,笑道:"我把您抄的五张纸裁剪一下分给同学,孟子曰:'独乐乐不如众乐乐!'"全班瞬间掌声雷动,我的心里则满是感动。

慢慢地，他在课堂上哗众取宠的发言少了，别出心裁的见解多了。在课堂下的惹是生非少了，深思沉读多了。直到学期末，我看到小A在读梁实秋的《雅舍随笔》，便把他叫到办公室，疑惑地问："怎么不读《中国文化课》了？"他淡定地说道："读完了。"我半信半疑道："那你最喜欢哪个章节？"他不假思索道："道与禅。"我一下笑出了声，心想道："一个11岁的娃娃哪懂什么道与禅。"便接着打趣道："道与禅的核心是什么？"小A略作沉思答道："随心所欲！"我心头一震，忽地想起了一句高僧的禅诗："饥来即吃饭，困来即卧眠。"这简直与小A的概括相差无几。接着问道："历史上又有谁能做到真正的随心所欲呢？"小A如数家珍地说道："庄子、竹林七贤，还有王徽之，有一天他觉得风景很美想与友人分享便乘兴而来，到友人家门口忽然兴致全无，又兴尽而归……"我又说道："竹林七贤的结果大多都不怎么好啊，有的甚至年纪轻轻便夭折了。"他应声答道："可是他们活着的时候十分快乐啊！这是有意义的！"那一刻，我望着小A坚定的眼神，无言以对，心绪万千。他已不再是那个花果山上自立为王的"猴王"，也不再是那个被我压在五指山下的"猴王"，他已是走出五指山，戴上紧箍咒的"悟空"了。

后来，他被评为了"三好学生"和"劳动小标兵"，语文学科的成绩等级也达到了优秀。逐渐地，他的"多动症"也得到了有效的控制。当他妈妈赶来找我的时候激动极了，流着眼泪，不停地说着感谢的话，让我也不禁两眼发酸……

身为教师，传授知识固然重要，但是呵护每一个学生的心灵、引导他们走上正确的道路更为重要。从成长型思维角度看，教师和学生都是需要成长的，遇到小A也是一个师生共同成长的机会。从这个意义上讲，我应该对这个男孩道一声谢谢，他获得了成长，从"猴王"成长为"悟空"，我又何尝不是呢？

遇见更好的自己
—— 一名数学老师的心理成长与心育实践

北京市第一七一中学附属青年湖小学　刘　洁

作为一名小学数学老师，我的成长之旅，不仅是教学技能的提升，更是心理层面的不断成熟，每个阶段的成长都是一场遇见更好的自己的旅程。如果人的一生是兜兜转转、百转千回，那当我们停下来回头的时候，我们依然不忘初心，大步地昂首向前。

初入小学数学课堂——心理适应与自我重建

2017年，我踏入了小学的教室，从职业学校教师转变为小学教师。面对一群十来岁的孩子，我感到迷茫和压力。班里学生的期中检测成绩很不理想，看着记分册上的数字，我一人在办公室里无声地哭了起来……我是哪里出了问题？我感到身心俱疲。庆幸的是，学校给我安排了一位师傅以及数学组里经验丰富的老师们，在我遭受挫折时给我温暖、帮我领航。"你的语言要精练……""板书怎么写一定要好好设计……""过渡语要写下来""上课前自己多试讲几次……"每一句中肯的建议都铭刻在我心里。从那时开始，我明白作为一名小学老师，虽然教授的知识不难，但是课堂的每个环节、每个问题都是需要反复、仔细琢磨推敲的。于是，我尝试调整自己的心理状态，先从管理好情绪开始。每节课的备课我都精雕细琢、反复练习，力求做到自己能力范围内的最好，课后及时反思，不断改进，精益求精。在这个过程中，我意识到教师的心理素质对学生的影响至关重要，正如亚里士多德所说："教育的根是苦的，但其果实是甜的。"在师傅和数学组里经验丰富的老师们的帮助下，学期结束时，班级成绩得到了大幅提升，学生们也和我建立了非常融洽的关系，我总算慢慢站稳了讲台。

一年的快速成长——心理韧性与教学创新

经过一年的守望和付出，我在且思且行中快速成长。时钟拨回到2018年，我得到了一次锻炼的机会——上一节区课。当时的我，担任六年级一个班的班主任工作，以及两个班的数学教学。虽然我知道，区课是提升教学能力的最佳机会，但是内心还是忐忑不安。准备过程中的痛苦和挣扎，让我深刻体会到了心理韧性的重要性。我经常调整教案到凌晨，数学主任下班后陪着我一句、一句地调整教案，陪着我一节一节地磨课，课下再点评反思，整个过程，让我觉得不是一个人在战斗。40分钟的一节课，一次一次地试讲，一次一次地修改教案，让我加深了对教材内容的理解与把握，提升了课堂环节设计的能力，同时精练了课堂语言，也增加了对学生课堂生成的处理经验。而那一年的"四站式"，对曾经一路迷茫的我来说，是挑战，更是肯定。区课在我的内心种下了对自己肯定的种子。信心有时候比实力更重要，那次区课之后，我似乎打通了小学数学教学的"任督二脉"，我渐渐觉得自己也可以成为一名优秀的老师。这次经历让我认识到，教师的心理韧性能够激发学生的潜能，我开始尝试将心理培育的理念融入数学教学中，通过创设有趣的教学情境，激发学生的学习兴趣；通过积极的课堂氛围，引导他们自主探索和解决问题，学生的数学学习状态逐步进入快乐模式。

再遇瓶颈——心理觉醒与自我反思

随着时间的推移，我发现自己在教学上似乎进入了瓶颈期。班级管理的琐事、家长的不理解以及个人家庭的压力，像一块块沉重的石头压在我的胸口，让我感到身心俱疲。网络学习期间，恰好给了我一个喘息和反思的机会。苏格拉底说过："未经审视的人生不值得过。"在那些安静的独处时刻，我剥开日常的忙碌，触及内心深处的自我。每一次深夜里的自我对话，都是一次心灵的探险。我问自己："我的教学是否真正触及了学生的心灵？我是否给予了他们足够的理解和引导？我是否在忙碌中迷失了教育的初心？"这些问题像一面面镜子，映照出我作为教师的不足与偏差。我感到了一种前所未有的迫切感，需要在心理层面上进行更深层次的觉醒和反思。我开始记录自己的感受和想法，尝试从不同角度理解学生的需求，重新审视自己的教学方法和态度。我学会了倾听，不仅是学生口中的话语，更是他们未曾说出的心声。我学会了引导，设身处地地体会学生在成长过程中可能遇到的困惑和挑战。我也学会了放手，让学生在安全的环境中自主探索，而不是一味地灌输知识。这个自我反思的过程并不容易，它伴随着痛苦和挣扎，但也是成长的必经之路。我开始更加关注学生的心理需求，尝试理解他们的情感，帮助他们建立自信和解决问题的能力。

重新出发——心理调适与教学实践

决心重新出发并不容易，但我深知，只有不断调适自己的心态，才能真正实现教育教学上的突破。我开始更加注重自我心理调适，同时利用碎片时间进行教学研究，学习网上的优秀教学视频，尝试将更多的心理理念融入教育教学中。"教育不是注满一桶水，而是点燃一把火。"我学会了用鼓励和积极反馈替代批评和指责，帮助学生建立起自信心。面对学习上的困难，我引导学生正视问题，而不是逃避。我教会他们分解问题，一步步解决问题的方法。例如，当学生遇到难以理解的数学概念时，我会耐心地从不同角度剖析，直到他们能够理解。我和学生分享自己的成长经历，让他们看到，即使是老师，也会面临挑战和困难，关键在于如何积极应对和不断学习。此外，我还注重培养学生的自我调节能力，教会他们如何在压力下保持冷静，如何在失败中寻找成长的机会。我通过角色扮演、情景模拟等互动教学方法，让学生在实践中学会自我调节和情绪管理。我班的孩子们与我一起成长，数学成绩一路高歌，最后以完美的答卷完成了小学阶段的学习。

结　语

教师的职业生涯是一场永无止境的心灵之旅。只有我自己不断学习和成长，才能真正成为学生成长道路上的引路人。让我们在这条道路上不断探索、不断前行，共同遇见更好的自己。

心育故事

发怒的班长

北京市第一七一中学　陈　述

他是班长,是我精选出来的班长。何谓精选,七年级入学后,我一直希望能在班里发现并任用一位正直、有能力、有担当的班长,苦寻良久却没有找到。现任班长虽尽心,但在遇到突发事件时,勇气略显不足,不敢站出来正向引导、恢复秩序,由此,我始终心存遗憾。经过我长时间的观察,他的沉稳、担当、共情力都引起了我的注意。终于八年级时,在一次班级突发事件中,他的担当、果敢、正直让我如获至宝,当即任命他为班级常务班长。

自从小A同学任职常务班长后,我顿觉班级管理更加得心应手。小A同学作为同学们的同龄人,能够准确洞悉同学们的内心需求,可贵的是,他小小年纪,竟也能理解我这个年龄班主任的许多良苦用心。很多事情,无须我多语,他便能明白我的教育意图,理解我的教育举措,且主动帮助解决班级同学之间的小矛盾,每次解决效果甚佳。如此,我似乎忘记了他只是一个13岁的懂事早的孩子,而不知不觉把他当作了我的一个特殊同事,直至有一天……

我清晰记着,那是九年级一个一如既往繁忙的早晨,小A同学正在收集疫苗接种回执单,我催促小A:"快点收齐,赶紧送到医务室。"接连催促了几遍后,小A突然暴怒,双目圆睁,怒视着我,连声吼道:"不要催我!不要催我!不要催我!"霎时,全班噤声,班级一片沉寂。同学们都静静地等待着我的反应。在同学心中,我应该一直都是一位有些严厉的班主任吧。说实话,当时的我确实非常震惊,一向彬彬有礼的班长突然如此表现,我不明所以,不知所措。但下意识,我告诉自己,这一定是有原因的。因此,我表情平静,不再催他,按照惯例做手头的工作。班级学生见此,也松弛下来,一如既往做自己的事。

我下课后回到班级,刚坐下,发火的班长随即赶到,见到我,瞬间泪流满面,哽咽不止,克制的哭声更让我心疼不已。他嘴里一面和我道歉一面诉说自己的压力。"我很努力，我一直很努力，可是我为什么成绩上不去。""我知道我不聪明的，我一遍一遍地看，我一遍一遍地记，为什么还会忘？！""我一直希望能考上本校高中，可我的成绩飘忽不定，我感觉自己越来越没有希望了！""我不行，我不行，我什么都做不好，我不配当班长。"通过他断断续续的叙述，我理解了他的情绪源头，并深深感到自责。我从未想过，这个看着沉稳、周到、勤奋、积极的班长竟然一直背负着如此大的压力。回想起他出任常务班长以来，我一直沉浸于识得千里马的喜悦，认定他是不需要操心的、极度自律的、积极乐观的优秀少年，却未曾想过，他也只是一个十几岁、有烦恼、有忧愁、需要关心、需要倾诉、需要支持的少年！我真的很自责！

我满含心疼和自责，诚恳地向他道歉，他愣住了，转而大哭……

作为一名班主任，那一刻，我明白了，教育的公平应该包括平等关爱班级的优秀生，即通常被我们认为的班级榜样。在我们眼里，榜样学生太优秀了，他们有个人规划，他们高度自律，他们奋发向上，往往忽略了他们坚强的表面和强撑的自尊掩盖下的脆弱和自卑……

自此，我的教育生涯真正开始开展优秀生心理辅导……我平等关注班级优秀生群体，为他们配备学科导师，关注学习、关注情绪、关注变化，导师们定期和他们谈话、记录、疏导、反馈。

值得我欣慰的是，这位班长最终战胜自己内心的焦虑、紧张，以优异的成绩考取了本校高中，开启了他另一段向上、向好的人生。

如今，他已经步入更高的学段学习，我们也一直保持联系，我会一直记住他，记住他让我感悟到什么才是公平的教育！

携手破霾，心向暖阳
——借助团队的力量干预心理危机个案

北京市第一七一中学　孙冬君

经常有老师向我询问，现在的学生会不会主动找心理老师寻求帮助？我的答案是肯定的。学生课余时间会主动找心理老师，向心理老师寻求帮助。有的学生会主动向班主任诉说自己的心理问题，班主任希望心理老师给学生专业的支持和帮助。家长也会通过班主任求助于心理老师介入孩子的心理问题。除了学生本人、班主任和家长寻求心理帮助之外，心理老师也会根据学生的心理测评结果约谈学生，了解学生整体状况，进一步评估学生的心理问题。

新时期新变化，学校加强了学生心理危机干预的培训，与学生朝夕相处的班主任心理危机识别意识增强，发现学生异常情况，第一时间上报年级和学校。班主任、心理老师、家长都是学生问题的见证者和干预者，把多方面的力量整合起来，对于学生心理问题解决是非常重要的坚实基础。

开学后，学生心理问题陡增、问题明显，我每天焦头烂额、接二连三地处理突发心理问题，穿插着检索心理测评名单，约学生做访谈。每次处理突发问题时，我都会想这个个案过去就会好一些，能休息一下。有一天，我正在忙着整理学生咨询记录，初一班主任王老师焦急地来找我，她向我述说开学以后小圆同学有划伤手臂的行为，家长说假期带小圆去医院就诊，诊断有中重度抑郁，正在服药，并且拜托老师关注小圆在学校的表现。班主任和任课老师打招呼，不要求小圆平时作业必须交齐，允许她上课犯困时趴在课桌上。她很愿意帮助同学，乐于承担班里画板报工作，班主任平时对她非常关注，每天都要"温柔"地检查她的胳膊是否又有新的划痕。我们商量一致持续关注小圆，尽量减轻她的压力。

有一天上心理课时，我"有意"走到小圆同学身边看她写的课案，课案上用鲜血画了两条道子，把我吓了一跳，我轻声问她："你出血了？"她小声嘟囔说："我死了会怎样。"说着掀开衣袖给我看看她的胳膊，胳膊上满是暗红色、鲜红色的划痕。看得出她已经划伤自己很多次了。我轻轻拍拍她的肩膀安抚她说："中午你愿意和老师聊聊吗？"她默默地说："我不想聊。"我稍稍平静一下情绪，当作没有发生什么，继续上课。

课后，我和备课组老师描述了今天上课的一幕，我的心更加紧缩起来，小圆自残的行为，家长和学校不能就这样"围观"下去，小圆的心理危机如何干预？我的邀约被小圆拒绝了，接下来我该怎么办？镇定之后，我们立刻想到区心理教研员朱老师。无论何时只要我一个电话，她都能给我耐心地解答工作中的疑惑，每次我的咨询和求助，她不仅给我支招，还会疏导我的心理压力，想到这儿我的心踏实了许多。朱老师耐心听我讲完事情经过，帮我认真梳理分析，从学校的危机应急机制到对小圆的危机评估、家长的配合，听完之后我的心里有些眉目。我和年级组、班主任商定干预方案，约家长来到学校，了解小圆就诊情况、全面评估小圆现状，提供学校能给予的帮助，指导家庭教育的方法，合力维护小圆的身心健康。

小圆父母都是知识分子，父亲工作很忙，母亲既要照顾年幼的弟弟，又要管小圆的学习，有点力不从心。父母都很重视孩子的心理健康和学业发展，从前的教育方法过于严厉，忽视小圆的感受，导致孩子出现了心理问题。母亲反映：现在小圆定期接受精神专科医院药物治疗，班主任非常关心和爱护小圆，孩子很喜欢这个班级，想继续跟着这个班，现在尽量跟着上学，课堂老师最好别提问孩子，请求老师监护小圆中午在学校按时服药。同时，我建议母亲把精力多放在陪伴小圆上，父亲多承担家务，在家里给小圆一些放松的空间，听她倾诉心情，下午课程结束后家长早点接孩子回家休息。家长同意小圆只要来上学，每周与心理老师进行一次心理辅导。

第二天中午，小圆迟疑地站在心理咨询室门口，能看出她鼓起很大的勇气。我热情地迎接她，共情她低落的情绪后，我陪她做了一个沙盘。小圆在沙盘的右下角摆放一张床，床上躺着一个黑衣人，她说这个人就是她自己。看着她的沙盘作品，我的心很痛，孩子能在这样的心境下，每天坚持上学，默默承受痛苦，我真心感觉太不容易。两节课的陪伴，小圆和我敞开了心扉，相约如果上学一周来一次心理辅导室。

小圆有时无法到校，我把她在心理课的课案拍照发给她，鼓励她尝试其他方法，缓解情绪崩溃的问题，如写日记、画画等方法，还让她在家里做一些心理放松的小练习。家长经常向我沟通小圆在家的表现，有时对于家长在家庭中对孩子操之过急、急于求成的做法，我会向家长推荐抑郁症心理教育的相关访谈、中央电视台纪录片《我们如何对抗抑郁》，让家长更加了解抑郁症，不要用自己的想法看待孩子的症状。家长积极在家里调整和改变，给予小圆更多的关爱和支持，当小圆来学校上学时，都主动找我做沙盘或者倾诉心事。

  班主任、家长、心理老师，在面对心理危机时，必须首先调整好自己的情绪，只有心里有源源不断的爱和力量，才能给予学生更多的关爱和支持。我和教研组老师一起分析个案，调整干预方案，有时我会"冒昧"地向市区教研员请教，教研员向我提出中肯的建议，同时我和年级组长、备课组老师、班主任老师形成团队，一起应对学生成长中的心理危机问题。现在的工作虽然辛苦，但是让我痛并快乐着，因为团队让我感到有希望，需要学习的东西还有很多。"偶尔去治愈，常常去帮助，总是去安慰。"做心理辅导就是给他人接纳、共情和理解，看到家长和学生都在积极改变、一天天变好，成就感和幸福感充满内心。

"小霸王"变形记

北京市通州区北苑小学　王明玉

君君是个三年级的小男生,曾经的他活泼爱笑,非常懂事听话,会将学校午餐时发的小蛋糕偷偷带回家给妈妈吃,会帮助同学一起打扫卫生,同学们都叫他"小太阳"。可是新学期里,君君发生了不小的变化,成了同学们口中的"小霸王",到底发生了什么呢?

"小太阳"怎么变成了"小霸王"?

"老师,君君刚刚骂我。"
"老师,君君在楼道里推我。"
"老师,君君上课故意发怪声。"

开学后这一个月来,每天都会有学生来告君君的状:上课捣乱,下课欺负同学,甚至听到同学的嬉笑声也会认为是在嘲笑自己而追着要打人家。这样的君君俨然是一个让人避之不及的"小霸王"。

到底发生了什么让这个"小太阳"变成了"小霸王"?当务之急是找到他行为背后的真相。

我首先想到的就是进行家访,了解君君的家庭情况。经过与君君妈妈的频繁沟通,我了解到原来暑假里,君君的弟弟出生了,君君从家里的独生子变成了哥哥,一切都随着弟弟的出生而悄然变化。随着一家人的重心转移到二宝身上,君君的情绪也越来越不对。妈妈发现了君君开始变得爱哭,经常无理取闹。而当时她并没有及时安抚君君的情绪,反而认为是哥哥不懂事。后来的情况越来越坏,君君经常在学校里惹是生非,屡屡有同学家长找上门,有老师打来电话反映情况,她才意识到自己教育上的问题,开始进行反思。

作为班主任，我能做些什么帮助君君呢？

一对一"话疗"时间，从负面情绪中抽离

作为一个已经被贴上"小霸王"标签的孩子来说，君君平日里最常听到的就是家长、老师的批评和同学们的告状，很少得到老师和同学的夸赞。随着批评声越来越多，君君也就变得越来越麻木，甚至故意朝着坏的方向发展。其实，像君君这样的孩子是更渴望得到老师的认同的，老师的一个微笑、一个鼓励的眼神、一句关心的话语，都能让他感受到被关心、被重视。

于是，我从每天的午休时间里抽出十分钟，定为我和君君的一对一"话疗"时间——有时候跟君君聊聊天，听他倾诉烦恼；有时候陪他一起看情绪绘本，从绘本中学习正确处理负面情绪的方法；有时候和他一起含着泪水听曹文轩的《青铜葵花》，感受青铜葵花两个孩子之间的亲情与关爱；有时候聊聊他喜欢的乒乓球赛事，分享那些振奋人心的体育瞬间。"话疗"时间让君君感受到被关心、被重视、被爱，帮助君君从他沉溺的情绪中抽离出来。而君君自此以后也接受了我，对我"言听计从"。

从"吐槽大会"到"我爱我家"，把问题转化为乐趣

我们每周在班级举办一次"吐槽大会"——说出我的烦心事，找到快乐与自信。通过这个交流活动我能及时了解到孩子们的小烦恼，而君君也发现有弟弟妹妹的可不止他一个人，原来很多同学都有与他相似的烦恼，自己并不特殊和孤独。这之后班里又开展了"我是哥哥（姐姐），我骄傲"经验分享活动，分享家有二宝的趣事和糗事。我们又安排了"我爱我家"系列情景剧，同学们根据自己在家中遇到的烦恼事自己写剧本排练情景剧，通过角色扮演的小游戏学习处理自己与父母或二宝之间矛盾的方法。君君和其他的"大宝儿"们渐渐把焦虑变成了勇气，把问题转化为乐趣。

同伴力量，助力君君多做好事

因为之前君君总和同学闹矛盾，所以同学们对他的印象都不太好，甚至有的同学躲着他。为了交到朋友，君君就会用搞怪、恶作剧等方式吸引同学的注意力，结果却更加适得其反。为了帮助君君改善与同学们的人际关系，我发现君君身上有爱劳动的闪光点，于是我利用班级"好事本"，鼓励同学们多多发现君君的闪光点，记录君君做的好事。每天，"好事本"上记录君君的好事还真不少，比如帮助同学做值日，黑板擦得总是又黑又亮，会把操场的垃圾主动丢进垃圾桶，帮助受伤的同学打饭，等等。我们每天都会在放学前对做好事的同学进行表彰，每次听到有同学夸奖自己，君君的小脸就会变得红扑扑的，同学们的欣赏让君君感受到快乐，他不好意思再处处与同学为敌了，而是越发喜欢助人为乐。孩子们都是单纯善良的，同学们逐渐改观了对君君的看法，在学校的月度行为习惯评比中，君君被同学们一致推举为"劳动之星"。

家校沟通，提醒家长重视君君

自从上次家访后，我又频繁通过电话、微信、面谈等方式与君君妈妈商讨孩子的教育问题，达成共同意见：一是要关注君君的心理变化和情绪变化，让君君参与弟弟的照顾中，在弟弟事宜中询问君君意见，让君君有参与感，而不是有被忽视的感觉；二是给予君君单独的亲子时光，爸爸妈妈务必每周抽出一些时间陪伴君君，让他感受到自己是被爸爸妈妈关爱和重视的，帮他逐渐适应家里多了一个孩子；三是可以效仿我午休时的做法，每天抽出几分钟和君君谈谈心，了解孩子内心想法，及时进行疏解开导。

"小霸王"变回"小太阳"啦

经过一段时间的努力，我们都看到了君君的变化。在和君君谈心时，他和我分享了爸爸带他去游乐场游玩的喜悦，妈妈和他在夜晚谈心的温馨，获得"劳动之星"时的激动……

看着君君的成长变化，我由衷地为他感到高兴，同时我也知道，当"二宝"出生后，"大宝儿"就感到自己的重要性被取代，从而产生委屈、不安、焦虑的情绪。再加之妈妈的漠视，让他长期处在压抑中。而这种压抑随着时间的推移，慢慢堆积成一座活火山，瞬间就会爆发。对孩子的教育引导是需要家校合力、长期的持之以恒的行动，源源不断地为孩子注入爱，当孩子感受到足够的爱时，才有足够的力量，能够学会去爱去分享。

我的"小跟班儿"

北京市通州区北苑小学　杨立文

陶行知先生曾说过：谁不爱学生，谁就不能教育好学生。只有对学生发自内心真挚的爱，才能给他们以鼓舞，才能使他们感到无比的温暖，才能点燃学生追求上进、成为优秀生的希望之火。教育实践告诉我们，爱是一种最有效的教育手段，教师的情感可以温暖一颗冰冷的心。当学生感受到老师对自己的一片爱心和殷切期望时，他们就会变得"亲其师而信其道"。给学困生多一些爱，让爱的阳光温暖他们，让爱的雨露滋润他们，实现学困生的转化。通过不断的实践、反思和总结，"全情接纳，智慧引领，温暖陪伴"成为我带班的信念与方略。

在我班上有这样一位男孩，课堂上，时常发出吵闹的声音，拍桌子，大声哼唱出怪声，说一些奇怪的话来打断老师；课间，形单影只，眼神呆滞，时而独处，时而把同学打得直哭，做着很多与学习无关的事情。经与家长沟通，我得知孩子出生时大脑前庭发育不全，且错过了最佳治疗时机，各方面机能都不能达到正常孩子的水平。妈妈坦言，不要求孩子在学业上有突破，只希望孩子能融入正常孩童之间，让他的语言功能受其他孩子的感染而变得更加成熟。妈妈泪流满面的叙述让我的鼻子也一阵阵酸楚，也让我更加对他牵肠挂肚，我不断思考着我该怎么帮助他呢？

从那以后的每一个课间，不管我走到哪里，我的身后总会多一个小跟班儿，我会喊他和我一起去打水，帮我抱作业本到办公室；有时候也会坐在他身旁，静静地看着他画画；活动课上，我会和他一起蹦蹦跳跳……不记得过了多久，终于在一次课上，我看到他的小手颤颤巍巍地举了起来，我带着笑，压抑住激动的心情喊出他的名字："奇奇，请你来回答。"全班同学期待的目光也都聚向他。尽管他的回答含糊不清，声音比蚊子哼哼还小，但我还是假装听见了，频频向他点头，同学们也不约而同地给了他善意的掌声。孩子坐下后，一直高兴地抿着嘴，笑了好久……

就是在这种靠近他、温暖他的相处模式中，他慢慢接纳了我。他虽然言语不多，但我能从他单纯的双眼里看到他对我的信任和喜爱。也是在这种潜移默化的影响下，班级孩子们也越来越爱和奇奇一起游戏玩耍。课间，只要有奇奇的地方就充满了欢声笑语。懂事的孩子们还在班级默默成立了帮助奇奇成长的小分队，下课的时候就会有小朋友过来主动喊奇奇一起去厕所、去实验室、去打水打饭、收拾餐盘……这是他们最简单也是最珍贵的爱，温暖着奇奇的童年，温暖着每个人的心灵。

转眼间，奇奇已经是二年级的小学生了。前两天带着孩子们学习《梅花》这首古诗，在背诵诗环节，我惊喜地听到奇奇洪亮而有底气的声音，我兴奋地把他叫起来展示自己的背诵。背完之后收到了全班同学热烈的掌声，我也激动地给了他一个大大的拥抱！

放学后，我在教室窗前看见前来接他的妈妈，激动地立刻打开窗户，朝着奇奇妈妈兴奋地大喊道："奇奇妈妈！今天奇奇表现特别棒！在全班同学面前单独背古诗啦！"奇奇妈妈也激动地大声回复道："真的呀！太棒了！"并向我伸出一大拇指，点了一个大大的赞！

晚上，奇奇的妈妈在朋友圈写道："接娃放学，猛地听到小杨老师在楼上窗前激动地大声喊：'奇奇妈妈！今天奇奇表现特别棒！在全班同学面前单独背古诗啦！'刹那间感觉整个世界都变得明亮起来，刚上学时比哪吒还闹腾的娃在老师们的关怀和鼓励下，一点点在进步。感谢每一位爱他的人！感恩生命中所有的缘分！"

我想，每个孩子都有自己独一无二的精彩，即使再平凡，他们也是限量版！作为教育工作者，始终牢记"假如我是孩子，假如是我的孩子"这句话，特别是在面对问题孩子的时候能够谨记这句话，我们的教育一定是充满爱的！要知道人世间有很多爱可以重来，但没有一场童年的时光可以重来！

在我的真心面前，他改变了很多，也成长了很多。而在他的进步面前，我也成长了很多。从他的身上，我无比真切地感受到要做好学生的德育工作并不容易，特别是对低年级的孩子。对待令老师头疼的"熊孩子"，我们不能只采用简单的批评教育模式。长期的批评也只会让孩子长期处于被否定的状态，其实他们何尝不渴望老师的认可呢？他们又何尝不想改变自己呢？而老师适时的真诚、耐心、宽容就成了他们改变自我、迎接春天的一盏明灯。

10年的班主任工作使我深深感受到：对于孩子，不要把他从你身边推出去教育，而应该用爱心全情接纳他们，善于发现他们的优点，乐于或善于表扬他们。教育是一门学科，需要以理服人，但它更是一门艺术，需要以情感人。走在教育的道路上，我会继续坚守初心，努力用爱心之钥打开学生的心灵之门，伴着他们一路成长！

教学有法，但无定法，贵在得法。育人更是如此。"世界上没有完全相同的两片树叶，正如世界上没有完全一样的孩子。"是呀，每个孩子都是独一无二的个体。作为班主任，要充分了解每个孩子的家庭情况、身心情况、爱好特长等。以爱为源，静待花开。

三尺讲台历春秋，一片丹心育花魂。班主任是学生的主心骨，善意地接纳，正向地引领，智慧地陪伴，用心、用情为学生营造良好的班级软环境是我一贯坚持的带班风格。以爱为根、以生为本、以人情为魂，在孩子们成长的路上，倾尽全心做一名护花使者，培育高尚的花魂是我不懈的追求。

孩子，这份特别的爱虽然不能陪伴你一生，但我希望，这份爱能给你留下一抹温馨的记忆……

愿所有的孩子，眼里有光，心中有爱，向阳而生！